그린 쇼크

그린 쇼크

초판 1쇄 발행　2023. 4. 25.
　　　2쇄 발행　2023. 7. 25.

지은이　최승신, 윤대원, 전지성
펴낸이　김병호
펴낸곳　주식회사 바른북스

편집진행　김재영
디자인　양헌경

등록　2019년 4월 3일 제2019-000040호
주소　서울시 성동구 연무장5길 9-16, 301호 (성수동2가, 블루스톤타워)
대표전화　070-7857-9719 | **경영지원**　02-3409-9719 | **팩스**　070-7610-9820

•바른북스는 여러분의 다양한 아이디어와 원고 투고를 설레는 마음으로 기다리고 있습니다.

이메일　barunbooks21@naver.com | **원고투고**　barunbooks21@naver.com
홈페이지　www.barunbooks.com | **공식 블로그**　blog.naver.com/barunbooks7
공식 포스트　post.naver.com/barunbooks7 | **페이스북**　facebook.com/barunbooks7

재생 에너지가 불러온 글로벌 에너지 위기

그린 쇼크

최승신
윤대원
전지성
지음

유럽의 탄소중립 정책이 글로벌 에너지 위기를 불러왔다

ESG에서
탈출해야
미래가 있고
생존할 수 있다

에너지 위기,
안보회폐를 가진
국가들만이
살아남을 수 있다

탈석탄을
실행하는 기업과
지자체는 가장
먼저 사라진다

뚜벅미디어

재생에너지를 비롯한 새로운 에너지원은 화석연료를 대체할 수단으로 주목받고 있으며 전 세계 많은 국가들은 오늘도 더 효율적인 에너지원을 찾고 발전시키기 위해 노력하고 있습니다. 그러나 한 가지 간과했던 사실은 재생에너지가 주력에너지원으로서 기대했던 에너지를 제공하지 못할 경우 세상에 어떤 일이 벌어질 것인가에 대한 것이었습니다. 그리고 유럽을 비롯한 많은 국가들이 현재 고통을 겪고 있습니다. 유럽발 에너지 위기는 단순히 에너지원이 부족한 것을 떠나 많은 부분들과 연결되어 복합위기로 증폭되고 있습니다. 유럽은 천연가스로 생산되는 비료와 이산화탄소의 부족으로 식품 밸류체인에 문제가 발생해 식량난으로 확대되었고 제품 가격보다 더 높은 에너지 비용으로 공장은 감산과 폐쇄를 단행했습니다. 전쟁이 일어나기 전 유럽 에너지집약산업협회는 성명을 통해 감당할 수 없을 정도의 에너지 비용에 대한 각국 정부의 대책 마련을 촉구했습니다. 그리고 1년이 채 못 되어 공장들은 하나둘 문을 닫고 사업을 축소하고 있습니다. 이렇게 에너지 위기는 구조적 경기침체와 물가상승으로 연결되었습니다. 골드만삭스의 제프 커리는 이를 분자 위기(molecule crisis)로 칭하며 모든 것이 부족하고 가격이 오르고 있다고 분석했습니다. 러시아의 우크라이나 침공이 에너지 위기를 증폭시킨 면이 있지만 근본원인이 아니기 때문에 이 위기는 전쟁이 끝나도 해결되기 어렵습니다. 벨기에 총리 알렉산더 드 쿠르는 10번의 겨울을 언급하며 이 위기가 장기화될 것임을 예상했습니다. 유럽이 이렇게 어려움에 빠진 이유는 주력에너지원에 문제가 생길 경우 빠르게 기동할 수 있는 '당장의 대안'이 없었기 때문입니다. 원자력발전소의 건설을 지금 당장 시작한다고 해도 완공까지 10년이 필요합니다. 석유와 천연가스의 개발에도 그 정도의 시간과 막대한 자금이 소요됩니다. 해상풍력의 경우도 당국의 허가와 개발완공까지 5~7년의 시간이 걸립니다. 그러니 그동안에는 지금과 같은 에너지 위기를 감내하는 수밖에 없습니다.

2014년 저유가국면에서 중동과 미국 셰일 기업들은 화석연료에 대한 투자를 줄여갔습니다. 2017년 영국은 자국 가스저장고의 70%를 차지하는 대형 저장고를 폐쇄하면서 이것이 결과적으로 국민 이익으로 돌아갈 것이라 언급한 바 있습니다. 코로나가 한창일 때 유가는 일시적이지만 마이너스를 기록했습니다. 2020년 12월 이코노미스트는 이제 석탄을 박물관에 보낼 때가 되었다는 표지를 내보냈습니다. 그렇게 화석연료 시대는 저물고 재생에너지와 탄소중립의 시대가 왔다는 것을 누구도 의심하지 않았습니다.

그리고 위기는 그때부터 고개를 내밀기 시작했습니다.

저자들은 재생에너지를 비롯한 새로운 에너지원들이 미래에 중요한 에너지 축으로 작동하게 될 것이라 생각하고 있습니다. 하지만 이번 에너지 위기는 그 길로 가는 과정을 매우 섬세하게 그리고 다양한 면들을 고려하지 않는다면 언제든 전 세계를 위험에 빠뜨릴 수 있음을 보여주고 있습니다. 따라서 선의로 시작한 친환경 에너지전환과 탄소중립 정책이 오히려 재생에너지를 늘리는 데 걸림돌이 되거나 화석연료 사용을 늘리고 선진국은 물론 개도국의 에너지 빈곤을 심화시키는 '그린 쇼크'를 야기할 수 있다는 데 문제의식을 함께하게 되었습니다.

풍력발전은 바람에서 에너지를 얻기 위해 철강과 석유화학 제품이 필요합니다. 블레이드에 필요한 발사나무의 95%를 공급하는 에콰도르의 생태계 파괴에 대해선 아무도 관심을 가지지 않고 있습니다. 전기차에 필요한 핵심광물은 현재 영국 정도를 모두 전기차로 바꿀 수 있을 정도이고 매우 편중된 지역에 매장되어 있으며 아동노동 등 인권문제가 여러 차례 제기되어 왔습니다. 전기차와 태양광에 필요한 핵심광물은 중국의 석탄발전과 저렴한 인건비에 의존하고 있으며 화석연료로 만들어지는 질소계 비료는 대체 수단이 없습니다.

더욱 중요한 사실은 유럽의 에너지 위기가 그들만의 위기가 아니라 전 세계로 확산되고 있다는 사실입니다. 화석연료의 부족은 유럽만의 문제에서 에너지수출국과 수입국 모두의 문제가 되었으며 글로벌 에너지 위기를 더욱 증폭시키고 있습니다. 에너지 위기가 식량과 비료난으로, 경제위기에서 금융위기를 지나 민주주의의 위기로 전이되고 있습니다. 유럽의 극우세력이 정권을 잡거나 연정을 통해 집권을 노리고 있는데 이들은 친러세력으로 저렴한 러시아 천연가스를 도입해 에너지 가격을 낮추겠다고 선언하고 있습니다.

에너지 위기는 이제 바다를 건너 한국에 상륙했고 균형 잡힌 에너지 믹스를 가지고 있었음에도 급등하는 에너지 가격과 경제침체, 그리고 구조적 인플레이션의 영향을 받아 전례 없는 경제위기 앞에 놓여있습니다. 문제의 근본원인을 제대로 파악하지 못한다면 이 같은 위기에 향후에도 속수무책으로 당할 수밖에 없습니다. 에너지전환에 미증유의 재원을 투입했던 서방세계는 에너지 위기로 인한 가격 급등을 막고자 다시 막대한 양의 돈을 풀고 있습니다. 이는 금리인상으로 인플레를 막으려는 통화정책의 효과를 떨어뜨리는 것은 물론 장기 인플레를 고착화시킬 것입니다.

10년 위기의 서막이 올라가고 있습니다.

목 차

위기 이전의 세계

글로벌 에너지 위기

ESG - 선의로 포장된 지옥도

안보화폐 –
닫힌 세계에서 필요한 것

한국 에너지 산업의 미래

I

위기 이전의
세계

정전

 2019년 8월 9일 영국은 정전으로 피터버러역에서 동부해안으로 가는 기차 노선이 중단되었습니다. 영국 런던과 남부 지역에 발전과 송전 업무를 담당하는 '내셔널그리드'는 발전기 2개가 고장으로 정전이 발생했으며 1시간 45분 만에 모두 정상으로 돌아왔다고 밝혔죠.[1] 정전은 흔하지 않지만 일어날 수 있는 일입니다. 전기는 특성상 수요와 공급이 일치하지 않으면 정전이 발생하게 되는데 공급과잉이나 수요 급증에 제대로 대비하지 못했다는 의미입니다. 그런데 2019년 영국의 정전은 단순히 기차만 세운 것이 아니었습니다. 잉글랜드 북부 요크셔 앞바다에 세워진 세계 최대 규모의 풍력발전소가 고장으로 멈췄고 이로 인해 100만여 명의 시민들이 블랙아웃으로 피해를 입었다는 조사결과가 나왔습니다.[2] 가디언은 온실가스 배출을 위해 재생에너지 비중을 증가시키는 것에는 의문의 여지가 없으나 재생에너지의 변동성, 들쭉날쭉한 전력생산에 대비할 대체에너지원을 내셔널그리드가 제대로 준비하고 있었는지에 대한 의문을 제기했습니다.[3]

대만은 2017년 8월 828만 가구가 정전되었고 퇴근시간대에 신호등이 꺼지면서 도시기능이 마비되었습니다. 마오리현에서는 촛불을 켰다가 화재가 발생해 지체장애인이 목숨을 잃는 사고도 있었죠. 당시 대만은 LNG발전소에서 일하는 직원이 밸브를 잘못 작동해 가스 공급이 차단되었기 때문에 벌어진 사고라고 발표했습니다. 대만의 정전은 경제의 핵심동력인 반도체산업에 막대한 피해를 입히게 됩니다. 《핀궈일보》는 TSMC가 1분 정전되면 약 2,967억 원의 손실을 볼 것이라 예측했습니다.[4]

에너지전환정책으로 인한 정전 위험도 있었습니다. 스웨덴은 지구온난화를 억제하기 위해 2019년 자국의 마지막 석탄과 가스발전소의 단계적 폐쇄를 목적으로 화석연료에 대한 부담금을 3배 올리기로 한 뒤 전력공급에 어려움을 겪게 되었습니다. 이 부담금은 2018년에 비해 3배 오른 탄소배출권보다 비싸 스웨덴 전력기업들이 수익이 나지 않기 때문에 전력생산을 감축하거나 중단하게 만드는 효과를 내게 되었습니다. 스웨덴은 전력이 부족한 국가는 아니었지만, 수도와 대도시에 송전할 전력망이 충분하지 않았기 때문에 많은 스웨덴 도시에서 전기수요가 공급을 초과했고 정전을 피하기 위해 새로운 전력망 접속을 거부해야 했습니다.

온건파 야당 지도자인 울프 크리스테르손은 스웨덴의 전력공급위기는 지역의 화석연료발전소와 원전의 폐쇄를 늦출 충분한 이유라 주장하며 여당에 새로운 협약을 포함한 대책을 내놓지 않으면 2016년 합의한 에너지협약을 폐기하겠다고 말했습니다.[5]

당시 정전의 공통점은 재생에너지의 간헐성과 변동성을 잡을 수 있는 대응능력의 부족에 초점을 맞췄다는 데 있습니다. 태양광과 풍력이 늘어나는 재생에너지의 상당 부분을 차지하고 있었는데 이들은 기상조건에 따라 전력생산을 전혀 하지 못하거나(간헐성) 전력생산량이 급격하게 변화하는(변동성) 특성을 가지고 있습니다. 때문에 재생에너지의 특성을 고려한 전력망을 다시 설계하고 그에 맞게 운영해야 하는 미션이 전 세계에 주어졌죠. 때문에 재생에너지의 간헐성과 변동성은 그들의 잘못이 아니라 여기에 대응을 제대로 하지 못한 기존 에너지원에 있다고 판단했습니다. 영국의 정전이 그랬고 대만의 정전은 탈원전이 아닌 LNG발전의 문제였으며 스웨덴의 전력공급 문제 역시 기존의 경직된 전력망이 원인이기 때문에 하루빨리 재생에너지의 간헐성과 변동성을 고려한 재생에너지 그리드를 만들어야 한다는 주장이 설득력을 가졌고 정책 또한 그 방향에 맞게 입안이 되었습니다.

석유 공급과잉

2014년 국제유가는 지속해서 하락했는데 중동산 두바이유는 2014년 6월 111달러에서 2015년 1월 45달러로 무려 60%나 급감했습니다. 당시 유가 하락은 우선 공급과잉의 영향이 컸습니다. 세계 석유 수요가 부진한 가운데 미국 셰일오일의 생산증가로 공급이 하루 90만 배럴을 초과했습니다. 또한, 리비아 내전과 우크라이나, 이라크 사태 등 지정학적 불안 요인이 사라진 영향도 있었습니다. 특히 리비아 정부군과 반군 협상이 타결되면서 중단되었던 리비아 원유생산과 수출이 급증해 유가 하락을 부채질했죠. OPEC의 시장점유율 방어정책으로 유가 급락세에도 기존 생산목표인 하루 3,000만 배럴을 유지했던 것도 실책이었습니다. 또한, 당시 달러화 강세로 원유 선물시장의 투기성 자금이 대대적으로 유출된 탓도 있었습니다.[6]

미국은 수평시추와 수압파쇄 기술 도입으로 촉발된 셰일 혁명 이후 저유황경질유 생산이 2011년 이후 급증한 반면 캐나다와 멕시코, 베네수엘라, 중동지역에서 들여오는 저품질 중질유를 처리하는 데 최적화되어 있었습니다. 이 정유시설들은 고품질 셰일오일을 처리하기 적합하지 않았고 경질유가 미국 내에서 과잉공급 상태에 놓이면서 국제시세보다 할인되는 상황에 놓이게 됩니다.[7] 2015년 4월 상원 에너지위원회 위원장인 리사 머카우스키는 미국의 석유수출금지 정책을 '미국 석유에 대한 자체 제재'로 정의했고, 유럽 연합은 2014년 러시아의 우크라이나 공격 이후 미국 석유수출이 서유럽의 에너지 안보를 강화하는

데 도움을 줄 것이라 주장하며 힘을 실어주었습니다. 석유수출금지 해제를 위한 합의에 나선 공화당과 민주당은 금지조치 해제 대신 태양광과 풍력 개발에 대한 세금공제를 확대하기로 결정하며 2015년 12월 18일 양당 합의가 법으로 제정되었습니다.[8] 그러나 이후에도 유가는 좀처럼 회복을 하지 못했고 장기 저유가국면은 지속되었습니다. 2015년 하락을 거듭한 유가는 2016년 1월 23달러까지 떨어졌고 이를 계기로 기존 중동 산유국 중심의 OPEC 외에 러시아 등이 참여하는 OPEC+가 출범하며 새로운 감산 합의를 실행합니다. 그러나 OPEC+감산이 지속된 2018년과 2019년에도 셰일오일은 매년 일일생산량 기준 140만 배럴의 증가세를 이어가면서 OPEC+에서 감산 무용론이 제기됩니다.[9]

2019년 《뉴욕타임스》는 세계 산유량 증가와 그로 인한 공급과잉사태를 우려하는 기사를 냈는데 우리가 일반적으로 생각하는 산유국이 아닌 브라질과 캐나다, 노르웨이, 가이아나 등 지금까지 원유생산이 활발하지 못한 나라들로 인해 2020년 100만 배럴, 2021년 추가로 100만 배럴이 늘어날 것이라 예측했습니다. 같은 해 사우디 아람코는 서둘러 상장작업을 진행했습니다. 무함마드 빈 살만(MBS) 왕세자는 아람코의 기업가치가 2조 달러에 달한다는 주장을 하고 있었으나 목표했던 투자금액을 조달하기 어려워지자 아람코 주식을 자국 내에서만 팔기로 결정했습니다. IPO(기업공개)는 2016년부터 시작되었지만 계속되는 저유가국면이 발목을 잡았고 비OPEC국가의 증산소식 때문에 시간이 지날수록 사우디왕가는 국제유가가 붕괴할 것이라는 생각에 사로잡혔습니다. IPO를 위해서는 배럴당 60~70달러는 되어야 했기 때문에 아람코는 국제유가 부양을 위해 1일 생산량을 960만 배럴로 낮췄으나 2019년 9월 국제유가는 배럴당 55달러까지 떨어졌습니다. 이런 상황에서 비OPEC국가들의 원유 추가생산 전망은 사우디에겐 지옥의 종소리나 다름없었을 것입니다. 지속되는 저유가와 재생에너지의 약진은 많은 사람들에게 새로운 에너지원의 시대가 열렸음을 알려주는 시그널이었습니다. 누구도 친환경 에너지전환과 넷제로 시대를 부정하지 못했습니다. 아람코를 비롯한 화석연료기업이라 할지라도 말이죠. IHS Markit에 따르면 2014년 셰일 탐사와 생산에 투자된 자금은 170억 달러에 이릅니다. 그러나 셰일 혁명에도 불구하고 셰일 석유개발업체들의 설비투자 비용은 영업이익을 앞질렀고 은행 대출 등에 의존하던 독립 셰일 기업들의 재무제표는 기술혁신으로 인한 시추비용 하락에도 불구하고 과잉공급으로 인해 악화될 수밖에 없었습니다. 2019년 미국과 캐나다 파산기업들의 부채는 1,000억 달러에 달했으며 40여 개의 셰일 기업 중 36개 기업이 비즈니스 유지를 위한 부채감축과 투자배당금 지급에 충분한 수익을 창출하지 못했습니다.[10] 때문에 셰일 기업들의 구조개편은 불가피했습니다. 설비리스와 프랙샌드 기업들도 같은 처지에 내몰렸고 퍼미안 분지의 전문인력들은 다른 일자리를 알아보기 위해 흩어지기 시작한 때였습니다.

반면 거대기업들은 이를 기회로 삼기 시작했습니다. 옥시덴털은 엑손모빌에 이은 세계 2위 기업이자 시가총액이 4배가 넘는 셰브론을 상대로 싸운 끝에 에너다코(Anadarko)를 인수했습니다. 에너다코는 미 텍사스주 서부와 뉴멕시코주 사이에 있는 퍼미안 분지(Permian Basin)와

콜로라도·와이오밍주, 멕시코만 심해(深海)에서 석유를 생산하며 모잠비크에도 LNG(액화천연가스)공장을 짓고 있었습니다. 자금조달 문제로 인수전망은 밝지 않았던 옥시덴털의 CEO 비키 홀럽은 프랑스 석유 기업 토탈에게 애너다코의 모잠비크 LNG 프로젝트를 88억 달러에 팔기로 한 후 네브래스카주 오마하로 가서 워런 버핏 버크셔해서웨이 회장을 만나 옥시덴털이 발행할 우선주 신주에 대해 100억 달러의 투자 약속을 받아내는 대신 버핏에게 연 8%의 배당이익(8억 달러)을 보장했습니다.[11] 위기가 기회라지만 장기간 저유가와 공급과잉으로 신음하고 있는 시기의 인수합병이 시장에서 좋은 반응을 얻을 리 없습니다. 당시 옥시덴털 주가는 50달러 수준으로 10년간 최저수준을 보였는데 칼 아이칸은 경쟁사를 사는 게 아니라 옥시덴털을 파는 게 이익이라며 거세게 비난한 데다 무디스 등 신용평가사들도 신용등급을 하향 조정했습니다. 가장 의아했던 지점은 아무래도 모두의 우려를 자아낸 워런 버핏의 셰일에 대한 투자였을 것입니다. 장기간의 저유가와 공급과잉, 친환경 에너지전환의 물결에 석유의 미래는 밝아 보이지 않았지만 이후 그의 화석연료 투자는 거침없었습니다. 양쪽 중 한 곳은 잘못된 미래에 베팅하고 있는 것이 분명했습니다.

석탄을 박물관으로

석탄의 사정도 좋지 못한 것은 마찬가지였습니다. 2014년 유가가 급락하자 석탄 가격도 하락을 면치 못했는데 차이점이라면 석유가 공급과잉 국면이라면 석탄은 수요가 부진했다는 정도죠. 친환경 에너지 전환으로 가장 불리한 지점에 있던 석탄은 중국의 경기부진과 겹쳐 구조적 저성장 국면에 돌입한 것으로 보는 시각도 있었습니다.[12] 글렌코어는 이 시기에 석탄감산에 돌입했고 이듬해엔 지속되는 경기침체의 영향으로 유동성 위기에 몰리자 남아공 석탄 탄광을 폐쇄하면서 620명을 해고했으며 1,000명 해고로 이어질 백금 광산 폐쇄까지 검토할 정도였습니다. 이듬해 2016년 8월엔 호주 퀸즐랜드주 서북부에 위치한 어니스트 헨리 광산의 생산량 지분 30%를 호주 금광회사인 에볼루션 마이닝에 매각하기로 합의했는데 이는 지속되는 석탄과 광물 가격 하락으로 인한 재무구조 개선이 필요했기 때문이었습니다.

물론 글렌코어가 자신의 사업을 비관적으로 본 것은 아니었습니다. 당시 토니 헤이워드 글렌코어 최고경영자(CEO)는 런던에서 개최된 에너지 컨퍼런스에서 "태양광, 풍력 등 재생에너지는 석탄에 비해 가격 경쟁력이 아직은 없다"면서 "광산이나 트레이딩 업체들이 석탄에 투자하는 것은 충분히 가치 있다"고 강조했습니다. 그러나 같은 자리에 있던 프랑스 에너지 업체 엔지는 재생에너지가 5년 안에 그리드 패러티(태양광·풍력 등 대체에너지로 전기를 생산하는 데 드는 발전원가가 원유 등 화석연료발전원가와 같아지는 시점)에 도달할 것이라 주장했으며 영국 재생에너지공급업체 굿 에너지도 풍력발전은 이미 경쟁력을 갖췄으며 2020년에는 재생에너지가 화석연료와 대등한 위치에 설 것이라 언급했습니다.[13] 하지만 누구도 저물어 가는 화석연료기업의 말을 믿어주지 않았습니다. 지속되는 저유가와 공급과잉과 수요부진의 장기화로 화석연료기업들은 위축되고 있었고 몸집을 줄여야 했습니다. 선진국들은 이미 재생에너지로의 전환을 상당 부분 이행했고 경기침체로 중국을 비롯한 개도국들의 수요도 부진했습니다. 전 세계가 기후변화에 대응하기 위해 친환경 정책을 펼치면서 화석연료기업들은 온실가스 감축 압박을 받게 됩니다. 네덜란드 행동주의펀드 팔로디스는 미국 최대 정유사인 엑손모빌과 셰브론에 파리 기후변화협약에 상응하는 '온실가스 감축 전략'을 담은 결의안을 2020년 5월 연례 주주총회에서 발표할 것을 요구했고 유럽 대형 에너지 회사인 로얄더치셸, 브리티시페트롤리엄(BP), 에퀴노르 등에도 구체적인 장기 온실가스 감축 실행 계획을 설정하라고 촉구했습니다. 글렌코어에게는 아예 석탄 생산량을 줄이라는 요구를 했고 석탄 생산량을 연간 1억 5,000만 톤으로 제한하겠다는 발표를 이끌어 내게 됩니다. 시진핑은 2060년까지 넷제로를 이행하겠다고 말했고 바이든은 트럼프가 탈퇴한 파리협약에 재합류한 데다 금융시장은 온통 친환경 기업들이 대세였고 석탄소비는 2009년 이후 34%나 감소했습니다. 국제에너지기구는 저렴한 천연가스 덕분에 석탄의 입지가 더욱 좁아졌고 코로나 이전의 정점을 앞으로도 초과하지 않을 것이라 예상했습니다.

| 그림1 |
이코노미스트
2020년 12월
표지

재생에너지로의 전환은 석탄사용을 줄일 것이고 결과적으로 더 저렴한 전기를 제공해 줄 것이었습니다. 이코노미스트의 말처럼 석탄은 이제 박물관이나 역사책으로 사라질 때가 된 것처럼 보였습니다.[14]

코로나19의 공포

2019년 12월 12일 우한시 화난(華南) 생선도매시장에 출입한 사람들에게서 발견된 코로나 바이러스는 급격히 퍼지며 팬데믹의 시작을 알렸습니다. 백신도 없는 바이러스에 대한 공포는 경제 전반으로 확산되었는데 일본 《니혼게이자이신문》은 글로벌 저성장에 코로나 국면으로 최악의 경우 2018년 GDP를 영원히 회복할 수 없다는 연구결과를 발표[15]했고 2020년 2분기 GDP 발표에서 미국 −32.9%, 영국 −20.4%, 일본은 −27.8%를 나타내며 대공황 수준의 경제침체를 보여주었습니다.

| 그림2 |

2020년 4월
뉴욕타임즈 1면

팬데믹의 공포는 곧바로 에너지 시장에도 영향을 미쳤습니다. 2020년 4월 21일 한국시각으로 새벽 4시에 로이터는 유가가 일시적으로 마이너스가 되었음을 속보로 알렸습니다. 하루 5억 배럴의 공급과잉으로 미국 내 원유 저장공간이 곧 바닥을 보일 것이라는 전망과 함께 선물 만기일이 다가오자 벌어진 상징적인 사건이었습니다.

유사한 현상은 천연가스 시장에서도 벌어졌습니다. 중국 국영석유와 가스 생산기업인 중국해양석유(CNOOC)가 LNG수입을 지속하기 어렵다는 이유로 프랑스 토탈사에 불가항력(force majeure)을 선언했고 이를 토탈사가 거부[16]하는 일이 발생했는데 2019년부터 과잉국면에 있던 공급이 팬데믹으로 인해 아시아와 유럽 저장고를 거의 다 채우면서 발생한 사건이었습니다. 한국가스공사 역시 LNG 카고 도입을 글로벌 메이저 기업에 요청했을 정도로 재고 관리에 어려움을 겪었을 정도였죠. 2020년 주요 선진국들의 전력수요는 당시 5년 평균선을 이탈했었고 재생에너지 전력생산량이 수요를 앞지르는 휴일이나 주말 일정시간에 마이너스 전기가격이 일반적이었던 독일과 북유럽지역은 코로나 바이러스 확산을 막기 위한 공장 폐쇄로 인해 이런 현상이 강화되었습니다. 스웨덴의 바텐폴 AB 링할스 원자력발전소의 원전 2기는 향후 수개월 동안 전력수요가 급감할 것이라는 예상으로 전력공급시장에서 철수했습니다.

마이너스 전기가격은 일부 발전소가 가동을 멈춰야 하거나 소비자들이 전력을 소비해야 한다는 것을 의미합니다. 유럽은 재생에너지에서 생산된 전기는 그리드에 공급할 때 다른 발전원보다 우선하는데 이 경우 소비자에게 전력을 사용하라고 돈을 지불하는 것이 발전소를 폐쇄하고 재가동하는 것보다 더 저렴하기 때문이었죠.[17]

그린쇼크
GREEN SHOCK

코로나19로 인해 경제 활동이 줄면서 온실가스 배출량은 5% 낮아졌습니다. 빌 게이츠는 자신의 저서에서 온실가스를 감축하기 위해 수백만 명의 사람이 죽고 수천만 명의 사람이 실직했음에도 이 정도 '밖에' 감축되지 않았다는 사실을 지적하며 단순히 덜 사용하는 방법만으로는 제로 탄소(zero-carbon)를 달성하지 못한다고 주장했습니다.[18] 하지만 현실적으로 가장 확실한 방법은 화석연료 사용 자체를 줄이고 이를 친환경 에너지원으로 전환하는 것이었습니다. 석유 생산업계는 2020년에만 지출을 전년 대비 30% 줄였으며 석유와 천연가스 투자규모는 2013년 8,000억 달러에서 2021년 3,500억 달러로 급감했습니다. 미국과 글로벌 원유시추공(Oil Rig) 수는 50%가 줄었죠.[19] 2014년 이후 저유가의 장기화와 더불어 재생에너지의 약진이 주는 시그널은 명확했습니다. 이제 화석연료의 시대는 더 이상 지속가능하지 않으며 노쇠한 가치투자가 이외에는 누구도 화석연료에 돈을 집어넣지 않는 분야가 되었습니다. 팬데믹은 내리막길을 걷는 화석연료산업에 카운터 펀치가 되었고 이제 재생에너지 산업이 미래의 주력에너지원으로 등극하게 될 것을 누구도 의심하지 않게 되었습니다.

백신의 개발과 경제 회복

2020년 11월 9일 미국 제약회사 화이자와 독일 바이오엔테크가 함께 개발 중이던 신종 코로나 바이러스 감염증(코로나19) 백신 효과가 90% 이상이라는 결과가 발표되면서 전 세계는 안도의 한숨을 쉬게 됩니다. 전문가들의 예상을 뛰어넘는 결과에 다우 존스30 산업 평균 지수도 5% 폭등했죠.[20] 3개월 뒤 식품의약품안전처는 코백스 퍼실리티로부터 공급받을 화이자의 코로나 백신인 '코미나티주'의 특례수입을 승인하면서 본격적인 백신 대응의 막이 올라가게 됩니다.[21] 전 세계로 보급되는 백신에 힘입어 2021년 글로벌 경제는 빠른 속도로 회복하게 됩니다. 2020년 3.3% 성장을 예상했던 경제가 −6.6%로 급락했지만 백신 보급으로 인해 2021년 세계 경제는 6.0% 성장하고 세계 상품교역 증가율은 8.0%, 백신 확산세가 통제될 경우엔 10.5%로 급등할 것으로 전문기관들은 예측했습니다.[22] 한국경제 역시 회복을 넘어선 확장 국면으로 접어들었고 주식시장은 최고치를 경신하고 있었으며 자산시장은 과열로 판단했을 정도였습니다. 소비도 가파르게 회복되고 있었으며 금융시장은 안정적 수준을 유지하고 있었습니다. 금융당국은 2021년 성장률을 당시 4.1%로 예상했는데 이는 기저효과를 감안해도 나쁘지 않은 수준이었습니다. 코로나로 멈춰있던 공장들은 미래소비는 물론 적정재고까지 고려해 쉴새 없이 가동해야 했는데 유일한 걱정이라면 이를 뒷받침할 원자재와 제품의 원활한 보급이었습니다. 팬데믹 정국에서 각국 경제가 봉쇄되고 제조 인프라가 붕괴되자 세계의 바이어들은 중국에 주문을 넣었습니다. 코로나 초기 이후 확진자가 줄었던 중국은 2분기부터 급성장했고 8월 차이신(財新)제조업 구매자 관리지수는 2011년 이후 약 9년 반 만에 최고치를 기록했습니다.[23]

그러나 인도 경제는 2분기 경제성장률이 23.9% 폭락하며 분기별 국내총생산(GDP)을 집계한 이후 최대 낙폭을 기록하게 됩니다.[24] 방역을 희생하면서 경제 회복에 집중했지만 별다른 효과를 보지 못했고 오히려 인도를 거쳐온 선원들의 감염사례가 늘어나면서 코로나 방역을 위해 인도를 경유한 선원과 선박의 입항을 거부하기 시작했습니다. 전 세계 선원의 15%를 차지하는 인도인의 선원채용이 중단되었고 세계 2위와 3위 물류항인 싱가포르와 중국 저우산항은 인도와 방글라데시를 거친 선원의 입항을 금지했는데 인도에서 온 선원들이 음성판정을 받아도 배에 오른 뒤 양성이 나오는 사례가 빈번했던 탓이었습니다.[25] 배 전체에 급속히 바이러스가 퍼지면 선박 운항이 완전히 정지될 수 있어 이런 대응책은 필요한 일이었지만 대부분의 수출입 제품들이 컨테이너와 탱커, 벌크선으로 움직이는 것을 감안하면 해운 물류의 병목현상은 이제 막 회복하기 시작한 세계 경제에 적지 않은 타격이 될 것이었습니다.

에너지와 원자재 부문은 경제 회복의 영향으로 2021년부터 가격이 점차 상승국면에 접어들었습니다. 백신 보급이 선진국과 개도국의 격차가 나면서 여전히 팬데믹 경제는 위험해 보였지만 대공황에 버금가는 공포가 사라진 선진국과 세계의 공장이 건재한 이상 시간이 지나면 방역과 인프라 문제도 해결될 것이었습니다.

그러나 위기는 전혀 예상치 못한 곳에서 표면화되기 시작했습니다.

그린 보틀넥

2021년 6월 이코노미스트는 '그린 보틀넥(Green Bottleneck)이 어떻게 친환경 에너지 사업을 위협하는가'란 기사를 통해 백신으로 인한 경제 회복 국면에서의 핵심광물과 원자재 가격 상승의 실체가 사실은 그린 인플레이션 때문이라고 분석했습니다.[26] 에너지전환 초창기에서 일어나는 병목현상에 제대로 대응하지 못하면 넷제로에 도달할 가능성은 없으며 향후 보틀넥은 반복해서 일어나게 될 것이라 말했죠. 전 세계는 친환경 에너지라는 신산업과 기존 발전원을 포함한 제조업의 구경제가 제한된 자원을 놓고 싸우고 있었습니다. 그러나 그린 에너지 산업이 점차 비중을 늘리면서 여기에 필요한 핵심광물들의 가격이 급등하기 시작했습니다. 2021년 2월 영국 해양 풍력발전소 해저권 경매는 에너지 기업들의 묻지마 투자로 최대 120억 달러 수익을 올렸죠. 대규모 자금이 일부 재생에너지 기업으로 몰리면서 밸류에이션은 버블 영역으로 확대되었다는 것이 이코노미스트의 평가였습니다.

반면 공급은 제한적이었는데 전기차와 풍력발전에 필요한 핵심광물과 원자재는 특정 지역에 집중되어 있었기 때문에 공급을 늘리기도 어렵습니다. 전 세계 희토류 62%는 중국에서 생산되며 풍력발전기에 쓰이는 발사나무는 95%가 에콰도르에서 코발트는 콩고민주공화국에서 71%, 리튬은 호주와 칠레에서 78%가 나옵니다. 가공 단계로 가면 중국 쏠림 현상이 심해지는데 중국은 리튬과 코발트 정제·가공 시장에서 각각 60%, 72%를 차지합니다.[27] 따라서 총량을 늘리는 데 제한이 있을 것이라는 우려가 끊이지 않았습니다. 친환경 에너지의 확장이 역설적으로 그린 인플레이션과 그린 보틀넥을 부르기 때문이었습니다.

> 켈리 교수에 따르면, 영국의 모든 차량을 EV로 교체한다고 가정할 때 전 세계 코발트 생산량의 약 2배, 세계 생산량의 4분의 3에 달하는 리튬 카보네이트, 거의 전 세계 생산량에 맞먹는 네오듐. 그리고 2018년 전 세계 구리 생산량의 절반 이상이 필요하다고 추정한다.
>
> 이는 단지 영국을 위한 것이다. 켈리 교수는 만약 우리가 전 세계를 전기 자동차로 수송하기를 원한다면 위에 나열된 원자재 공급의 엄청난 증가는 알려진 비축량을 훨씬 넘어설 것으로 추정한다. 부패와 열악한 인권으로 고통받는 국가에서 이러한 광물(채굴, 운반, 가공시 매우 독성이 강한) 증산의 환경적, 사회적 영향은 상상을 초월할 수 있다.[28]

만약 케임브리지 마이클 켈리 교수의 말처럼 전기차의 일부 핵심광물들이 영국의 모든 차량을 전기차로 만들 수 있는 수준밖에 없다면 전세계 전기차 비중이 늘어날수록 관련 광물 가격은 급등할 수밖에 없습니다. 해당 광산의 채굴과 가공과정의 반환경적 영향으로 광산의 추가 개발에 어려움을 겪는 등 공급제한요소를 고려하면 향후 전기차 비중확대는 태양광과 풍력발전 프로젝트의 걸림돌이 됩니다. 이들 건설에 대량의 송전선이 필요하기 때문에 향후 제한된 구리 공급을 놓고 전기차와 재생에너지가 서로 경쟁적인 관계로 가격을 올려놓을 수 있습니다.

이미 IMF는 그해 10월 경제 전망 보고서를 통해 재생에너지, 전기자동차, 수소 및 탄소 포집을 포함하는 저탄소 기술에는 화석연료 기반 기술보다 더 많은 금속이 필요하며 수요가 증가하고 공급이 지체될 경우 지속적 가격 상승으로 에너지전환을 지연시키거나 멈출 수 있다고 경고한 바 있습니다.

IMF가 과거 데이터와 공급 탄력성을 기반으로 분석한 시나리오에 따르면 2050년까지 넷제로 시나리오에서 가격은 전례 없는 기간 동안 지속적으로 상승해 역사적 최고점에 도달할 것이며 코발트, 리튬, 니켈 가격은 2020년 수준에서 수백 퍼센트 상승해 에너지전환을 지연시킬 수 있다는 결과를 도출했습니다. 따라서 무역장벽과 수출 제한요소를 줄이고 공급을 확대를 위한 투자를 유도로 저탄소 전환 비용이 불필요하게 증가하는 것을 방지해 에너지전환을 지원해야 한다고 역설했습니다. 그러나 상당수의 핵심광물이 콩고 등 정치·사회적 리스크가 있는 곳에 매장되어 있으며 이를 대부분 중국이 정제하고 있는 데다 환경단체들의 추가광산개발 금지를 요구하고 있는 점들을 감안하면 향후 가격 상승으로 인한 보틀넥은 변수가 아닌 상수가 될 것입니다. 실제로 2021년 10월 사우디아라비아의 태양광 프로젝트에 중국 징코사가 제출한 300MW급 태양광 발전소 최저가 입찰안을 보면 kWh당 1.48센트의 가격인데 이는 사우디의 1월 초 1.04센트보다 40% 더 높은 가격이었습니다. 태양전지판에 사용되는 폴리실리콘 가격이 중국의 공장 가동 중단으로 2019년 4월 이후 최고치로 올랐기 때문이었는데 이는 국가들이 청정에너지에 대한 투자를 미루거나 줄일 것이라는 우려를 자아내기에 충분했습니다.[29] 이코노미스트의 우려가 현실화되고 있었던 것이죠. 이미 폴리실리콘의 가격은 9월 중국의 전력난으로 8월 이후 300%, 6월 이후 400%로 급등한 상황이었습니다. 블룸버그는 하반기 태양광 설치가 줄어들면서 전체 설치량이 예상을 밑돌 것이라 예상한 바 있습니다.[30] 글로벌 태양광 수요가 급증하면서 웨이퍼 업체 간 경쟁적 대규모 증설로 폴리실리콘 물량확보를 위한 선주문이 증가했는데 한국수출입은행은 킬로그램(kg)당 20달러를 넘어서는 폴리실리콘 가격은 글로벌 태양광 수요에도 부정적이라 우려했음에도 당시 가격은 이미 30달러에 근접하고 있었습니다.[31] 재생에너지의 안정적 비중확대의 걸림돌이 자기 자신이 된다면 문제 해결은 어려워집니다. 그러나 위기 시그널은 또 다른 곳에서도 나타나기 시작했습니다.

반복되는 정전

미국의 사정도 좋지 않은 것은 마찬가지였는데 2020년 8월 캘리포니아 주민들은 남서부를 뒤덮은 폭염 속에서 갑작스러운 정전을 경험했습니다. 캘리포니아는 여름 오후에 태양광에서 전력의 절반을 생산하지만 해가 지는 저녁에는 전력이 충분하지 않았으며 전력수입에 크게 의존하고 있었지만 다른 주에도 여유가 없었죠. 가뭄으로 인해 수력발전도 제대로 가동이 되지 않았으며 주 전력의 10%를 공급하며 재생에너지의 간헐성을 백업했던 디아블로 원전도 당시엔 폐쇄될 예정이어서 정전문제는 반복적으로 일어날 가능성이 높았습니다. 텍사스 역시 발전소 설비를 얼어붙게 만든 한파로 인해 2월에 수백만 명의 텍사스 사람들이 전력공급을 받지 못했습니다.[32] 기후 운동가들은 전력을 생산하지 못한 에너지원에 대한 비판보다는 자신들을 백업해야 할 화석연료발전소가 풍력발전 전력공급감소 이상의 전력을 공급했음에도 정전으로부터 주를 구하지 못했다고 비난했는데 태양광과 풍력발전의 보조금과 의무조항으로 재생에너지 비중이 과도하게 늘어난 반면 재생에너지의 백업 역할을 해야 할 가스발전소는 가동률이 급감하거나 아예 유휴상태로 놓이게 되었다는 점은 지적하지 못했습니다. 발전소가 돌아가야 매출과 수익이 발생하고 이를 바탕으로 발전소 유지 보수와 인력 운용이 가능하다는 점을 감안하면 그린 보틀넥의 문제점이 정전을 일으키는 데도 작동함을 알 수 있습니다. 원활한 전력공급수준에서 4,400MW가량 공급이 부족한 상황에 놓인 주 정부는 2001년 이후 처음으로 3등급 전력 비상사태를 선언하고 지역별로 돌아가며 일시 정전을 시키는 순환정전제를 도입, 실시하게 되었습니다.[33]

캘리포니아주가 1년도 안 돼 두 번째로 정전사태를 겪고 있는 근본적인 이유는 캘리포니아주 정책 입안자들이 폭염으로 인한 사망을 막기 위해 필요하다고 정당화한 주정부의 기후정책에서 비롯됐다. 전력회사와 캘리포니아의 지도자들은 지난 10년 동안 그리드 정비를 위한 수십억 달러를 재생에너지로 전환했다. 캘리포니아는 천연가스와 원자력발전소에서 나오는 충분한 신뢰성 있는 전력을 유지하지 못했기 때문에, 또는 다른 주로부터 충분한 보증된 전기 수입에 대해 미리 지불하지 못했기 때문에, 순환 정전을 실시해야 했다. 캘리포니아는 재생에너지의 엄청

난 확장으로 2011년부터 2019년까지 전기요금이 미국의 나머지 지역보다 6배 이상 올랐다.[34]

2019년에 이어 2020년에도 정전이 반복되는 이유를 마이클 셸런버거는 재생에너지 비중확대와 기저발전의 축소로 들었습니다. 캘리포니아 주민들은 이를 위해 많은 투자를 했고 결과적으로 다른 주보다 6배가 넘는 전기요금을 지불했지만 정작 가장 중요한 순간에 전기를 공급받지 못하고 반복되는 정전을 경험하고 있었습니다. 그러나 이와 같은 지적에도 재생에너지를 옹호하는 측과 캘리포니아 주는 기존의 축소되고 제대로 운영되지 못하는 화석연료발전소에 비난을 가했고 더 많은 재생에너지가 전력망에 들어오면 이런 문제가 해결될 것이라 말하며 오히려 정전사태가 에너지전환을 더 가속화해야 될 이유라고 주장했습니다. 그러나 해가 지고 바람이 불지 않을 때 어떻게 전력을 공급할지에 대한 명쾌한 답은 여전히 나오지 않고 있었습니다.

녹색정전(greenouts)

2021년이 되어도 정전문제는 해결되지 않았습니다. 텍사스주 전기신뢰성위원회(ERCOT)는 지난 한파 정전에 이어 6월 수요 급증과 함께 예상치 못한 대규모 발전소 정전이 전력망에 부담을 주고 있다고 경고했고 캘리포니아 계통 운영자는 며칠간 전력수요가 공급을 초과할 것으로 예측했습니다. 지난번 정전과 다른 점은 심각한 가뭄으로 인해 또 다른 전력원인 수력발전이 제한된다는 점입니다. 캘리포니아주는 디아블로 원전도 폐쇄될 예정이라 365일 24시간 전력을 생산할 수 있는 기저발전이 부족하지만, 이들은 전력망이 태양광과 풍력, 배터리로 작동하기를 바라고 있었습니다. 텍사스의 경우 6월 11일을 기점으로 풍력발전의 전력생산이 급감했습니다. 이를 메꾸기 위해 가스발전 가동이 늘었음에도 전력공급이 좀처럼 늘어나지 못했습니다. 반면 폭염으로 인한 전력수요가 급증해 정전으로 인한 12GW 규모의 발전소 탈락이 발생했는데 이들 중 80%가 원전과 석탄, 가스발전소였습니다. WSJ은 기후 운동가들의 주장과 달리 다른 전원에 비해 과도하게 전력생산이 줄어든 풍력발전이 정전의 원인이라 주장하며 재생에너지와 백업발전소에 엄청난 투자를 했음에도 정전을 막지 못한 것이 나머지 48개 주가 열망한 화석연료 없는 미래라며 유용한 생존팁으로 디젤 발전기 구매를 추천했습니다. 그리고 이 현상을 녹색정전으로 이름 붙였죠.[35] 재생에너지 비중확대가 재생에너지에 걸림돌이 된다는 그린 보틀넥과 함께 이들이 기대했던 전력을 생산하지 못하면 전체 전력망이 위험해지고 전기가 진짜 필요한 폭염과 한파에 전력공급을 하지 못할 수 있다는 중요한 문제 제기가 유수의 언론을 통해 밝혀졌지만 그다지 주목받지는 못했습니다.

반면 정전문제를 다른 에너지원으로 해결해야 한다는 목소리도 표면화되기 시작했습니다. 빅쇼트의 실제 인물인 마이클 버리는 매우 높은 전기요금에도 불구하고 정전이 반복된다며 현재 미국 전력시스템은 실패했기 때문에 이를 원전으로 대체해야 한다고 주장했습니다.[36] 그는 캘리포니아가 원전을 그린 에너지로 대체한다는 블룸버그 기사를 본 후 이들이 더 많은 순환정전을 불러오고 있다며 더 많은 그린 에너지는 더 많은 정전을 일으킬 것이라 말했죠. 변하지 않는 사실은 재생 에너지가 폭염과 한파에 제 기능을 하지 못하기 때문에 어떤 방법을 사용하더라도 즉시 대응할 수 있는 시스템을 만들어야 한다는 것입니다. 그러나 텍사스와 캘리포니아는 2019년부터 벌어진 정전에 제대로 대응하지 못했다는 점은 확실합니다.

그리고 이 부족이 위기를 만들어 내기 시작했습니다.

Ⅱ

글로벌
에너지 위기

1차 에너지 위기

세계 최대 해상풍력발전 업체인 오스테드와 RWE는 모두 2021년 상반기에 약한 바람으로 어려움을 겪고 있었습니다. 오스테드는 분기별 풍속이 해상 포트폴리오 전체에 걸쳐 평균 초당 7.8미터로 지난해 2분기(8.4미터)와 예상했던 정상 풍속(8.6미터)보다 낮았다고 밝혔고 RWE는 북유럽과 중부 유럽의 풍력발전량이 2020년보다 훨씬 낮아 상반기에 수익이 4억 5,900만 유로(5억 3,900만 달러)로 22% 감소했다고 발표했습니다.[37] 풍력발전의 크기나 기술의 발전과 상관없이 바람이 약해지면 전력생산과 기업의 수익에 영향을 받을 수밖에 없었던 것이죠. 이미 재생에너지 기업들은 앞서 살펴본 그린 인플레이션으로 인한 원자재 가격 상승과 코로나로 인한 공급망 제약문제로 어려움을 겪고 있었습니다. 이 세 가지 문제는 기업이 가진 경쟁력으로 헤쳐나갈 수 없는 문제들이기 때문에 고스란히 받아들여야 합니다. 간헐성은 기업이 컨트롤할 수 있는 영역이 아니기 때문에 이 자체가 최대 리스크입니다. 게다가 그린 버블은 전 세계 에너지전환이 10% 미만인 가운데 벌어지고 있었고 코로나 바이러스로 인한 공급망 제약은 한동안 지속될 것이었기에 그린 에너지로 몰려갔던 자금들이 예상했던 수익률을 얻지 못할 경우 재생에너지 열기는 빠르게 식어갈 수 있습니다. 또 다른 풍력기업 베스타스 역시 인플레이션과 공급망 제약을 이유로 매출과 수익전망을 하향 조정했습니다. 경쟁사인 지멘스 가메사도 비용 상승으로 적자를 기록했고 베스타스도 수에즈 운하 봉쇄 등 선적차질로 1분기에 손해를 보고 있었죠.[38] 2021년 이미 15% 하락했던 베스타스 주가는 5월 이후 7.7% 폭락했습니다. 그러나 진짜 문제는 이들 기업의 수익하락이 아니었습니다.

블룸버그는 기후변화에 대응하기 위해 2050년까지 92조 달러의 투자가 필요하다고 추산했으나 현재 화석연료 경제가 87조임을 감안하면 그야말로 모든 것이 뒤바뀔 정도의 변화가 일어나야 합니다. 그린 버블로 인한 비용 상승과 수익감소는 그린 보틀넥으로 이어져 에너지전환에 어려움을 주는 반면 화석연료에 대한 압박으로 인한 투자감소는 공급 부족을 일으켜 폭염과 한파에 수요폭증으로 이익을 가져다주고 있었습니다. 풍력기업의 수익성 저하는 그린 버블의 가장 큰 수혜자를 화석연료로 만들었으며 한동안 이것이 지속된다는 시그널을 주고 있는 것이었습니다. 모든 것이 다시 제자리로 돌아가기 위해서는 팬데믹이 잦아들어야 하고 운송망이 정상으로 되돌아와야 합니다. 그린 보틀넥을 줄이기 위해선 재생에너지 관련 핵심광물의 공급이 늘어나야 하고 이로 인한 인플레이션도 잡아야 합니다. 어느 것 하나 쉬운 것은 없죠. 그리고 결정적으로 태양광과 풍력발전이 전력공급을 안정적으로 보장해야 하지만 이는 인간이 컨트롤할 수 있는 것들이 아닙니다. 어느 하나라도 조건을 만족하지 못할 경우 모든 것이 수포로 돌아가게 됩니다.

영국발 에너지 위기

풍력감소는 영국과 아일랜드에도 찾아왔습니다. 9월 아일랜드와 영국 그레이트 브리튼섬 사이에 있는 아이리시해의 풍속이 느려지면서 풍력발전량이 줄어들었고 유럽 전력 가격이 치솟기 시작했습니다. 아일랜드 전력 부족은 영국뿐 아니라 스페인, 독일, 프랑스의 전력 가격도 연쇄적으로 올리는 결과를 낳았는데 유럽은 슈퍼 그리드로 각국의 전력망이 연결돼 있으므로 한 국가의 전력 부족이 다른 국가의 전력 가격에 직접적인 영향을 미치게 됩니다. 유럽 전력거래소 Epex Spot SE에 따르면, 8일 영국 전력 가격은 오후 3시쯤 2,300파운드를 기록했는데 평년 영국 전력 현물 가격이 300~400파운드였던 데 비하면 6~7배가량 치솟았죠.[39] 단순히 재생에너지의 전력공급이 줄었다고 유럽 전체의 전력 가격이 치솟는다는 점을 이상하게 여길 수도 있을 것입니다. 유럽은 그동안 재생에너지가 기대했던 전력을 생산하지 못할 경우 텍사스와 캘리포니아가 그랬던 것처럼 이를 천연가스로 대체해 왔었습니다. 유럽 블록에서 에너지전환으로 인해 탈원전과 탈석탄이 진행되고 있었기 때문에 천연가스 공급에 문제가 생기거나 다른 안정적 공급원에 문제가 생긴다면 유럽의 전력망은 위험에 굉장히 취약해지는 것이죠. 유럽은 서서히 천연가스 재고수준이 낮아지고 있었습니다. 2021년 여전히 반복되는 재생에너지의 전력생산 미흡을 여느 때처럼 천연가스로 대체하려 했으나 곧 재고수준이 예전 같지 않음을 깨닫게 됩니다. 천연가스 가격이 오른 이유죠. 풍부한 풍력발전을 바탕으로 영국에 전력을 수출해 온 아일랜드는 전력공급 부족에 이르렀고 정전이 일어날 수 있다며 황색경보를 발령했으며 북아일랜드에서 아이리시해를 가로질러 스코틀랜드까지 수출하던 전력 수출도 중단하게 됩니다. 그와 동시에 천연가스 수요를 공급이 따라잡지 못했고 코로나로 인해 생산설비와 인력문제까지 겹치며 2021년 초에 비해 가격이 2배로 치솟게 됩니다. 북유럽의 경우 9월 전력 가격은 1년 전보다 5배가 올랐습니다. 수력발전에 주로 의존하는 이 지역의 저수량이 폭염으로 최저수준이 되면서 전력생산량이 급감했고 마찬가지로 낮은 천연가스 재고로 인해 가격이 올라가면서 에너지 위기에 진입하게 됩니다. 노르웨이는 이때쯤 저수지에 물이 가득했지만 폭염과 비가 적게 내려 저수율은 52.3%로 2006년 이후 가장 낮았습니다.[40] 저렴한 수력발전 전력을 수출하던 북유럽의 에너지 가뭄은 영국의 풍력발전 출력저하와 함께 슈퍼 그리드를 타고 유럽 블록 전체의 에너지 위기로 확산되고 있었습니다. 더 타임스는 치솟는 전기·가스 가격이 재생에너지 의존도에 대한 의구심을 불러일으켰다고 보도하며 겨울이 오기도 전 이번 주 영국의 도매 가스와 전기가격이 사상 최고치를 경신했다고 말했습니다. 영국은 풍력발전 부족으로 2022년까지 폐쇄할 예정이던 석탄발전을 6개월 만에 재가동했는데 전문가들은 영국이 수입 가스 의존도와 기후변화 대응을 위한 더 많은 풍력발전소를 건설함에 따라 전력공급 안정성이 훼손되었다고 주장했습니다. 전력 가격은 영국뿐 아니라 유럽 다른 나라에서도 치솟고 있었는데 스페인 전력 가격은 7.5% 오른 MWh당 152.32유로(약 21만 원), 독일은 96.1유로(약 13만 원)를 기록했습니다.[41] 영국의 전력 믹스를 보면 이전 시기와 비교해 석탄이 대폭 줄어들었고 재생에너지 비중이 높아졌으며 슈퍼 그리드를 통한 전력수입이 늘어났습니다. 이는 정도의 차이만 있을 뿐 유럽 국가들도 비슷한 양상입니다. 따라서 풍력과 수력의 전력생산 감소는 이전보다 전력망을 더욱 취약하게 만드는 반면 소비자들이 구입해야 할 전력 가격은 급등하게 됩니다. 이런 변동성은 수십 년간 일어날 수 있으며 에너지 인플레이션을 유발할 수 있는 구조적 문제로 발전할 수 있는데 전력을 공급할 수 있는 발전소는 며칠 내로 뚝딱 만들 수 있는 것이 아니기 때문입니다.

골드만 삭스의 제프 커리(Jeff Currie)는 화석연료에 대한 투자부족이 문제라고 지적하면서 세계의 많은 지역에서 풍력을 과도하게 구축하고 태양열을 과도하게 구축한 결과 신경제는 과도하게 투자되고 구경제는 굶주리고 있다고 주장했습니다.[42] 원래 청정에너지로의 전환은 전력망을 더욱 탄력적으로 만들기 위해 설계되었으나 현실에선 의도와 정반대의 현상을 보여주고 있었습니다. 재생에너지전환은 호기롭게 시작했지만, 여전히 화석연료에 의존해야 하는 점도 같이 부각되고 있었습니다.

식품산업으로 확산된 위기

　유럽의 에너지 위기는 새로운 국면으로 진입하기 시작했는데 높은 천연가스 가격은 이를 원료와 연료로 사용하는 모든 산업에 어려움을 주고 있었습니다. 이미 높은 가스 가격으로 비료공장 가동을 중단했던 CF인더스트리의 재가동을 위해 영국은 재정지원을 하기로 했는데 조지 유스티스 환경부 장관은 이 조치에 수백만 파운드의 비용이 들 것이며 음식 및 음료 제조업체들이 이산화탄소 가격을 5배 더 지불하게 될 것이라고 말했습니다. 질소계 비료를 대체할 제품이 없기 때문에 에너지 위기는 식량난으로 연결되고 있었습니다. 비료의 부산물로 생성되는 이산화탄소는 가축도축과 신선고기·농산물의 포장, 온실채소 성장 촉진, 탄산음료와 맥주, 제품 냉각과 드라이아이스에 사용되기 때문에 식품 밸류체인에 직접적인 영향을 미치게 됩니다. 그런데 이산화탄소 가격이 수입품보다 10배가 올라간 것이죠.[43] 영국의 8월 식료품 가격지수는 1년 만에 최고치를 기록했고 공급망 제약과 트럭 운전사를 포함한 노동력 부족으로 전 세계 식품지수가 최고치에 근접하고 있었습니다.[44] 매년 약 350만 톤의 이산화탄소를 배출하고 2050년까지 넷제로를 추진하는 영국에서 이산화탄소 부족이 식량난과 연결된다는 사실을 에너지 위기 이전엔 정책당국도 미처 몰랐을 것입니다. 9월 에너지 위기 이후 영국의 천연가스 가격은 전례 없는 수준으로 치솟기 시작했습니다. 그러나 더 중요한 점은 변동성에 대한 두려움이었습니다. 바람이 불지 않으면 가격이 얼마나 더 올라갈지, 바람이 불고 날씨가 따뜻하면 얼마나 더 급락할지 전혀 알 수가 없는 점이 변동성을 더욱 크게 만들고 있었죠. 가격 급등은 천연가스만이 아니었습니다. 탄소 가격은 물론 전력 가격까지 최고치를 기록하게 되었습니다.

9월 시작된 유럽의 에너지 위기는 겨울이 오기도 전에 이미 에너지 가격을 역대 최고치로 올려놓고 있었습니다. 문제는 재생에너지가 자신의 역할을 해주면 천연가스의 가격이 급락할 가능성이 있다는 것이죠. 한파에 전력생산을 제대로 하지 못하면 다시 화석연료의 가격이 올라가고 전기요금이 상승하며 이를 반영한 제품 가격이 올라가는 악순환이 반복된다는 것입니다. 이는 기존의 천연가스 사이클인 판매자와 구매자 시장이 무너진 이후 재생에너지의 변동성에 의해 천연가스 가격의 변동성이 확대될 수 있다는 이야기입니다. 비단 천연가스뿐만 아니라 재생에너지의 변동성에 화석연료와 전력 가격, 이와 연관된 제조업의 제품 가격까지 재생에너지의 변동성에 노출된다는 것이죠. 가격 변동성이 심화되면 관련 기업들이 향후 경영계획은 물론이고 대응에 많은 어려움을 겪게 될 것이었습니다. 더 큰 문제는 이 변동성이 유럽 대륙을 넘어서 전 세계로 확산되고 있었다는 것입니다. 유럽의 재생에너지 문제가 전 세계 에너지 부족과 가격 급등으로 이어지고 있었죠. 중국의 전력 부족이 언뜻 보면 유럽의 에너지 위기와 별 상관없어 보이지만 이들의 탄소중립 정책과 석탄 공급난은 유럽의 그것과 결을 같이하고 있습니다. 그러나 심각함으로만 보면 중국 상황이 더 안 좋았습니다. 유럽은 비록 에너지 가격이 비싸지만 투덜대면서 사용하면 되었지만, 중국은 아예 공장을 최대 2주간 세워놓아야 했기 때문이었습니다. 이에 LG화학, 삼성디스플레이, 두산 등 한국기업에도 영향을 끼치고 있었죠.

유럽에 바람이 불지 않은 지 채 두 달이 되기도 전에 이 모든 일들이 벌어졌습니다. 이제 이들은 선택의 기로에 놓이게 되었습니다. 에너지 부족으로 발생하는 연쇄 충격을 막기 위한 대안을 시급히 내놓지 못한다면 현재 위기는 더욱 심각해질 것이기 때문이었습니다.

화석연료 피벗

유럽의 선택은 화석연료로의 귀환이었습니다. 에너지 위기가 심화될수록 상품운송부터 식품 재배, 종이가 필요한 제지산업은 물론이고 필수금속 생산과 건축비 상승 등 실생활과 연관된 모든 것의 가격이 상승하기 시작했습니다. 프레이트라이너(Freightliner)의 경우 영국 도매 전력 가격 급등으로 전기기관차 운영비용이 210% 상승함에 따라 저렴한 디젤로 다시 돌아갔으며 영국 최대 신문용지 제조사 팜페이퍼(Palm Paper)는 가스비용 급증으로 다가오는 겨울 감산을 고려하고 있었고 스웨덴 제지공장 클리판스 브룩(Klippans Bruk AB)도 작업을 줄이고 직원의 3분의 1을 해고했는데 이전 한파에서도 전력 가격이 급등해 공장 가동을 멈춘 전례가 있었죠. 식량위기는 보다 구체적인데 석탄과 천연가스 등 화석연료로 만드는 질소계 비료가 급등하는 비용을 감당하지 못해 공장이 폐쇄되고 있었습니다. 증가하는 전 세계 인구에도 식량 공급이 그나마 원활할 수 있었던 이유로 이 질소계 비료의 역할이 컸지만, 이제 식량위기를 걱정해야 할 처지가 되었습니다. 물론 곡물 가격 상승은 덤으로 따라오겠죠. 같은 이유로 네덜란드의 채소와 꽃 가격도 급등했습니다. 글로벌 아연생산의 절반은 철의 부식방지를 위한 도금에 사용되는데 아연도금은 녹인 아연에 철을 담그거나 전기분해를 합니다. 아연과 전력 가격이 모두 급등해 감산했으니 금속가격도 올라갈 것입니다. 철광석 가격이 내려가 봐야 철강제품을 만드는 데 필요한 원료탄 가격이 급등했으니 철강 가격도 올라가고 있었습니다. 실리콘 부족은 태양광부터 자동차 반도체에 이르기까지 광범위한 공급 부족을 일으키고 있는 와중에 벌어진 일입니다. 이들은 대부분 저렴한 중국의 석탄발전에 의존해 생산해 왔으나 이제 가격이 급등한 석탄을 사용해야 했는데 이는 실리콘 기반 제품들의 가격 상승을 야기하겠죠. BASF를 비롯한 화학기업들의 암모니아 감산은 향후 수소경제의 대안으로 여겨지던 암모니아 역시 이번 에너지 위기에서 자유로울 수 없다는 사실을 확인하게 되었습니다.[45]

유럽의 화석연료 사용은 단순히 재생에너지가 기대했던 전력을 생산하지 못해 발생한 것이 아니었습니다. 디젤기관차는 전기기관차의 운영비용이 2배가 넘어가자 선택한 것이었고 채소와 곡물 가격 급등은 대체 불가능한 질소계 비료와 이산화탄소 부족에 기인했으며 화석연료를 원료와 연료로 사용하는 기업들이 비용 급등을 이기지 못하고 감산과 공장 가동을 중단한 것이었습니다. 유럽의 에너지 위기와 그 후 선택은 에너지전환과 탄소중립 정책을 강력하게 추진하는 유럽마저 화석연료에 많은 것을 의존하고 있었다는 사실을 알려주고 있었으며 에너지전환 비용이 용인할 수 있는 수준을 벗어나면 다시 화석연료를 선택할 수밖에 없다는 것을 보여주었습니다.

그러나 선진국들의 화석연료 선택은 이전부터 진행되고 있었습니다.

국제지속가능개발연구소(IISD) 등 5개 글로벌 환경단체와 미국 컬럼비아대가 G20이 코로나19에 따른 경기침체에 대응해 2020년 에너지분야에 지원한 공적자금을 분석해 발표한 자료에 따르면 G20 국가들은 최소 1,508억 달러의 자금을 화석연료산업에 이미 투입했거나 투입을 결정한 것으로 나타났으며 이 중 80%인 1,206억 달러(145조 원)는 기후변화 개선 노력 없이 그냥 받는 '무조건적인 화석연료 지원' 자금으로 밝혀졌습니다. 화석연료산업에 가장 많은 돈을 쏟아부은 G20 국가는 미국으로 581억 달러(70조 원)를 지원했는데, 모두 기후변화에 대한 노력을 강제하는 이행조건이 붙지 않았습니다. 반면 G20 국가들이 청정에너지 산업에 투자한 금액은 '무조건적인 청정에너지'로 분류한 풍력이나 태양광 발전, '조건부 청정에너지'로 묶은 전기차 개발 등에 지원한 금액을 모두 합쳐도 886억 달러(106조 원)로 화석연료산업 지원액의 60%에도 못 미쳤습니다.[46] 그렇다면 왜 이런 선택을 하게 된 것일까요.

역사는 그간 에너지의 혁명적 전환이 급격히 이뤄지지 않았다는 점을 보여줍니다. 나무 땔감에서 석탄으로 전환하는 첫 번째 에너지 혁명의 결정적인 순간은 1709년 1월이었습니다. 영국의 금속 노동자였던 아브라함 다비(Abraham Darby)가 석탄을 연료로 사용하는 방법을 찾아낸 것이죠. 그는 이 방법을 "더 효과적으로 철을 만들어 내는 방법"이라고 불렀습니다.

하지만 석탄이 목재를 제치고 세계에서 가장 널리 쓰이는 에너지원이 되기까지 200여 년이 걸렸습니다. 비슷한 예로, 석유는 1859년 서부 펜실베이니아에서 발견됐지만, 석탄을 넘어 세계 제1의 에너지원으로 자리 잡은 것은 100여 년이 지난 1960년대였습니다.

에너지전환은 단순한 문제가 아닙니다. 팬데믹 이전 기준으로 87조 달러(10경 2,000조 원)에 달하는 세계 경제를 떠받쳐 온 거대하고 복잡한 에너지 시스템을 총체적으로 바꿔야 하기 때문입니다. 현재 세계는 전체 에너지의 84%를 화석연료에 의존하고 있습니다. 그리고 코로나바이러스 대응 과정에서 누적된 막대한 정부 부채로 인해 향후 몇 년간 에너지전환에 투입할 수 있는 정부 예산이 제한될 것입니다.[47]

대니얼 예긴은 2020년 WSJ 기고문에서 87조 달러의 세계 경제를 움직이게 하는 에너지의 84%가 화석연료라고 말하며 코로나 바이러스로 인한 경제침체를 극복하기 위해 쏟아낸 정부 부채로 인해 에너지전환 투입예산이 부족할 것이라 주장했습니다. 경제주체를 움직이는 원동력이자 수많은 일자리가 걸려있는 화석연료 기반 경제가 무너지면 에너지전환의 동력 역시 약해지기 때문에 선진국들은 무게추를 화석연료에 좀 더 둘 수밖에 없었던 것입니다. 재생에너지 비중확대가 그 자체로 재생에너지에 걸림돌이 되는 반면 화석연료에 대한 지원이 에너지전환에 도움이 되는 아이러니한 상황이 팬데믹과 함께 벌어지고 있었던 것입니다. 많은 사람들이 에너지 믹스에서 전력부문의 변화를 전체 그림으로 오판하고 있었습니다. 그러나 석탄발전소가 재생에너지로 바뀐다고 해서 제조업과 실생활에 필요한 제품의 원료와 연료, 사람과 물자의 이동에 필요한 해운과 항공연료까지 재생에너지로 바뀌지는 않는다는 사실을 에너지 위기에서 깨닫기 시작했습니다. 석탄과 석유를 제치고 재생에너지가 주도권을 확보하려면 누가 봐도 확실한 장점을 보유하고 있어야 했으나 위기 이후의 모습은 기대와는 정반대의 상황만 도출되고 있었습니다.

한국의 상황도 다르지 않았습니다. 한국전력의 '코로나19 현황과 경제 및 에너지 산업 영향 분석' 자료에 따르면 확실한 경제성 우위를 가지지 못한 태양광·풍력 등 분산전원은 코로나19로 재정 투입 우선순위가 변경되면서 어려움을 겪을 가능성이 높다고 분석했으며 실물경제가 어려워지면서 친환경보다는 민생과 직결된 영역부터 우선해 각국의 재정 투입 무게중심이 옮겨갈 것이라 전망한 바 있습니다.[48] 코로나로 인해 어쩔 수 없이 화석연료로 돌아갈 수밖에 없었다는 주장도 있었지만, 이는 달리 이야기하면 경제침체와 같은 이벤트가 벌어지면 얼마든지 에너지전환이 우선순위에서 밀려날 수 있다는 것을 반증하는 것이었습니다. 그리고 9월 이후 유럽에서 벌어진 에너지 위기가 다시 그 점을 증명하고 있었습니다.

전력기업 파산과 공장 가동 중단

바람이 불지 않은 지 한 달 만에 영국의 중소규모 전력판매기업들이 파산하기 시작했습니다. 영국 에너지독립규제기관인 가스·전력시장국인 오프젬(Ofgem)이 1년에 2번 상한액을 정하면서 업체들이 과도한 에너지 요금 인상을 막아왔는데 풍력발전이 기대했던 전력을 생산하지 못해 발생한 에너지 위기로 천연가스 등 화석연료 가격이 급등한 반면 요금을 올려받을 수 없어 발생한 일이었습니다. 당시 영국 기업·에너지·산업전략부 장관인 콰시 콰르텡(Kwasi Kwarteng)은 파산기업을 구제하지 않을 것이라 했지만 정부 지원 없이 파산기업의 고객 흡수를 다른 기업들이 꺼리고 있었던 반면 정책당국은 에너지 대기업들이 대출을 받아 해결하기를 원하고 있었습니다. 고객당 500파운드의 손실이 예상되는 상황에서 이를 자체적으로 해결하기는 불가능해 보였습니다.[49] 9월에만 천연가스 가격은 낮은 재고수준과 재생에너지 전력생산량, 높은 탄소 가격으로 250% 상승했고 얼마나 더 올라갈지 알 수 없는 일이었습니다. 따라서 전력기업들의 파산과 정부재정 투입은 변수가 아닌 상수가 되어가고 있었죠.

프랑스 파리시를 포함해 200개 기업에 전력을 공급하던 Hydroption 역시 급등하는 부채를 갚지 못해 법정관리에 들어섰습니다. 프랑스의 많은 전력판매기업들은 MWh당 42유로의 가격에 EDF가 원자력발전으로 생산하는 전기를 구매할 수 있는 계약구조(Arenh: accès régulé à l'électricité nucléaire historique)가 있었으나 당시에는 가격이 높다며 비판받았습니다. 그러나 에너지 위기 이후 MWh당 100유로에서 최고

200유로까지 오르자 이 계약은 매우 저렴한 옵션이 된 것이죠. 에너지 규제위원회(CRE: Commission de Regulation)는 새로운 고민에 빠졌습니다. EDF에서 받은 전기를 다른 곳에 재판매하면 이익을 얻을 수 있는 구조가 되기 때문입니다. CRE는 전력판매기업들을 불러 Arenh계약으로 구매한 전기를 다른 기업에 재판매하는 일을 엄격히 금지했으며 적발될 경우 무거운 벌금이 부과될 수 있다고 경고했습니다.[50]

전력기업들의 파산은 대기업으로 확산되었습니다. 2021년 11월 영국 7위 에너지공급업체 벌브(Bulb)가 파산했는데 마찬가지로 천연가스 가격이 4배 이상 뛰어 전력생산 비용을 감당할 수 없게 되었기 때문입니다. 영국 정부는 170만 가구에 전기와 가스를 공급해 오던 벌브에 공적 자금을 지원하게 되었는데 영국에서만 운영 불가를 선언한 에너지 기업은 28개가 넘은 시점이었습니다. 이들 업체로부터 에너지를 공급받던 영국 가구는 420만 개가 넘었죠.[51] 이렇게 연이은 전력기업 파산 비용은 소비자에게 전가되어 더 높은 요금으로 돌아가게 됩니다. 그렇다고 파산기업을 물려받은 전력판매기업의 사정이 나아지는 것도 아닙니다. 전력공급자와 소비자 정부 모두 행복하지 않은 상황이 지속되고 있었습니다. 이 시기 에너지 가격 급등은 유럽 지역 공장들에게도 영향을 미쳤습니다. 프랑스 됭케르크에 위치한 유럽 최대 알루미늄 제련소 '알루미늄 됭케르크'는 생산라인의 약 4%를 폐쇄한 이후 에너지 가격에 따라 추가 공장 폐쇄 여부를 결정하기로 했고 유럽 최대 아연 제련업체 '니르스타'도 프랑스 공장을 닫기로 했습니다. 유럽과 북미, 호주에서 제련소를 운영하는 트라피구라 그룹은 "프랑스 에너지 가격이 2022년 초에 더 오를 것으로 보여 가동 중단을 결정했다"고 밝혔죠. 영국에서는 British Steel이 "다양한 제품"에 대한 신규 주문을 중단했고 알코아는 스페인 공장에서 프라이머리 알루미늄(Primary Aluminum) 생산을 2년 동안 중단하기로 했으며 노르웨이 노르스크 하이드로(Norsk Hydro)는 슬로바키아에서 생산량을 감축했고 독일 최고의 암모니아 생산업체인 SKW 피에스테리츠(Piesteritz)는 12월에 공장 중 하나를 폐쇄하기로 결정하면서 에너지 위기는 유럽 전역의 경제문제로 확장되고 있었습니다.[52]

일반적인 시장에선 가격이 오르면 공급자가 생산량을 늘리고 수요가 감소하면서 균형을 맞춰가지만 이번에는 그렇지 않았습니다. 알루미늄 됭케르크는 알루미늄 1톤을 만드는 데 약 11,000달러의 전력비용을 들이고도 시장가격은 2,800달러에 불과했기 때문에 감산을 선택할 수밖에 없었습니다. 제련소의 가동 중단 및 재가동 비용이 높기 때문에 한 번 멈춰선 공장이 이후에 다시 가동되려면 충분히 낮은 에너지 비용이 보장되어야 하겠죠. 당시 가스 가격은 800%, 전력비용은 500%가 올랐는데 이는 알루미늄 제련소를 비롯한 많은 공장들이 감당하기 어려웠기 때문에 감산과 공장 가동 중단을 선택할 수밖에 없었고 공급은 더욱 악화되고 있었습니다.[53]

유럽의 대안 찾기

> "우리 유럽인들은 원자력발전이 필요합니다
> (Nous, Européens, avons besoin du nucléaire!)"

 2021년 10월 프랑스를 대표로 한 유럽 10개국 16명의 경제·에너지부 장관들은 원자력이 없으면 기후변화에서 승리할 수 없다며 저렴하고 안정적인 에너지원을 늘려야 한다고 주장했습니다. 여기엔 루마니아, 체코, 핀란드, 슬로바키아, 크로아티아, 슬로베니아, 불가리아, 폴란드, 헝가리 장관들이 함께했죠. 에너지 비용 상승은 에너지공급의 제3국 의존도를 줄이는 것이 얼마나 중요한지 알려주는 신호라며 에너지와 전력공급 '자립'으로 유럽에 100만 명이 넘는 사람들이 숙련된 일자리를 얻을 수 있고 SMR 등 차세대 원전 프로젝트와 같은 새로운 연구개발도 할 수 있다고 말했습니다.[54] 에너지 위기가 오기 전까지 원전은 유럽에서 없어져야 할 대상이었습니다. 그러나 풍력발전 블레이드가 멈춘 지 한 달 만에 유럽의 장관들은 원전이 필요하다고 목소리를 높이기 시작했습니다.

 우리들이 흔히 오해할 수 있는 것들이 유럽이 일치단결해 탄소중립과 에너지전환을 하고 있다고 믿는 것인데 사실은 국가별로도, 한 국가에서 여당과 야당 사이에서도 이 정책에 대한 찬반논쟁이 격렬하게 벌어지고 있었습니다. 당장 탈원전과 탈석탄 정책에 대해 한국에서 뜨겁게 찬반논쟁이 벌어졌던 것을 생각해 보면 알 수 있습니다. 그러니 유럽에서도 탄소중립과 무탄소 전원으로 안정적 전력공급을 할 수 있는 기저전원으로서 원전을 에너지 믹스에서 확대시키자는 목소리가 커지기 시작한 것이라 봐야 합니다. 역설적으로 재생에너지가 원전을 불러온 형국이 된 것이죠. 대표적으로 프랑스, 폴란드, 체코, 헝가리, 슬로바키아, 불가리아, 루마니아가 원전을 지지하고 막대한 투자를 계획 중인 반면 독일과 오스트리아를 포함한 다른 주와 환경단체는 재생에너지가 앞으로 나아갈 길이라고 주장하고 있었습니다.[55] 사실 이는 친원전인 프랑스와 탈원전인 독일의 헤게모니 싸움이기도 했습니다. 독일은 재생에너지를 늘리면서 중간단계로 천연가스를 쓰는 방식을 원했고 노르트 스트림을 통해 유럽의 천연가스 허브기지 역할을 하게 되면 향후 유럽의 에너지정책을 주도할 수 있게 됩니다. 프랑스는 2011년 후쿠시마 원전사고 이후 탈원전을 추진했지만 10년이 지난 지금 프랑스 전력공급의 70%를 차지하는 원전 밸류체인이 무너지고 있었습니다. 만약 택소노미에 원전이 들어가게 되면 이를 계기로 유럽 지역에 원전을 수출해 향후 유럽의 에너지정책을 주도할 수 있고 무너진 원전산업을 일으킬 수 있는 계기가 될 것이기 때문에 이 기회를 놓칠 수 없었죠. 이 경우 독일이 드라이브를 거는 재생에너지 비중 축소는 물론이고 브리지 연료로서의 천연가스도 타격을 받을 것이기에 독일로서는 받아들이기 어려운 카드가 됩니다. 두 국가의 보이지 않는 앙금을 제외하고서라도 말이죠.

유럽은 또 다른 대안으로 석탄을 구하기 시작했습니다. 천연가스 가격이 급등하자 유럽의 전력기업들이 전력생산을 위해 보다 저렴한 석탄을 사용하면서 벌어진 일이었습니다. 원래 석탄발전은 탄소배출 비용이 추가되어 유럽에서 가스발전보다 더 비싼 전력생산원이었습니다. 그러나 에너지 위기 이후 천연가스 가격이 급등함에 따라 석탄발전이 탄소세를 지불하고 나서도 천연가스보다 저렴해지는 현상이 발생했습니다. 전력비용 급등을 막기 위해서 유럽은 석탄을 사용할 수밖에 없었습니다. 재생에너지는 원전뿐만 아니라 석탄도 불러내고 있었던 것입니다. 유럽은 자신들이 '가장 더러운 연료'라며 폄하했던 연료원을 슬며시 가져다 쓰고 있었던 것이죠.

독일에서는 클린 다크 스프레드(clean dark spread)와 클린 스파크 스프레드(clean spark spread)가 역전하는 현상이 발생했습니다. 전력 가격에서 석탄과 탄소배출권 가격을 뺀 클린 다크 스프레드는 플러스가 되고 전력 가격에서 천연가스와 탄소배출권 가격을 뺀 클린 스파크 스프레드는 마이너스가 되어 석탄발전을 돌리는 것이 이익이라는 잘못된 신호를 시장에 보내고 있었던 것이죠.[56] 그러나 이런 현상은 일시적이기 때문에 시스템을 비난해선 안 된다는 이야기가 있지만 클린 다크 스프레드와 클린 스파크 스프레드가 일치하는 전환가격(switching spread)은 석탄보다 천연가스 가격에 더욱 민감합니다.[57] 때문에 천연가스 가격 고공행진이 장기화된다면 시스템을 다시 손봐야 하는 문제가 발생할 것이었습니다.

유럽은 GDP의 15%인 330조 원을 매년 투자하겠다는 그린 뉴딜 정책을 시행하고 있었습니다. 유럽이 보기엔 일시적으로 바람이 불지 않을 뿐인데 그들이 주도해 나갈 에너지정책을 포기한다는 것은 있을 수 없는 일이었죠. 카드리 심슨 EU 에너지정책 담당 집행위원은 에너지와 전력 가격이 급등한 이후에도 2050년까지 넷제로 경제로 전환하겠다는 EU의 그린 뉴딜 계획을 옹호하면서 "궁극적인 해결책은 재생에너지를 확대하는 것이며 외국의 화석연료에 의존하지 않는 위치에 있는 것이 더 좋다"라고 말했습니다. 이들의 분석에 따르면 풍력과 태양광발전비중이 높은 국가일수록 천연가스 가격의 영향을 덜 받았다면서 에너지전환정책이나 재생에너지가 비싸서가 아니라 화석연료 가격 급등으로 에너지 가격이 올라가고 있기 때문에 그린 뉴딜을 늦출 게 아니라 더 가속화해야 한다고 말했습니다.[58] 그러나 그의 말과 달리 유럽은 재생에너지가 기대했던 전력을 생산하지 못한 이후로 화석연료 가격이 급격히 올라갔고 에너지 부족을 화석연료로 메꾸고 있었으며 에너지 비용 급등으로 기업들이 어려움을 겪고 있었습니다. 그들의 조언대로 더 많은 풍력발전과 태양광이 해결책이 되려면 바람이 불지 않고 해가 졌을 때의 대안이 무엇인지 설명해야 합니다. 애초에 반복되는 폭염과 한파에 태양광과 풍력발전이 전력공급을 원활히 했다면 천연가스와 석탄 수요가 급등할 일도 없었기 때문입니다. 그는 인과관계를 잘못 알고 있는 것이 분명했습니다. 하지만 알고 있다고 해도 자신들이 지금까지 추진했던 정책으로 인해 유럽은 물론 글로벌 에너지 위기를 몰고 왔다는 점을 쉽사리 인정하기도 어렵습니다. 이번 겨울만 따뜻하다면 유럽이 주도할 미래 에너지 시장이 눈앞에 보이는데 말이죠.

이제 그들은 하늘만 쳐다보며 상황이 나아지길 기대했고 실제로 그랬습니다. 콰시 콰르텡 영국 비즈니스·에너지·산업전략부 장관은 온화한 겨울이 예상됨에 따라 생활비 위기가 완화될 수 있을 것이라 말해 빈축을 샀습니다. 섀도우 비즈니스 장관인 에드 밀리밴드는 정부 에너지 정책의 바닥을 보았다면서 겨울을 보내기 위해 행운을 비는 무능함으로 영국을 취약하게 만들고 있는 장관을 향해 우린 기상 캐스터를 원하지 않는다고 비난했죠.[59] 그러나 콰시 콰르텡은 온화한 날씨가 목마른 사람에게 소금물이 된다는 사실을 알지 못했습니다. 다만 겨울이 춥다면 영국뿐만 아니라 유럽 전체가 어려워질 것이라는 점은 확실했습니다. 그러나 그의 바람과 다르게 30개 가까운 전력기업이 파산했고 국민들이 보호받고 있다던 에너지 가격 상한선은 2022년이 되자마자 60% 가까이 올라갈 예정이었습니다. 겨울은 다행히 온화하게 흘러갔지만 국민들의 사정은 나아지기는커녕 더욱 차디찬 곳으로 내몰리고 있었습니다.

에너지 위기를 심화시키는 슈퍼 그리드

이쯤에서 의문점이 들 수 있습니다. 유럽은 슈퍼 그리드로 전력망이 연결되어 있는데 남는 국가가 모자란 국가를 도와주면 문제가 해결되지 않을까 하는 생각 말이죠. 분명 슈퍼 그리드는 도움이 되었습니다. 부족한 전력을 비싸고 더러운 연료지만 위기 시에 인접국에서 가져와 급한 불을 끌 수 있다는 점에서는 그렇습니다. 그런데 유럽은 에너지 위기 이후 '자립'을 강조했다는 점을 기억할 필요가 있습니다. 자국의 전력망이 타국에 의존하지 않아도 될 정도가 되었다면 이번 위기는 그저 남의 나라 이야기가 되었을 테니 말이죠. 2021년 5월 아니크 지라

댕 해양부 장관은 프랑스 의회에서 브렉시트 이후 어업 협정이 존중되지 않는 한 영국령 저지섬에 대한 전력공급을 차단할 수 있다고 말했습니다. 저지섬 전력수요의 95%를 차지하고 있는 프랑스의 전력 수출이 끊긴다면 저지섬은 그야말로 암흑천지가 될 수밖에 없죠. 슈퍼 그리드는 안정적 전력공급이 아닌 외교 압박의 수단이 되면서 전력의 수급과 아무 관련 없는 어업 협정의 충돌이 전력망에 심대한 위기로 될 수 있다는 점을 보여주고 있었습니다. 영국은 바람이 불지 않고 기온이 떨어지는 겨울 프랑스의 전력공급에 의존하고 있었기 때문에 이 같은 압박은 영국의 전력망에 대한 위험으로 작동할 우려를 불러일으켰죠.[60] 영국은 에너지 위기가 불거지던 9월 프랑스에서 전력을 공급받는 케이블 IFA-1이 화재로 손상되었는데 복구에 최대 한 달이 소요될 것이라는 전망으로 천연가스와 전력 가격 급등에 일조했습니다.[61] 자주 일어나는 일이 아니지만, 인접국의 공급 시스템에 문제가 발생하면 원전을 멈추고 석탄발전소를 없앤 영국에 바람이 불지 않고 천연가스 수급이 타이트할 경우 어떤 일이 발생할지 그리 어렵지 않게 예상할 수 있습니다. 또 하나의 의문점은 평상시 재생에너지가 잘 작동할 때 전기를 저장해 놓으면 되지 않을까 하는 것입니다. 그러나 한국이 에너지전환의 벤치마킹 대상으로 삼는 독일은 그렇게 하지 않았습니다. 독일이 남는 전기를 체코와 폴란드에 줬는데 이들은 반가워하기는커녕 자국 전력망에 부담이 된다고 불평하고 있습니다. 어떻게 된 일일까요.

실제로 독일의 태양광 및 풍력발전소는 여름에 종종 지나치게 많은 전기를 생산해 모두 사용하지 못하는 경우도 있었다. 이런 일이 벌어질 때면 **독일은 남는 전기를 주변국인 폴란드와 체코에 전송**했는데, 그때마다 폴란드와 체코의 리더들은 독일에서 넘어온 전기로 인해 자국 전력망에 부담이 가고 전기료 예측이 어려워졌다고 불평했다.[62]

Overpowered

Czech and Polish companies complain that Germany is flooding its electrical grids with surplus energy. How the electricity flows work:

→
Windmills in Germany's north produce electricity, which is distributed to various substations.

→
On windy days, excess electricity is transferred to substations in Poland and Czech Republic.

→
After flowing through their electrical grids, power is transferred back into Germany, where it is shipped to factories in the south.

100 miles
100 km

WIND-PRODUCING REGION

POLAND

GERMANY

CZECH REP.

FRANCE

AUSTRIA

Sources: 50Hertz; Deutsche Windguard

THE WALL STREET JOURNAL.

| 그림3 | 독일 과잉전력 이동 추이(WSJ)

우선 전력은 공급과 수요가 정확히 일치하지 않으면 모두 정전이 일어난다는 사실을 알게 되면 체코와 폴란드의 불만을 이해할 수 있습니다. 독일 북부 풍력단지에서 생산된 전력이 남을 경우 독일은 전력망이 위험해지기 때문에 이를 해결하기 위해 ESS 같은 저장장치를 사용하는 대신 체코와 폴란드에 상의 없이 전력을 보냅니다. 이렇게 되면 수급에 균형을 맞추고 있던 체코와 폴란드의 전력공급이 초과되면서 전력망이 위험해집니다. 독일이 과잉공급의 위험을 체코와 폴란드에 전가해 버렸기 때문이죠. 이에 체코와 폴란드는 다시 이 전력을 독일 남부 산업단지로 보냅니다. 독일은 그냥 전기를 인접국에 버리면 되지만 체코와 폴란드는 전력망 붕괴위험에 대비하기 위해 추가투자에 나서야만 했는데 체코 국영전력기업 CEPS와 폴란드 국영 송전기업 Polskie Sieci Elektroenergetyczne는 대규모 변압기에 약 1억 1,500만 유로를 지출했으며 폴란드는 2016년 전력망과 변전소에 3억 달러를 투자했습니다.[63] 독일이 인접국에 피해를 끼치지 않으면 아무 일도 일어나지 않을 텐데 노후전력망 탓을 하는 건 낯부끄러운 일이죠. 독일은 의도했는지 그렇지 않았는지 알 수 없지만 결과적으로 독일 북부에서 풍력발전이 생산한 전기를 남부 산업단지에 보낼 수 있게 된 반면 여기에 필요한 재원과 설비는 폴란드와 체코가 마련한 셈이 됩니다.

그렇다면 독일은 왜 북부 풍력단지에서 남부 산업단지로 직접 전기를 보내지 않을까요?

독일에서 가장 중요한 생태 전기의 에너지원은 바람이다. 이미 세워진 풍차는 약 3만기에 이르는데, 대부분은 니더작센주에 있다. 2018년 약 3.8GW가 새로 생산되었다. 하지만 전문가들의 의견으로는 2030년까지 매년 그 3배는 새로운 시설에서 발전되어야 한다.

흔히 주민들의 반대로 실패하는 경우가 많다. 또한 시민들은 '풍경의 아스파라거스 변신(풍력발전소가 풍경에 미치는 영향을 비판할 때 쓰는 경멸적인 문구)'에 반대했을 뿐만 아니라 북쪽의 풍력발전소에서 남쪽의 산업시설로 전력을 공급하는 송전선에 대한 반감도 심했다. 해당 지역에서는 이 사업 전반을 '받아들일 수 없다'며 거부했다. "자연보존의 측면에서도 안 됩니다"

연방 통신청의 계산에 따르면 새로운 송전선을 7,700km나 설치해야 한다. 이 중 2018년 말까지 허가가 난 것은 약 1,800km고, 현재 건설 중인 것이 950km다.[64]

한국도 그렇지만 우리가 에너지전환의 롤모델로 삼는 독일 역시 풍력발전은 물론 송전선 건설에 대한 반감으로 10년간 송전망 건설에 어려움을 겪고 있었던 것입니다. 사람 사는 세상에서 어떤 곳은 흔쾌히 받아들이고 다른 곳은 반대하는 일은 없다는 사실을 알 수 있죠. 독일이 자체 전력망을 완성할 때까지 주변국들은 독일 전력망과 단절하지 못한다면 과잉공급으로 인한 전력망 위험에 계속 노출될 수밖에 없습니다.

원전을 찬성했던 유럽의 장관들은 이 에너지원이 유럽 블록의 제3국 의존도를 줄이고 전력공급 자립에 결정적인 기여를 하며 전략적 자주성과 에너지 독립성을 확보할 수 있다고 주장했습니다. 수익성 높은 산업과 수많은 일자리도 만들 수 있다는 점도 매력적인 요소였죠. 슈퍼 그리드가 있는 유럽에서 에너지 자립 이야기가 나왔다는 점은 많은 것을 시사해 주고 있었습니다. 그러나 위기는 점점 유럽을 수렁으로 몰아넣고 있었습니다.

뒷걸음질 치는 현실

재생에너지가 기대했던 전력을 생산하지 못하고 이를 대체할 천연가스 재고가 부족해 9월 발생한 1차 에너지 위기로 유럽의 에너지 요금은 급증했으며 공장들은 갑작스레 오른 에너지 비용을 감당하지 못해 감산과 가동 중단을 결정했고 화석연료를 찾아 나서면서 천연가스와 석탄 가격도 밀어 올렸습니다. 그러나 위기는 유럽이 겨울을 맞이하면서 더욱 기세를 드높이고 있었습니다. 이렇게 에너지 비용 부담이 증가하자 유럽이 분열하기 시작했습니다. 상대적으로 부유한 북·서부 유럽 국가들은 화석연료 가격의 불안정성에서 벗어나기 위해 그린 에너지로의 전환을 가속화해야 한다고 주장한 반면 상대적으로 빈곤한 동·중부유럽 국가들은 그들의 정책이 상황을 악화시킬 수 있으며 더나아가 에너지 비용 상승이 기후정책 추진에 있다고 비판했습니다.[65] 폴란드 모라비에츠키 총리는 유럽 의회에서 직접적으로 북·서부유럽의 기후정책을 비판하면서 계속되는 에너지 위기로 수백만의 기업이 파산하고 시민들이 빈곤에 빠질 수 있다고 경고했습니다.[66]

　유럽이 에너지정책을 두고 다투는 동안 바다 건너 브라질에선 더 비참한 일이 벌어지고 있었습니다. 브라질 통계청 IBGE는 브라질의 2021년 9월 소비자 물가가 지난해 같은 달 대비 10.25% 상승했다고 발표했는데 이는 17년 만에 최고 수준이며 5년여 만에 처음으로 물가상승률이 두 자릿수를 기록하면서 최악의 경제난을 겪게 됩니다. 이유는 코로나로 인한 실업률 증가도 있지만, 무엇보다 전력생산의 70%를 차지하는 수력발전이 100년 만의 최악의 가뭄으로 제 기능을 하지 못하자 전기요금과 식료품값이 급등했기 때문입니다. 가정용 가스비가 급등하자 폐목재나 나무 조각을 구해와 음식을 익혀 먹고 배고픔에 지친 사람들은 동물사료나 비누공장의 재료로 쓰이는 고기의 뼈와 내장을 먹기 위해 경쟁하기 시작했습니다.[67] 그마저도 구할 수 없었던 사람들은 쓰레기를 수거하는 트럭 뒤에 매달려 버려진 음식을 주워 먹었습니다.[68] 상황은 달랐으나 특정 에너지원이 제 기능을 하지 못하자 비용이 급등하고 식료품 및 다른 산업에 영향을 주면서 물가가 올라가는 현상은 동일하게 벌어지고 있었습니다. 미국도 치솟는 화석연료 가격으로 난방비용이 비싸지자 장작과 나무 스토브 패닉 바잉이 일어나고 있었습니다. 코디네컷주 뉴 밀포드의 상점에서는 2,800달러나 되는 나무 스토브 판매가 50% 이상 증가했는데 EIA에 따르면 9%의 가정이 1차와 2차 난방원으로 장작과 우드펠릿을 이용하고 있다고 하죠. 제로헤지(zero hedge)는 야심찬 녹색 정책 때문에 글로벌 에너지 위기가 전이되어 전 세계가 화석연료 구매에 열을 올리고 있다고 비판했습니다.[69] 고소득층은 조금 더 성능 좋은 디젤 발전기를 구매했습니다. 가정용 발전기를 만드는 제네락(Generac Power Systems)은 2021년 3분기에만 전년동기 대비 34%의 매출이 증가했는데 주 구매계층의 소득은 13만 달러였습니다.[70] 제네락 발전기 판매 급증은 미국의 전력망과 신뢰성이 떨어지고 있다는 것을 반증하고 있었는데 이는 소득수준과 관계없이 국민들이 잦은 정전에 각자도생의 방법을 사용하고 있다는 것을 의미하는 것이었습니다.[71]

유럽이 천연가스 가격 급등과 재고 부족으로 석탄을 때기 시작하자 탄소배출권 가격이 오르기 시작했습니다. 유럽은 2030년까지 EU 역내 온실가스 배출량을 1990년 대비 55% 감축하기 위한 피트 포 55(Fit for 55) 정책을 발표했습니다. 이는 탄소배출권 공급이 줄어드는 요인이죠. 수요는 증가하는데 공급이 줄어드니 가격이 오르는 것은 자연스러운 현상이지만 문제는 이미 에너지 비용 급등으로 공장 감산과 가동 중단을 고려하는 기업들에게 추가 데미지를 입힌다는 것이었습니다. 화석연료로 후퇴했음에도 기업부담은 오히려 늘어나고 그 결과 제품 공급이 줄어들면서 가격이 오르는 악순환이 벌어지고 있었던 것이죠.

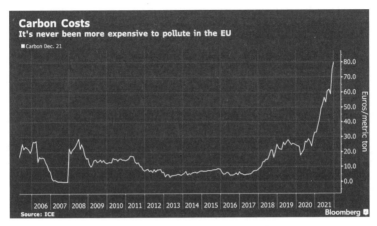

| 그림4 | EU 탄소배출권 가격 추이(블룸버그)

　　장기적으로 탄소 가격이 높게 유지된다면 배출량을 줄이거나 청정
연료로 전환에 투자할 수도 있고 탄소 포집 및 저장 또는 재생에너지에
서 수소 생산과 같은 기술이 더 각광받을 수도 있을 것입니다. 그런데
문제는 탄소배출권 가격이 기업이 감당하기 힘들만큼 너무 빨리 올라
간다는 것이죠. 앞서 살펴본 바와 같이 천연가스 가격의 급등은 제품
생산을 오히려 낮추고 전력생산을 위해서 석탄발전을 가동하게 만들어
탄소 시장의 설립목적과 정반대 효과를 내게 됩니다. 유럽 탄소 선물
가격은 2021년 12월 들어 톤당 80유로(90.27달러)를 넘어섰는데 전 세계
경제를 갉아먹는 인플레이션과 싸우며 기후변화에 적극 대처하겠다고
약속한 정치인들의 의지를 시험하고 있었습니다.[72]

　　유럽은 슈퍼 그리드를 비롯해 탄소배출권 시장 등 에너지전환과 관
련된 시스템 전체가 삐걱대고 있었습니다. 바람이 불지 않아 일시적으

로 화석연료 가격이 급등했다지만 사정은 전혀 나아지지 않았고 위기는 더욱더 심화되고 있었습니다. 폴란드의 기후환경부 장관 안나 모스크바(Anna Moskwa)의 말처럼 탄소 시장은 광범위한 개혁이 필요하며 현재 가격은 배출 감소에 박차를 가하지 않고 비용만 추가되고 있었기 때문입니다. 석탄 가격도 급격히 상승하고 있었지만 탄소배출권 가격이 70유로는 넘어서는 순간에도 독일의 가스발전소보다 석탄발전소의 수익이 높았으며 2022년 1분기에 가더라도 가스발전소는 손실이 날 것이라는 예측이 나오고 있었습니다.[73]

에너지 위기는 사람들에게 점점 피부에 와닿는 국면으로 발전하고 있었습니다.

일시적 인플레이션의 구조적 진화

에너지 위기가 벌어진 지 두 달 만에 각국의 정부는 역대급 인플레이션을 걱정하기 시작했습니다. 에너지는 모든 제품과 서비스의 기본이며 의식주에 밀접한 관련이 있기 때문에 에너지 부족과 가격 급등이 자연스레 모든 것의 물가를 밀어 올리고 있었습니다. 유럽은 가파르게 올라가는 물가에 대해 걱정하고 있었지만 달리 방도가 없었죠. 에너지의 공급을 늘려 가격을 낮춰야 했으나 현실은 정반대로 가고 있었고 정책당국은 아무 대책을 만들어 내지 못하고 있었습니다.

유럽 연합 집행위원회(European Commission)에 따르면 유로 지역 소비자들은 1993년 이후 인플레이션에 대해 이렇게 걱정한 적이 없었다.

이 데이터는 목요일 정책 회의를 개최하는 유럽중앙은행(European Central Bank)에 암울한 소식으로 전해졌다. 지금까지 관계자들은 가격 압력이 대체로 일시적인 것으로 설명했지만 추세가 더 지속되고 회복을 위협한다는 우려가 커지고 있다.[74]

정책당국이 할 수 있는 일은 인플레이션이 일시적이기 때문에 시간이 흐르면 저절로 해결된다고 말하는 것뿐이었습니다. 심지어 금리인상의 피해가 더 크기 때문에 인플레이션을 그대로 두라는 주장도 나왔습니다.[75] 그러나 제롬 파월 연준 의장은 2021년 9월 28일 미국 의회에 출석한 자리에서 "물가상승은 우리가 예측했던 것보다 강도가 세고 지속 기간도 길다"고 말하면서 인플레이션은 일시적이라는 입장을 사실상 철회했는데[76] 에너지 위기가 벌어진 지 한 달도 채 되지 않았던 시점이었습니다. 이로써 인플레이션은 '구조적인 문제'가 되었지만 이를 해결할 방법이 없던 세계 각국은 빠르게 역대급 인플레이션을 맞이하게 됩니다. 캐나다의 2021년 12월 물가상승률은 1991년 이후 최고치를 경신했고 미국은 11월 30년 만에 가장 높은 물가상승과 마주했으며 영국도 12월 물가지수가 1992년 이래 30년 만에 최고치를 기록했습니다. 시간이 지나면서 달라진 것은 30년이 40년으로 바뀌고 수치가 다시 올라갔다는 점입니다. 전 세계는 인플레이션의 근본원인 중 하나가

구조적 에너지 위기라는 사실을 깨닫지 못하고 있었습니다. 경기가 좋아져 생긴 일이라 열기가 사라지면 저절로 정상으로 되돌아갈 것이라 생각하는 사람들이 대부분이었습니다. 심지어 디플레이션을 예상하는 전문가도 있었는데 우리에게 돈나무 언니라고 알려진 캐시 우드가 그랬습니다.

디플레이션을 주장하는 근거로 우드는 우선 기술 혁신을 꼽았다. 그는 아크 인베스트먼트의 인공지능(AI)을 예로 들면서 "AI 훈련 비용이 매년 40~70%씩 떨어지고 있다"며 "기업의 비용이 감소하면서 소비자들이 상품 가격 하락을 기다리게 되고 결국 디플레이션 압박을 가할 것"이라고 설명했다. 앞서 우드가 언급한 '돈의 속도'가 떨어지게 된다는 얘기다.

현재 시장을 긴장케 만들고 있는 초인플레이션 우려의 가장 큰 원인은 코로나19 이후 심화된 공급망의 병목현상으로 꼽았다. 그는 "연말 성수기를 앞두고 기업들이 부품 수급에 어려움을 겪으며 과도한 주문을 넣고 있다"며 수요가 정점을 찍는 연말 이후 내년부터는 공급과잉으로 인한 물가 하락 압력을 받게 될 것으로 전망했다.[77]

비단 캐시 우드만 그렇게 생각하는 것도 아니었습니다. 연준이 지금은 금리인상 계획이 있겠지만 시장이 비틀거리면 경기가 과도하게 위축되고 주식시장이 두 자릿수로 미끄러지면 연준이 계획된 금리인상을 철회하거나 기껏해야 금리를 1% 올릴 거라는 낙관론적 시각을 가진 사람들도 있었죠. 연준이 경기반등의 희망을 스스로 무너뜨리면 안 된다는 시각이었습니다.[78] 그러나 이들 중 에너지 위기를 제대로 이해하는 사람은 거의 없었고 그 의미를 과소평가하고 있었습니다. 에너지 위기가 벌어진 지 두 달 만에 모든 것의 가격을 올리고 수십 년 만의 물가상승이 전 세계에 확산되고 있었으나 이들은 이것이 일시적이며 곧 모든 것이 정상으로 돌아올 것이라는 근거 없는 믿음을 가지고 있었습니다.

그렇게 유럽은 아무 대안을 만들지 못하고 더 크고 심각한 2차 에너지 위기를 맞게 됩니다.

2차 에너지 위기

프랑스, 스위스, 오스트리아, 이탈리아, 슬로베니아, 크로아티아, 세르비아, 헝가리에서 하루 전 시장 전력 가격이 MWh당 300유로 이상을 기록. EU 관료들이 9~10월 공황에 빠질 이유가 없다고 말했을 때 이런 상황을 염두에 둔 건지 궁금하다. #EuropeanEnergyCrisis

@JavierBlas(Chief Energy Correspondent at Bloomberg News 2021.12.14)

12월이 되자 유럽의 도매전력 가격은 무섭게 치솟기 시작했습니다. MWh당 20~40유로 수준이던 전력 가격이 9월에 200유로대로 올라갔는데 12월이 되자 300~400유로로 급등했습니다. 대부분의 유럽 지역이 300유로대를 기록하고 있었습니다. 이미 30유로 기준으로 10배의 가격이 올랐지만 이건 시작에 불과했죠. 하루가 지난 12월 16일 프랑스 EDF의 시보 원전 2기에서 배관 결함이 발견되면서 2021년 말까지 1TWh의 전력손실이 발생할 것으로 알려지자 하루 만에 200유로 가까이 급등하는 진풍경이 벌어졌습니다. 프랑스의 전력생산의 70%를 원전이 담당하고 있고 이들이 만든 저렴한 전력원을 인접 국가인 독일과 스페인, 이탈리아, 영국에 수출하기 때문에 프랑스의 전력손실은 인접국의 전력 가격 급등에 영향을 미치게 됩니다. 게다가 EDF는 유럽에서 78.2%를 원전으로, 12.8%를 재생에너지로 전력공급을 하고 있으며 프랑스로 좁히면 원전 86.8%, 재생에너지 10.4%로 사실상 두 전원으로 전력을 공급한다고 봐도 과언이 아닙니다.[79] 따라서 재생에너지가 겨울에 제대로 돌아가지 않고 원전에 문제가 생기면 이를 대체할 전력원이 존재하지 않아 인접 국가에서 비싸게 전기를 수입해 와야 합니다. 독일보다 프랑스가 에너지 위기상황에서 도매전력 가격이 비싼 이유입니다. 가격만큼이나 속도 또한 가계와 기업은 물론 정부까지 감당할 수 없는 상황으로 내몰리고 있었습니다.

> 에너지 집약적 기업들은 EU 지도자들에게 에너지 가격의 기하급수적 상승에 신속히 대처할 것을 촉구한다. 에너지 가격 위기는 대부분의 유럽 국가를 강타했다. 최근 몇 달 동안 에너지 가격은 4~5배 상승했으며 탄소 가격은 연초 이후 3배로 뛰었다. 이로 인해 수많은 기업들이 공장 가동을 줄이거나 일시적으로 폐쇄해야 했다.
>
> 견딜 수 없을 정도로 높은 에너지 가격의 장기화는 심각한 손실, 유럽 기업의 해외이전 및 탄소배출 증가로 이어질 수 있다. 에너지 위기에 영향을 받는 기업이 이 상황을 극복하고 유럽 에너지전환에 계속 투자할 수 있도록 EU 차원에서 긴급 조치가 필요하다.[80]

유럽의 에너지 부족으로 인한 가격 급등은 이제 산업 전체에 영향을 미치고 있었고 역대급 물가상승의 근본원인이 되었지만, 유럽 각국의 정부가 할 수 있는 일은 거의 없었습니다. 유로화가 없는 에너지와 화석연료를 만들어 낼 수 없었기 때문입니다. 시간이 지날수록 전력기업들의 파산과 물가상승은 심화되었고 국민들의 삶은 피폐해져 가고 있었습니다.

그리고 이를 유심히 지켜보고 있던 국가가 행동에 나서기 시작했습니다.

러시아의 파이프라인 가스

블라디미르 푸틴 대통령은 유럽이 에너지 위기로 혼란에 빠졌다며 기후변화에 대비해 친환경 에너지 투자를 늘리고 화석연료 투자를 줄였는데 풍력발전이 전력공급을 제대로 하지 못하면서 엉망진창이 되었다며 탈탄소 전환이 천천히 진행되어야 하는 이유를 유럽의 에너지 시장이 잘 보여주고 있다고 주장했습니다. 반면 유럽에서는 러시아가 노르트 스트림 2 사업 허가를 위해 의도적으로 가스 공급을 줄였다고 비판했죠.[81] 미국에서도 캘리포니아와 텍사스에서 풍력과 태양광이 제 역할을 하지 못할 때 가스발전이 제 역할을 하지 못했다고 비판했었지만 애초에 기후변화와 관계없이 안정적 에너지공급을 해야 하는 것이 국가의 역할인 것을 감안하면 타국의 탓을 하는 건 스스로 얼굴에 먹칠하는 것과 같습니다. 의도적이 아니라 예기치 않은 사고라도 말이죠.

그러나 러시아는 이전에도 여러 번 유럽으로 향하는 파이프라인 가스를 잠근 적이 있었습니다. 그런데도 유럽은 러시아 의존도를 줄이려는 노력을 하지 않았습니다.

푸틴은 유럽의 에너지 위기를 러시아 의존도를 높이려는 수단으로 사용하려 했습니다. 그는 10월 각료회의에서 유럽의 에너지 위기는 스스로 만든 것이며 천연가스 장기거래 비중을 줄이고 현물시장으로 이동하는 실수를 저질렀다고 말했죠. 유럽은 물론 미국 천연가스 선물도 기록적으로 급등한 이후 가즈프롬은 최대 25년 장기계약을 원한다며 추운 겨울이 예상되는 만큼 국내공급을 우선시하겠다고 말했습니다.[82] 그러나 유럽의 선택은 위기 이전까지는 합리적이었습니다. 2014년 유가 폭락 이전부터 유럽 천연가스 가격은 20유로 이하의 낮은 수준을 대부분 유지했으며 코로나 정국에서는 한 자릿수로 하락했습니다. 따라서 상대적으로 비싼 장기계약보다는 현물시장에서 저렴한 천연가스를 구매하는 것이 나은 선택이었죠. 반면 러시아는 동쪽으로는 시베리아의 힘(Power of Siberia) 프로젝트를 통해 시베리아에서 가장 추운 지역에 있는 차얀다(Chayanda)와 코비크타(Kovykta) 가스전에서 중국 국경 근처의 블라고보베쉬첸스크(Blagoveshchensk)까지 약 3,000km에 달하는 라인과 상하이까지 남쪽으로 3,370km의 추가 라인을 통해 중국에 매년 380억 입방미터(㎥)의 가스를 공급하는 4,000억 달러 규모의 계약을 체결했고 2035년까지 LNG 생산량을 5배 늘려 세계시장의 20%를 차지할 목표로 열심히 생산능력을 높이고 있었습니다.[83] 중국과의 거래를 통해 러시아 역시 유럽 의존도를 줄임과 동시에 중국으로 들어오는 카타르, 호주, 말레이시아, 인도네시아의 LNG와의 경쟁에서 유리한 고지를 차지할 수 있습니다. 물론 중국의 러시아 의존도 또한 올라가겠죠. 중국과의 계약은 독일과 유사한 1,000㎥당 360달러 수준이었습니다.[84]

때문에 유럽의 에너지 위기는 러시아에 좋은 기회였습니다. 세계 LNG 시장에서 비중을 높이려는 국가는 러시아 이외에도 카타르, 호주, 그리고 미국이 있었습니다. 코로나 이후 수요와 가격이 급락한 천연가스 시장도 러시아엔 부담이었으나 유럽의 자충수로 일어난 위기상황을 잘만 이용하면 유럽은 물론이고 LNG의 가장 큰손인 중국과 일본은 물론 한국까지 영향력을 높일 수 있게 될 터였습니다. 그러나 유럽은 재생에너지의 전력생산 부족이 일시적이라 믿었기 때문에 자신들의 에너지 포트폴리오를 좀처럼 바꾸려 하지 않았습니다. 장기계약이 부담되는 건 유럽도 마찬가지였기 때문입니다. 그러자 러시아는 이미 익숙하면서도 한 단계 더 높은 마케팅 방법을 사용하기 시작했습니다.

벨라루스-폴란드 국경 지역 난민 사태로 관련국 간 긴장이 고조된 가운데 알렉산드르 루카셴코 벨라루스 대통령이 11일(현지 시간) 이번 사태의 책임을 자국에 돌리고 있는 유럽 연합(EU)에 대해 가스공급을 차단하겠다고 위협하고 나섰다.

벨라루스를 적극 지원하는 러시아는 이틀 연속 벨라루스 상공에서 핵무기를 탑재할 수 있는 전략폭격기 훈련을 실시하며 EU를 겨냥한 무력시위를 벌였다.

루카셴코는 "우리는 유럽에 난방을 제공하고 있다. 그런데도 그들은 국경을 폐쇄하겠다고 우리를 위협하고 있다"면서 "폴란드 지도부와 리투아니아인들, 그리고 다른 머리가 없는 사람들은 말을 하기 전에 먼저 생각부터 할 것을 권고한다"고 말했다.[85]

2021년 하반기 이라크, 시리아, 아프가니스탄 등 중동 내전으로 발생한 난민들을 벨라루스 정부가 EU 제재에 반발해 고의로 폴란드 국경으로 밀어낸다는 의혹을 받게 됩니다. 경제 제재에는 벨라루스의 주요 수입원인 석유, 석유화학 제품, 염화칼륨, 담배 등에 대한 거래 제한과 무기 금수 조치 등이 포함됐는데 이에 벨라루스가 유럽의 가스 공급을 제한할 수 있다며 경고한 것이죠.[86] 이전 프랑스 사례에서도 보았듯이 에너지공급 중단은 파이프라인과 전력망이 연결된 유럽에서 소위 '먹히는 카드'가 되었습니다. 특히나 유럽이 에너지 위기를 겪고 있는 와중에 벌어진 일이기 때문에 유럽의 운신 폭은 좁을 수밖에 없었죠. 물론 벨라루스 뒤엔 러시아가 있었습니다. 12월 유럽이 2차 에너지 위기로 어려움을 겪고 있을 때 러시아는 바로 벨라루스를 거치는 야말-유럽 가스관의 가스 공급을 중단시킵니다.

야말-유럽 파이프라인은 유럽이 현물로 구매한 천연가스가 이동하는 경로입니다. 천연가스 부족으로 애를 먹고 있는 유럽을 압박함과 동시에 러시아가 원하는 장기계약을 하라는 시그널을 보내고 있었던 것이죠. 반대로 유럽이 러시아를 압박하는 수단 역시 파이프라인이었습니다. 독일은 노르트 스트림 2에 대한 인증 프로세스를 일시적으로 중단하면서 천연가스 가격이 10% 이상 올랐던 적이 있는데 노르트 스트림이 러시아가 우크라이나를 경유하지 않고 온전히 유럽에 보내는 천연가스 이익을 향유하기 위해 건설한 것인 만큼 러시아를 압박하는 요인으로 작동할 수 있으리라는 독일의 의도가 담긴 것이었습니다. 그러나 에너지가 부족한 국가의 압박은 사태를 오히려 악화시키고 있었죠.

유럽-야말 라인은 무려 42일간 가동이 중단되었다가 2022년 2월 2일 러시아가 가스 운송을 위한 용량을 예약하면서 Mallow 스테이션(폴란드-독일 국경)에 모든 이목이 집중되었습니다. 하지만 러시아는 몇 시간 정도 가스를 흘려보낸 후 다시 파이프라인을 잠갔습니다. 러시아는 유럽을 완벽하게 가지고 논 것이죠.

러시아는 새로운 파이프라인이 만들어질 때마다 우크라이나 경유 천연가스 흐름을 줄여왔습니다. 유럽은 자신들이 위급할 때는 러시아 편을, 그렇지 않을 때는 우크라이나 편을 들어주면서도 여전히 러시아 가스 의존도를 줄이지 못했습니다. 2021년 벌어진 두 차례의 에너지 위기 국면에서 러시아는 천연가스를 비롯한 자신들의 화석연료를 유럽이 끊지 못할 것이란 가정을 여러 차례 실험해 봤고 마침내 확신을 얻었을 것입니다.

우크라이나는 2021년 4월 러시아 접경 동부 돈바스 지역에 10만 명이 넘는 러시아 병력이 집결했다며 미국 등 서방 국가들에 군사지원을 요청한 바 있었습니다. 당시에는 군 병력을 철수하는 듯 보였지만 에너지 위기 이후 11월 미국은 유럽 동맹국에 러시아가 다시 우크라이나 국경 근처에 대규모 병력을 배치하고 있다며 우크라이나 침공 가능성을 경고하고 나서게 됩니다.[87] 유럽은 러시아에 경고와 제재를 강하게 취해야 했으나 에너지 위기로 인한 산업생산 감소와 에너지 비용 급등으로 인한 역대급 물가상승을 맞이하고 있었기에 러시아를 단죄할 카드가 마땅치 않았습니다. 야말 라인을 다시 걸어 잠근 러시아는 우크라이나 접경지대에 13만~15만 명 규모의 군대를 다시 파견하고 돈바스, 키예프, 크림반도에서 우크라이나를 3면으로 둘러싼 후 푸틴의 명령만을 기다리게 되었습니다.

바야흐로 전운이 감돌고 있었습니다.

혼란스러운 유럽

2022년이 되자마자 전 세계는 극심한 혼란에 빠지게 됩니다. 터키는 1월 1일부로 가정용과 기업용 전기요금을 50~100% 인상했으며 천연가스 가격은 가정용은 25%, 산업용은 50% 올렸습니다. 지난해 유럽에 불어닥친 역대급 인플레이션의 영향에서 터키도 자유로울 수 없었기 때문인데 11월 2%에서 12월 30%로 급등한 반면 금리는 오히려 내리면서 통화가치 폭락으로 인플레이션을 부채질했습니다.[88] 유럽 최빈국 코소보는 에너지 비용 상승으로 수입과 공급이 어려워지면서 순환정전에 들어갔고 독일 유니퍼는 급등한 에너지 요금으로 인한 추가 증거금 지급 여력 부족으로 18억 유로의 신용한도를 완전히 소진한 후 100억 유로의 새로운 약정에 서명했습니다. 유니퍼는 22년 선물은 MWh당 49유로, 23년 선물을 MWh당 52유로로 헤지했는데 전력요금 급등으로 수많은 계약이 연쇄적으로 마진콜에 걸린 것이죠.[89]

카자흐스탄에서는 물가폭등과 LPG가격이 2배로 오르면서 성난 군중들이 대규모 시위를 벌였고 당국은 소요사태가 악화되자 일부 도시에 비상사태를 선포하고 장갑차 등 진압부대를 배치했으며 유혈사태가 벌어졌습니다. 카자흐스탄의 최저임금은 월 98달러였습니다.[90] 시위가 격화되자 토카예프 대통령은 옛 소련 국가들이 결성한 집단안보조약기구에 도움을 요청했고 CTSO 의장을 맡은 니콜 파쉬냔 아르메니아 총리는 자신의 페이스북을 통해 "카자흐스탄의 요청에 따라 CSTO 소속 평화유지군을 파견할 것"이라고 밝혔는데 이는 사실상 러시아의 개입을 의미했습니다.[91]

이 국가는 다른 의미에서도 매우 중요한 역할을 하고 있는데 전 세계 우라늄의 40%를 생산하고 있기 때문입니다. 러시아를 포함한 옛 소련 국가들을 합하면 절반을 차지하는 이 연료 역시 에너지 위기와 지정학에 많은 영향을 받게 된다는 사실을 다시 한번 세계는 깨닫게 되었습니다. 안정적 공급이라는 에너지 안보의 영역은 비단 화석연료에만 국한되지 않았습니다. 카심-조마르트 토카예프 카자흐스탄 대통령은 시위가 진정되지 않자 2만 명의 무장 도적들이 나라를 어지럽히고 있다면서 예고 없는 발포권한을 부여했으며[92] 푸틴은 체첸반군을 잔인하게 진압한 악명높은 제45 여단 스페츠나츠를 투입했습니다. 에너지 위기로 인한 정치적 혼란이 유혈사태로 확산되고 있었죠.

한국과 직접적인 관계가 있는 사건도 연초에 벌어졌습니다. 1월 2일 정책당국은 한국전력과 발전공기업 관계자들과 긴급회의를 소집했는데 인도네시아에서 석탄 수출을 금지하면서 장기계약으로 수출을 위해 선박에 적재된 석탄까지 인도네시아 국내로 보내라는 지시가 있었다는 사실을 알게 되면서였습니다.[93] 인도네시아는 내수시장 공급의무 정책(DMO: Domestic Market Obiligation Policy)으로 국내시장에 우선적으로 공급해야 하는데 생산량의 25%를 톤당 70달러에 시장에 판매하도록 하고 있었습니다. 반면 수출 가격은 톤당 90~100달러였죠. 그러나 실제 시장가격은 ICE 뉴캐슬 거래소 기준 12월 계약이 톤당 169.40달러, 2022년 1월 계약은 171.60달러였습니다. 광산기업들은 당연히 수출로 더 많은 돈을 벌 기회를 놓치기 싫었고 줄어든 내수로 인해 국내 에너지공급에 문제가 발생한 것입니다. 금지조치는 비교적 빠른 시기에 해제되었지만 장기공급계약의 신뢰가 에너지 위기로 무너질 수 있다는 시그널은 세계 각국의 우려를 낳기에 충분했습니다. 인도네시아는 추후 수출금지를 풀었지만, 이번엔 대기하고 있던 선박과 내수용 석탄 운송 문제가 발생했습니다. 한 번 꼬이기 시작한 문제가 쉽게 풀리지 않는다는 사실을 증명하고 있었습니다.

영국의 SSE에너지는 고객들에게 이메일로 〈겨울에 난방하지 않고 따뜻하게 지내는 방법 10가지〉라는 글을 소개했는데 거기엔 '반려동물 껴안기', '따듯한 죽 먹기', '요리 후 오븐 문 열어두기', '뜀뛰기 하기', '땀 흘리게 하는 고추 대신 혈액순환을 잘 되게 하는 생강 먹기', '아이들과 훌라후프 대회 하기' 등의 방법을 소개했습니다. 이에 대해 노동당 클라이브 루이스 하원 의원은 "웃기고 모욕적인 일이지만 현 정부의 에너지 전략이 부족하기 때문에 예상할 수 있는 일이다"라며 "먹을 것과 난방 중 하나를 선택해야 하는 사람들이 이메일을 읽게 될 것이다. 현재 우리가 처한 상황은 매우 우울하다"라고 말했죠.[94] 영국의 전력과 난방 공급 기업들은 에너지 위기로 가스와 전력 가격이 상승한 반면 이를 소비자들에게 온전히 전가하지 못하는 상태에서 파산하고 있었고 이를 인계받은 대기업 역시 여기에서 자유로울 수 없었습니다. 가장 좋은 방법은 소비자들이 스스로 에너지를 절약해 기업부담을 줄여주는 것이었지만 마땅한 방법을 찾을 수 없자 궁색한 아이디어라도 소비자들에게 전달한 것이죠.

황당한 주장은 비단 영국만의 일도 아니었습니다. 프랑스 역시 영국과 마찬가지로 먹을 것과 전기요금 중 하나를 선택해야 해 시민들이 거리에 나와 시위를 했고 스페인에서는 세탁기도 마음대로 쓸 수 없다는 하소연이 이어졌습니다.[95] 스웨덴은 링할스 원전 2기를 폐쇄한 이후 2021년 2월 폭설과 한파로 수천 가구의 전력공급이 중단되자 진공청소기가 전력소모가 많다며 정책당국에서 사용을 자제해 달라는 부탁을 하기에 이르렀죠.[96] 스웨덴의 평년 전력 가격은 MWh당 30유로였지만 정전 이후엔 200유로로 뛰어올랐습니다. 유럽은 재생에너지 비중을 높

이고 슈퍼 그리드로 무장했음에도 에너지가 부족해지자 아무런 대처방
안을 마련하지 못한 채 에너지 비용만 하염없이 올라가고 있었습니다.

분자 위기와 생활비 위기

골드만 삭스 글로벌 원자재 부문 수석 제프 커리는 지금처럼 상품이 부
족한 상황에서 시장가격을 본 적이 없다고 말했다.

커리는 블룸버그 TV 인터뷰에서 "이 일을 30년 동안 했지만 이런 시장
은 본 적이 없다"고 말했다. "이것은 분자위기(Molecule Crisis)입니다. 우
리는 모든 것이 다 떨어졌습니다. 그것이 석유, 가스, 석탄, 구리, 알루
미늄이든 상관없습니다. 무슨 상품 이름을 불러도 그것은 부족할 것입
니다."

몇몇 시장은 슈퍼 백워데이션으로 거래되고 있다. 이는 트레이더가 즉
시 공급을 위해 엄청난 프리미엄을 지불하고 있으며 원자재 공급이
심각하게 부족하다는 것을 의미한다. 런던 금속 거래소(London Metal
Exchange)에서 거래되는 주요 산업용 금속은 6개 모두 지난해 말 백워데
이션으로 이동했다.[97]

  2021년 9월과 12월 두 차례의 위기국면 이후 에너지 가격 급등은 식
량과 운송은 물론 산업 전반에 확산되어 물가급등을 야기했는데 급등

의 속도가 너무 가팔랐기 때문에 이를 제품 가격에 전가시킬 수 없는 상황이 만들어지면서 공장은 감산과 가동 중단을 선택했죠. 그러자 수급이 더 악화되면서 가격이 올라가는 분자 위기가 찾아오게 됩니다. 분자로 이루어진 모든 것들의 가격이 올라가지만 이를 완화시킬 방법이 없기 때문에 에너지와 함께 분자는 머니게임의 영역이 됩니다. 문제는 분자 위기의 성격인데 절대 공급량이 부족하지 않고 공급 여력이 충분하다면 가격은 빠르게 하락 하겠지만 절대 공급량이 부족한 상황이라면 수요파괴로도 가격의 고공행진을 막을 수 없다는 이야기가 됩니다. 골드만 삭스 원자재 부문 수석이 30년 만에 처음 보는 시장 상황이라 말한 것은 이 위기가 지난 역사의 반복이 아닌 새로운 역사의 시작이란 것을 의미합니다. 따라서 이전과 같은 처방이 아닌 전혀 새로운 접근방법이 필요하다는 것을 암시하는 것이죠.

재생에너지는 이전에 없던 새로운 산업이 탄생한 것이나 마찬가지입니다. 추가된 신산업 역시 기존 제조업이 쓰는 상품과 원자재, 핵심 광물을 소비합니다. 수요는 늘어났고 공급은 부족하니 가격이 오르는 것은 당연한데 지금까지 자금유입이 많았던 신산업이 광물을 선점하기 위해 베팅을 하면서 가격이 버블 영역으로 확대됩니다. 그리고 이들이 약속된 에너지를 생산하지 못하면서 또다시 추가적인 에너지를 소모하게 됩니다. 에너지전환이 지속될수록 공급과 운영에서 지속적으로 추가적인 자원을 소모하면서 에너지 비용과 자원 비용이 모두 올라가는 반면 화석연료 공급을 제한하면서 이들 기반 위에 있던 제조업과 신산업은 모두 위기를 맞이하고 있었습니다. 문제는 원전도, 석유와 천연가스도 석탄과 핵심광물도 모두 추가공급 여력이 쉽게 늘어나지 못할 것이라는 데 있습니다. 지금부터 시작한다 해도 10년이 걸립니다. 따라서 향후 10년은 화석연료와 핵심광물의 강세장이 펼쳐질 것이고 유럽은 '잃어버린 10년'을 맞이하게 될 가능성이 커지고 있었습니다. 다른 점이 있다면 일본의 잃어버린 시기는 디플레와 함께였지만 유럽은 인플레와 함께라는 점입니다. 그리고 30년 만에 처음 보는 '모든 것이 부족한 시대'로 진입하고 있었습니다.

그러나 전 세계는 또 다른 위기를 맞이하고 있었습니다. 물가급등과 함께 사람들의 지갑이 서서히 비어가기 시작했기 때문입니다. 물가가 어느 정도 오르더라도 사람들의 소득이 버텨준다면 크게 문제가 없겠지만 코로나 이후 일자리는 급격히 사라졌고 이를 막는다는 명분으로 각국 정부는 엄청난 재정을 풀어 국민들에게 뿌렸습니다. 그 효과가 서서히 막을 내리고 있었던 것이죠. 미국 인구조사국 조사결과에 따르면 2021년 5월에 비해 12월 일상적 청구서 지불에 어려움을 겪지 않는다는 수치가 급격히 줄면서 사람들은 점차 생활비 위기 국면으로 조금씩 다가가고 있었습니다. 연방 지원 기금은 수백만 명에게 더 많은 재정적 완충 장치를 제공하면서 사람들은 직장 복귀를 미루거나 더 나은 직장으로 가기 위한 도전(높은 퇴사율)을 할 수 있었습니다. 그러나 마지막 경기부양 보조금은 2021년 상반기 끝났고 긴급 연방 실업 수당은 에너지 위기가 시작된 '9월'에 종료되었죠. 2021년 11월 저축률은 6.9%로 떨어졌고 더 많은 사람들이 일상적 비용을 지불하기 위해 신용 카드를 사용하기 시작했습니다.[98] 2022년 극적 반전이 일어나지 않는다면 사람들의 삶은 더 피폐해질 것이 분명했습니다.

    그러나 이런 통계는 아직까진 혼란스러운 것도 사실이었습니다. 미국엔 사람들이 필요한 1,000만 개의 일자리와 840만 명이 넘는 실업자가 공존하고 있었습니다. 어디선가는 일손이 부족하고 임금이 올라가며 투덜거리는 고객들에게 조금만 참아달라고 설득하고 있는 반면 수백만 명의 긱(Gig) 근로자들과 자영업자들은 실업 보조금이 끝나가면서 어려움을 겪게 될 것이었습니다. 하지만 이들 중 상당수는 다시 일자리로 돌아가지 않았기 때문에 이 미스 매치를 어떻게 해석해야 할지 난감해했죠. 코로나 이후 일자리는 빠르게 회복하고 있었지만, 파월이 지적했던 것처럼 고르지 않은 회복이었습니다.[99] 그러나 이런 현상의 아래엔 장기실업자의 은퇴와 저임금 직종의 경쟁이 숨어있었고 코로나의 공포를 억누르기엔 너무 낮은 임금수준도 한몫하고 있었습니다. 하지만 직업을 가지고 있던 그렇지 않건 간에 물가상승으로 인해 동일한 제품에 추가지출은 불가피했습니다. 40년 만에 가장 빠른 속도로 상승하는 인플레이션 때문에 평균 미국 가계는 한 달에 250달러 이상을 추가로 지출해야 한다는 조사결과가 나왔죠. 분자 위기와 생활비 위기는 밀접하게 연결되어 있었고 사람들의 지갑은 말라가고 있었으며 각국의 중앙은행은 금리인상을 시작했지만, 에너지 부족은 나아지기는커녕 더 악화되고 있었습니다.

천연가스와 석탄에 벌어지는 일들

유럽의 천연가스 부족은 점점 악화되고 있었습니다. 러시아의 천연가스 공급이 줄어들면서 유럽은 미국과 다른 공급국의 LNG로 메꾸려 했으나 이는 역부족이었습니다. 석유와 달리 예비 공급력이 거의 없는 천연가스는 이미 장기계약으로 묶여있었기 때문에 얼마 없는 천연가스 현물을 얻기 위한 머니게임은 점점 더 치열해졌습니다. 유럽의 천연가스 재고는 역대 최저수준을 기록하고 있었는데 이는 한파로 인한 수요 급증이나 또 다른 공급 중단에 유럽이 별다른 대안이 없음을 의미하는 것이었습니다. 러시아의 유럽 천연가스 수출량은 절반으로 줄었는데 컬럼비아대학 글로벌 정책 연구센터 시니어 연구원인 아이라 조셉(Ira Joseph)은 당시 러시아의 유럽 천연가스 연간 수출감소량이 노르트 스트림 2의 파이프라인 용량(150Mcm/d)과 정확히 동일하다는 점을 지적한 바 있습니다.[100] 유럽의 천연가스 흐름은 이제 정치적인 이슈가 되고 있었습니다. 이코노미스트는 푸틴이 2014년 이후 다시 우크라이나를 침공하고 서방이 러시아에 제재를 가한다면 유럽으로 흐르는 천연가스를 폐쇄할 수 있다는 우려를 제기하기 시작했는데 이 경우 오스트리아와 슬로바키아, 이탈리아는 물론 후쿠시마 사고와 기후변화 정책으로 성급히 탈원전과 탈석탄을 진행하면서 '필요 이상으로' 천연가스 의존도가 높은 독일이 가장 큰 타격을 받을 것이라 분석했습니다.[101]

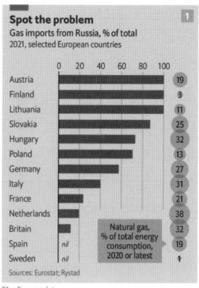

| 그림5 | 유럽의 러시아 천연가스 의존도(이코노미스트)

석탄에서도 비슷한 일들이 벌어지고 있었습니다. COP26 기후변화 정상 회담 최종 성명에서 석탄 폐기 또는 단계적 감축에 대해 논쟁하는 데 몇 시간을 보냈지만 현실에서는 호황이 벌어지고 있었죠. 아시아 벤치마크 가격은 톤당 244달러였고 일부 물량은 300달러가 넘었으며 철강제조에 들어가는 코크스는 400달러를 넘어서고 있었습니다.[102]

역사 속으로 사라질 준비를 하던 석탄 기업들은 돈을 긁어모으고 있었습니다. 글렌코어 주가는 10년 만에 최고치를 기록하고 있었고 전 세계는 2021년 전력생산을 위해 사상 최대의 석탄을 태웠습니다. 석유 피크처럼 석탄 피크도 2014년에 온다고 했지만, 2024년에도 수요 증가가 예측되었으며 중국은 석탄 기업들에 스타하노프(Stakhanovite(생산성 향상))운동을 지시하고 있었습니다. IEA는 세계가 2050년까지 넷제로 목표를 달성하기 위해 2024년까지 석탄 수요를 20% 이상 줄여야 한다고 주장했으나 현실은 정반대로 가고 있었습니다. 넷제로의 목표가 과도했던 것 아니냐는 비판이 나오고 있었으나 유럽은 자신들의 정책을 수정할 생각이 별로 없어 보였습니다. 자신들의 정책이 화석연료 부활에 기여하고 있고 러시아 가스 의존도를 줄이지 못하고 있으며 물가상승과 분자 위기를 불러일으키는 데다 국민들의 삶의 질이 급격히 악화하고 있음에도 그들은 여전히 자신들의 정책을 고수하고 있었습니다. 유럽의 천연가스 재고는 40%에도 못 미치고 있었지만 미국의 LNG를 받아들이고 비상계획을 검토하는 것 이외에 유럽이 달리 할 수 있는 일은 없어 보였습니다.

이제 러시아에게 걸림돌은 없어 보였고 2022년 2월 24일 오전 5시 러시아는 우크라이나 침공을 개시하였습니다.

> 푸틴이 우크라이나에 대한 전면적 침공을 막 시작했습니다. 평화로운 우크라이나 도시들이 공격을 받고 있습니다. 이것은 침략 전쟁입니다. 우크라이나는 스스로를 방어하고 승리할 것입니다. 세계는 푸틴을 막을 수 있고 또 멈춰야 합니다. 행동할 때입니다.
>
> 드미트로 꿀레바(Dmytro Kuleba) 우크라이나 외무부장관 (2022.02.24.)

3차 에너지 위기 -
러시아의 우크라이나 침공

　블라디미르 푸틴 러시아 대통령은 24일 러시아는 돈바스 지역에서 특별 군사작전을 진행할 것이라고 선언하면서 우크라이나의 위협에서 돈바스의 주민을 보호하고 우크라이나 비무장화를 추구할 것이라는 이유로 전쟁을 시작했습니다. 크라마토르스크, 하르키우, 오데사, 키예프가 동시에 공격을 받았으며 러시아 VDV 공수부대는 키예프 공항을 장악했습니다. 전쟁이 속전속결로 끝날 것이라는 전망이 지배적이었는데 일주일 만에 우크라이나가 점령당하면서 전쟁이 종결될 것이라는 전망과 오래 걸려도 2014년 크림반도 사례처럼 한 달이 채 걸리지 않을 것이라는 주장도 나왔습니다. 그러나 푸틴의 전쟁은 초기부터 문제가 발생하기 시작했습니다. 푸틴의 선전포고로 러시아는 지상, 공중, 해상 침공을 개시했고 미사일은 키예프를 강타하면서 금방이라도 우크라이나를 삼킬 듯 보였지만 젤렌스키 우크라이나 대통령은 대국민 연설에서 러시아 병력이 거의 모든 방향에서 진격을 저지당했다고 주장했으며 러시아군 사상자 800명, 탱크 30여 대, 군용 차량 130여 대, 군용기 7대, 헬리콥터 6대를 파괴했다고 주장했습니다.[103] 러시아의 말처럼 일주일 만에 끝나지 않을 것은 확실했습니다. 전쟁은 점차 장기화 양상으로 흘러가고 있었습니다.

　에너지 가격도 전쟁에 즉각적으로 반응했습니다. 러시아군이 우크라이나 전역의 목표물을 공격한 이후 유럽 천연가스 가격은 41%나 급등했으며 전쟁으로 인한 유럽의 러시아 제재 선언 이후 네덜란드 TTF 천연가스 가격은 MWh당 125유로로 급등했는데 이는 MMBTu로는 40달러에 달하는 가격입니다. 브렌트 원유도 2014년 저유가국면 이후 최초로 103달러로 올라갔고 알루미늄은 물론이고 밀 가격까지 최고치를 기록했습니다. 다행이라면 전쟁 이후에도 우크라이나를 경유하는 석유와 천연가스 공급 중단이 없었다는 것입니다. 전쟁으로 인해 주목받게 된 것이 핵심광물과 곡물이었습니다. 러시아는 알루미늄 세계 2위, 니켈 세계 3위 생산국이고 팔라듐, 백금, 구리 등 주요 금속을 생산하고 있었습니다. 구리와 알루미늄은 모든 산업에, 니켈은 4차 산업과 탄소중립 관련 산업에 사용되고 있고 '유럽의 빵 공장' 우크라이나의 경우 해바라기씨유와 옥수수, 소맥 등을 대규모로 생산하고 있으며 전 세계에 수출되는 밀 25%가 러시아와 우크라이나에서 생산되고 있었죠.[104] 이미 2021년 두 차례의 에너지 위기로 이 모든 것들의 가격이 올라가고 있었다는 점을 감안하면 전쟁은 이를 더욱 악화시키는 방아쇠 역할을 하게 될 것이었습니다.

그뿐만이 아니었습니다. 유럽으로 흐르는 러시아 가스 공급의 약 3분의 1이 우크라이나를 경유하고 있으며 오데사(Odesa), 피브데니(Pivdennyi), 미콜라이우(Mykolayiv)와 체르노모르스크(Chornomorsk) 남서부 항구는 우크라이나 곡물 수출의 약 80%, 해상으로 수출되는 우크라이나 철·금속의 약 60%를 처리하고 있었습니다. 양도 문제지만 '경로'도 문제가 되고 있었죠. 아무리 공급량이 충분하다 하더라도 전쟁통에 물건을 싣고 나를 간 큰 선박은 없을 것입니다. 러시아는 당시 상업

용 선박의 이동을 막았습니다.[105]

전쟁이 벌어진 이후 유럽은 여전히 7억 달러 상당의 원유와 천연가스를 러시아로부터 구매하고 있었습니다. 러시아를 제재하면서도 유럽이 필요한 화석연료는 여전히 전쟁 이후에도 끊어내지 못하고 있었습니다.

무기화되지 않는 러시아 에너지

유럽의 움직임은 역설적이었습니다. 유럽 연합과 영국은 러시아 중견 은행 5곳이 크렘린 궁의 전쟁을 지원했다고 비난하며 이들을 제재 타겟으로 잡았지만 원자재 거래 핵심인 3대 국책은행 VTB방크, 스베르방크(Sberbank) 및 가즈프롬방크(Gazprombank)엔 별다른 조치를 취하지 않았습니다. 독일 역시 파이프라인 행정 승인 절차를 중단했지만 파이프라인 자체에 제재를 가하지는 않았습니다. 게다가 노르트 스트림 1에 대해서 어떠한 조치도 취하지 않았죠. 그러나 유럽은 전쟁이 시작되자마자 자신들이 비중을 늘려온 러시아산 천연가스 현물 가격이 급등하고 비중을 줄인 장기공급계약 가격이 급락해 역전현상이 발생하자 3월분 러시아산 장기계약 물량을 최대로 신청했습니다. 전쟁으로 긴장이 높아짐과 동시에 러시아산 의존도가 높아지는 역설이 벌어지고 있었습니다.[106]

유럽은 겉으로는 제재를 외치고 있지만 행동은 지극히 현실적인 선택을 하고 있었습니다. 많은 전문가들이 러시아 전쟁으로 에너지공급 망 다변화를 외치고 있었지만 유럽이 그렇게 하지 않은 이유는 공급 망을 다양화하는 비용보다 다양화하지 않는 이익이 월등했기 때문입니다. 전쟁 이후 유럽의 가스 재고는 30% 수준이었고 천연가스는 계속 공급되어야 했기 때문에 자존심을 내세울 때가 아니었습니다. 푸틴의 전략은 적어도 에너지 부문에서는 맞아 떨어지고 있었습니다. 2021년 12월 27일과 28일 기준 유럽 천연가스 TTF 선물가격은 1,000㎥당 2,600달러였지만 가스프롬의 장기계약 평균 가스 공급 가격은 1,000㎥당 280달러였습니다. 러시아는 이 가격 차이로 인해 유럽이 현물을 신청하지 않았기 때문에 가스 공급이 이루어지지 않았다며 장기공급 계약에 따른 가스 공급 의무를 다하고 있다고 주장했습니다.[107] 확실한 것은 유럽에 천연가스가 부족하다는 점과 장기계약 가격이 저렴해졌고 유럽은 그것을 선택했다는 것입니다. 이미 유럽은 러시아의 손에서 벗어날 수 없는 것처럼 보이고 있었습니다.

유럽의 선택은 천연가스에만 국한되지 않았습니다. 러시아에 대한 이미지가 극도로 나빠진 3월, 세계 각국은 자율적으로 러시아 원유소비를 줄였지만 4월이 되자 전쟁 이전보다 러시아 석유수출이 늘어나기 시작했습니다. 그런데 이상한 점은 러시아 석유수출 물량이 가장 많이 늘어난 곳이 흑해 지역이라는 점입니다. 4월 첫째 주 해상을 통한 석유 수출은 29% 증가했는데 흑해 지역으로 향하는 물량은 251%가 증가했죠. 유럽의 주요 석유 트레이더들은 우크라이나 전쟁으로 구매를 중단함과 동시에 원유를 더 많이 실어나를 방법을 모색하기 시작했습니다.

지중해 지역엔 200만 배럴을 실을 수 있는 초대형 유조선인 VLCC 운반선(Very Large Crude Carrier)이 대기하고 있었고 여기에 실을 아프라막스급 배 3척이 러시아 석유를 싣고 지중해로 들어가 선박 대 선박 수송을 진행하고 있었던 것이죠. VLCC는 지중해를 빠져나가 남아프리카를 지나 중국과 인도로 갔는데 많은 선박들은 자신들의 목적지를 알리지 않은 채로 이동했습니다. 프리모스크, 우스트-루가 및 노보로시스크에서 적재된 21개의 우랄 화물 중 6개는 인도로 향하고 있고 4개는 목적지를 알 수 없으며 나머지는 목적지 신호에 따라 유럽으로 향하고 있었습니다.[108]

전쟁이 시작되었지만 유럽은 말과 다르게 러시아산 화석연료에 여전히 의존하고 있었습니다. 비난의 목소리가 커지기 시작한 것은 당연한 수순이었을 것입니다. 우크라이나는 러시아에 전쟁자금을 대주는 건 바로 유럽이라며 혹독한 비난을 퍼부었죠. 유럽은 비난여론을 잠재우면서도 러시아 석유를 사용할 수 있는 방법을 찾았는데 그것은 49.99%만 러시아산인 원유를 시장에 내놓는 것이었습니다. 나머지 50.01%가 다른 곳에서 조달되는 한 석유 화물은 기술적으로 러시아산이 아니라는 유권해석을 내놓자 유럽은 러시아 석유를 블렌딩해 사용하기 시작했습니다.[109]

시장엔 규칙을 지키는 사람들만큼이나 이를 벗어나 수익을 얻고 싶어하는 플레이어들이 많았습니다. 그들은 동일인이기도 아니기도 했습니다.

인도와 중국은 할인된 러시아 석유를 구입한다고 비난을 받았습니다. 2022년 3월 16일 인도 정부는 국영 인도 석유공사가 러시아 로스네프트로부터 국제 가격보다 20% 할인된 300만 배럴의 석유를 구매했다고 밝혔는데 미국 백악관의 젠 사키 대변인은 러시아의 우크라이나 침공에 인도가 어떻게 기록될지 걱정해야 한다며 우려를 나타냈습니다. 유럽과 미국은 SWIFT제재를 통해 거래를 막으려 했지만 바로 이 시스템을 통해 인도는 러시아로부터 석유와 비료를 수입하고 있었죠. 인도의 불만이 큰 건 당연했습니다. 자신들은 제재에도 불구하고 러시아 화석연료를 사용하면서 인도만 비판하는 것이 마음에 들 리 없죠. 선진국은 조금 비싼 연료를 투덜대며 사용하겠지만 개도국과 빈곤국은 생존의 문제입니다. 유럽에 1차 에너지 위기로 어려움을 겪고 있는 2021년 10월 인도의 135개 석탄발전소 중 절반 이상이 석탄 재고가 3일 미만으로 떨어졌는데 4월의 석탄 재고는 31일 치 분량이었습니다. 수입 석탄에 의존하는 인도의 전력기업들은 석탄 가격이 급등하자 선진국처럼 더 비싼 석탄을 흔쾌히 구매하는 대신 전력생산을 줄이는 선택을 하게 되었고 많은 개도국들 역시 에너지 위기에 똑같이 행동하게 됩니다. 제재 이전에 생존을 걱정해야 하는 인도에게 서구사회의 비판은 달갑지 않았을 테죠.

전쟁이 벌어지자 화석연료 수급은 더욱 악화되었고 인도는 일부 주에서 최대 14시간에 이르는 광역정전을 실시하게 됩니다.[110] 지난해 발생했던 정전 위기와 석탄 재고 부족은 전혀 나아지지 않았던 것이죠. 더군다나 애초 자신들 석탄 부족이 인도의 탓이 아니었음을 감안하면 이들의 억울함은 충분히 이해할 수 있는 것이었습니다.

그렇게 서구국가들에 비난을 받으며 인도에 들어간 러시아산 석유는 정제과정을 거친 후 유럽과 미국으로 다시 팔려나갔습니다.[111] 러시아산 석유가 인도에겐 생존의 구명줄이 되고 서구국가들엔 에너지 부족을 만회해주는 레버리지로 작동하고 있었던 것이죠. 만약 제재가 엄격했더라면 인도는 물론이고 서구사회도 심각한 에너지난을 겪으며 이미 급등한 물가가 더욱 심화되고 국민들은 생계비 위기가 악화되었을 것입니다.

유럽은 전쟁 초기부터 줄곧 러시아산 화석연료를 음으로 양으로 수입하고 있었으며 의존도를 좀처럼 줄이지 못하고 있었습니다. 전쟁 초기 약 3개월 동안 러시아산 화석연료를 수입한 국가들을 보면 1위 중국을 제외하고 독일, 이탈리아, 네덜란드, 터키, 폴란드, 프랑스가 상위권에 있으며 유럽 국가들이 줄지어 포진해 있는 것을 알 수 있습니다. 심지어 이탈리아(-13%), 독일(-8%), 네덜란드(-5%)는 한국(-14%)보다도 더 러시아산 화석연료 비중을 줄이지 못한 국가입니다.[112] 이들의 말과 행동은 계속 어긋나고 있었습니다.

러시아의 반격

전쟁 이후에도 자국의 화석연료에 의존할 수밖에 없다는 사실을 알게 된 러시아는 모두가 예상하던 자국의 에너지를 무기화하지 않는 대신 침공한 우크라이나의 곡물과 핵심광물을 무기화하게 됩니다. 유럽이 스스로 러시아산 화석연료를 제재함으로써 무기로 만들었기 때문에 역으로 러시아는 유럽에 별다른 조치를 하지 않아도 자국의 화석연료 의존도를 끊을 수 없게 된 것이죠. 반대로 우크라이나에서 공급하는 모든 것들의 공급에 제한을 가할 수 있다면 이미 분자 위기로 어수선한 세계 각국에 추가적인 데미지를 입힐 수 있게 됩니다. 러시아는 미사일로 우크라이나의 곡물창고와 돼지 농장을 공격했고 곡물과 함께 수십억 원 상당의 우크라이나 농기계를 약탈하며 이를 실행에 옮깁니다. 여기에 전쟁 초기부터 우크라이나의 남부항구를 무력화해 곡물과 핵심광물의 수출통로를 막아버립니다. 러시아와 우크라이나의 밀은 전 세계 교역량의 30%를 차지하고 있었는데 전쟁으로 인해 우크라이나는 씨앗을 뿌리는 파종도 어려워지고 있었습니다. 이는 세계 최대 해바라기씨 생산국이자 밀 수출국인 우크라이나의 곡물 수출의 어려움이 장기화될 수도 있다는 시그널이기도 했습니다.[113] 상황이 이렇게 되자 밀 가격은 사상 최고치를 뚫었고 곡물 부족이 우려되자 이집트는 밀, 밀가루, 콩의 수출을 금지했고 세계 최대 팜유 생산국인 인도네시아는 팜유 수출을 제한하게 됩니다. 헝가리 농무부는 모든 곡물의 수출을 즉각 중단했으며 최대 밀가루 수출국인 터키는 곡물 수출 통제를 강화했고 몰도바는 밀, 옥수수, 설탕 수출을 일시 중단했습니다. 주요 곡물 수출국인 아르헨티나도 밀의 자국 내 공급을 보장하겠다며 가격 안정제도에 나섰습니다.[114] 이 시기 노르웨이 비료업체인 야라인터내셔널은 러시아 천연가스 수출 차질로 천연가스 가격이 최고치로 올라가자 이를 원료로 한 암모니아, 요소 비료 생산설비 가동률이 유럽 공장에서 45% 급감했습니다. 영국발 에너지 위기에서 발생했던 비료와 이산화탄소 문제가 나아지기는커녕 더욱 악화되고 있었던 것이죠. 화석연료 문제가 로컬에서 글로벌 문제로 확산되듯이 곡물과 핵심광물도 같은 길을 가고 있었던 것입니다. 러시아가 의도했던 의도하지 않았건 유럽의 에너지 부족은 전 세계의 먹고 사는 문제로 확대되었던 것이죠.

여기에 푸틴은 자신들의 화석연료에 하나의 조건을 추가하게 되는데 자신들을 제재한 '비우호적 국가'들이 자국 화석연료를 구매할 때 달러나 유로화가 아닌 루블화로 결제해야 한다고 발표합니다. 물론 유럽은 이를 처음엔 거절합니다. 루블화 결제는 유럽이 러시아에게 굴복했다는 메시지를 주기에 충분했으니 말이죠. 모스크바는 현금이 필요했는데 외환보유고의 3분의 2가 제재로 동결되었고 중앙은행은 2월 중순 이후 390억 달러의 외환보유고가 고갈됐다고 발표했습니다. 전쟁 초기 러시아의 기준금리는 9.5%에서 20%까지 상승했으며 러시아 국민들은 현금과 미국 달러화 확보를 위해 뱅크런 상황을 만들고 있었습니다. 2월 28일 루블화는 30%가 떨어진 상태였습니다. 따라서 제재로 인해 거래가 불가능해진 루블화를 되살리고(유럽은 반대로 하고 있지만) 제재에 구멍을 만드는 것이 러시아가 원하는 것이라 전문가들은 분석했죠.[115] 그러나 급한 것은 러시아보다는 유럽이었습니다. 미국이 셰일가스를 유럽으로 보내주고 있었지만 이는 EU가 러시아에서 구매하는 수준의 10분의 1에 불과했고 미국의 추가셰일은 2026년이나 되어야 가능한 데다 15년 이상의 장기계약은 유럽의 넷제로 목표를 고려하면 선택하기 힘든 것이었습니다. 유럽은 11개 주요 천연가스 수출국으로 구성된 가스수출국포럼(GECF: Gas Exporting Countries Forum)과 2월 20일 회의를 통해 천연가스 수급방안을 논의했는데 이 자리에서 회원국은 미국과 호주만으로 유럽이 천연가스 수요를 채우기는 불가능할 것이라며 장기공급계약을 권유했지만 현물거래를 원하는 러시아의 장기공급계약도 거절한바 있는 유럽이 이를 수용할 리 만무했습니다.[116] 스스로 추가공급을 막은 유럽의 에너지 부족에 대응할 카드는 그다지 많지 않았죠. 그렇다면 남은 일을 예상하는 것은 그리 어렵지 않습니다.

5월 루블화는 전쟁 이전 수준보다 더 가치가 올라가고 있었습니다. SNS에서 도대체 무슨 일이 벌어지고 있냐는 물음에 아무도 인정하고 싶지 않겠지만 유럽이 러시아 천연가스를 루블화로 결제하고 있다는 답이 달렸죠.[117] 확실한 점은 어떤 이유로든 루블화 수요가 전쟁 이전보다 늘어났다는 것입니다. 러시아의 루블화 결제 요구는 자신들이 컨트롤할 수 있는 은행에 결제를 요구한 것입니다. 그것이 달러나 유로화 또는 루블화인 것은 그다지 중요하지 않았습니다. 유럽이 러시아가 통제할 수 없는 은행에 가스대금을 결제하고 제재를 하게 되면 러시아는 돈을 받아도 이를 사용할 수 없게 됩니다. 유럽이 루블화 결제를 한다는 것은 자신들이 직접 환전을 해 러시아 은행에 결제하는 것이고 달러나 유로화를 러시아 은행에 결제하면 러시아가 루블로 환전한다는 것을 의미합니다. 이전보다 더 많은 루블화가 필요한 이유는 공급이 줄었음에도 가격이 치솟았기 때문이죠.

많은 사람들은 제재로 인해 러시아가 석유를 할인하면서 손해를 보고 있을 것이라 말했습니다. 그러나 여기엔 한 가지 전제가 필요한데 그것은 전쟁 이전의 유가가 얼마였는지입니다. 우크라이나 전쟁이 벌어졌을 당시 브렌트유는 95달러 수준이었기 때문에 이를 적용하면 러시아는 미세한 손해를 보고 있는 것이 맞지만 우크라이나 국경에서 러시아군의 이례적인 움직임을 미국 정보기관들이 감지하기 시작한 2021년 9월(유럽에 에너지 위기가 벌어지기 시작한)로 거슬러 올라가면 65달러까지 떨어집니다. 당시 유가를 감안하면 러시아의 전쟁 프리미엄은 55달러이며 30달러가 할인되어도 배럴당 25달러의 이익을 내고 있었습니다. 여기에 달러 중심의 제재를 루블화 결제로 회피했고 나머지 부족한 부분은 오랜 우방인 중국이 해결해 줄 것이었습니다.[118] 게다가 제재효과가 생각보다 그리 크지 않다는 점도 있습니다. 대니얼 예긴은 자신의 저서에서 러시아 제재로 달러를 이용하면 할수록 다른 국가들은 달러의 대안이 되는 다른 화폐나 금융제도를 이용할 것이며 루블화 가치하락은 석유수출금이 달러로 결제되지만 근로자 급여와 장비는 가치가 하락한 루블화로 거래되기 때문에 러시아 석유산업에 영향을 미치지 못했고 제조업과 농업 분야는 화폐가치 하락으로 오히려 경쟁력이 높아졌다고 주장했습니다.[119] 우크라이나 전쟁에서 무기화되었던 식량은 미국의 대러시아 제재로 인해 눈부시게 성장한 것이었습니다. 아이러니가 아닐 수 없죠.

유럽은 인정하고 싶지 않겠지만 전쟁 이후 러시아의 가장 큰 우군이 되고 있었습니다.

화석연료 보틀넥

　어찌 되었건 전 세계가 지금보다 더 많은 석유와 석탄 그리고 천연가스가 필요해진 건 사실입니다. 대부분의 사람들은 필요하면 우물에서 퍼내듯이 금방 공급이 늘어날 수 있다고 생각하지만 현실은 그렇지 못했습니다. 바이든 정부는 전쟁 이후 급등하는 유가를 잡기 위해 석유 기업에게 증산을 요구했지만 2014년 이후 저유가국면에서 구조조정 된 것은 석유 기업만이 아니었습니다. 굴착설비와 셰일시추에 필요한 프랙샌드 그리고 구조조정으로 다른 일자리를 찾아 퍼미안 분지에서 떠난 노동력 또한 부족했습니다. 3월 말 브렌트유는 120달러 선에 머물렀는데 우크라이나 침공 이후 25%가 상승한 가격이었습니다. 투자부족으로 많은 유정들이 오프라인 상태가 되었고 프랙샌드는 톤당 20달러에서 70달러로 급등했죠. 프랙샌드 부족은 특히 치명적인데 코로나19로 인한 2020년 경기침체에 유가가 마이너스 가격까지 내려가면서 많은 모래 공급업체가 파산하고 광산이 오프라인 상태가 되었습니다. 셰일유정에 필수적인 이들의 복귀가 늦어질수록 공급은 수요를 따라가기 어려워질 것이었습니다.[120] 설비와 프랙샌드 업계 그리고 노동자들이 복귀하려면 고유가가 아닌 고유가의 '기간'이 중요합니다. 바이든 정부는 셰일 생산이 전시체제처럼 가동되어야 한다면서도 그것이 셰일 시대로의 복귀는 아니라고 말했는데 이는 석유 기업들은 물론이고 설비리스와 프랙샌드 기업, 노동자들이 환영할 수 없는 주장입니다. 때문에 유정의 증가는 물론이고 오프라인 상태가 된 유정을 가동하는 데 걸리는 시간이 이전보다 더욱 길어지면서 투자 비용 또한 상승하고 있었습니다. 그린 보틀넥이 셰일 보틀넥을 불러온 것입니다. 똑같은 이유로 천연가스 역시 보틀넥에 빠지게 되었고 이는 석탄도 다르지 않았습니다.

유럽이 러시아 화석연료 수입을 제한하면서 피바디 에너지를 비롯한 석탄 기업들의 주가가 급등했지만 실제로 이들의 증산이 쉽지 않은 상황이었습니다. 미국 석탄 생산량은 2008년에서 2020년 사이 60%나 감소했고 남아있는 탄광도 대부분 장기계약으로 묶여있었죠. 노동력이 부족한 건 석탄산업도 마찬가지였습니다. 가장 더러운 연료라며 제일 먼저 온실가스 감축의 메스가 들이닥쳤던 산업이었으니 말이죠. 러시아는 전 세계 석탄의 18%를 공급하는 주요 수출국이었습니다.[121] 증산이 어렵다면 가격이 올라갈 수밖에 없었죠. 에너지전환은 화석연료 투자를 지속적으로 감소시켰고 관련 산업의 밸류체인을 무너뜨렸지만 역설적으로 재생에너지 부족을 화석연료로 채울 상황에 다다르자 망가진 밸류체인 때문에 화석연료가 급격히 늘어나기 어려운 상황이 되었고 재생에너지 비중을 높이며 화석연료의 장기계약을 없앴던 유럽이 에너지 믹스에서 화석연료 비중을 좀처럼 줄이지 못했던 나라보다 더 큰 위기에 빠졌던 것입니다.

석유도 그렇지만 천연가스와 석탄 역시 20년간 대규모 투자가 필요한 데 이런 산업에서 증산은 단순한 가격 급등이 아닌 '안정적 수익구간'의 확인이 반드시 필요합니다. 하지만 아직 금융기관 페널티도 풀리지 않았습니다. 주주들은 증산보다 배당을 주문하고 있습니다. 에너지전환과 탄소중립을 요구하는 정책당국은 화석연료 증산을 요구하면서

그린 쇼크
GREEN SHOCK

도 이것이 일시적이며 횡재세까지 걷어가려 하고 있습니다. 증산을 할 아무런 인센티브가 없습니다. 러시아는 인도네시아와 호주에 이은 전 세계 3위의 연료탄 공급국이며 러시아 석탄을 제일 많이 구매하는 블록이 유럽입니다. 게다가 석탄은 품질(열량)차이가 있고 가깝습니다. 때문에 제재로 인해 더 먼 곳에서 품질이 낮은 석탄을 찾아야 하며 여기에 들어가는 운송비와 기간도 훨씬 더 소요될 것입니다. 여기에 공급국의 수급악화로 인한 수출 제한과 금지조치도 염두에 둬야 합니다.[122] 천연가스와 석탄의 운송에 더 많은 배가 필요하니 운송비용이 상승하지만 배를 구하기 어렵고 코로나로 인한 공급망 제약으로 관련 노동력도 부족한 상태가 지속되고 있었습니다. 전쟁으로 인해 더 많은 물량이 더 먼 거리로 이동해야(톤마일 연장) 합니다. 많은 전문가들이 수입선 다변화를 주문하지만 현실에서 벌어지는 어려움들은 다변화의 비용이 상상외로 크다는 사실과 마주하게 됩니다. 해운산업 역시 화석연료의 타이트함이 전이되면서 수익이 상승하고 있었는데 이는 다르게 보면 인플레이션 요인입니다. IMF 이코노미스트들은 2021년 운송비가 2022년 인플레이션을 약 1.5% 포인트 높일 수 있으며 운임이 2배가 되면 인플레이션은 약 0.7% 포인트 상승한다는 연구결과를 내놓았습니다.[123] 이 연구는 우크라이나 전쟁 이전에 실시한 것이기 때문에 전쟁 이후 폭등한 운임비용은 인플레이션을 구조화시키는 또 하나의 요인이 되고 있었습니다.

그러나 공급과잉을 예측하는 전문가들도 있었습니다. 시티그룹의 상품 분석 책임자인 에드 모스(Ed Morse)는 2008년 많은 사람들이 유가가 끝없는 강세를 보일 것이라고 예측할 때 시장이 닷컴 거품처럼 보인다고 경고했고 배럴당 150달러까지 갔던 유가는 12월에 30달러까지 내려갔습니다. 전쟁 직전이긴 하지만 그의 예상은 공급과잉까지 얼마 남지 않았고 그 기간이 15개월에서 18개월까지 간다고 주장했는데 OPEC+와 퍼미안 분지 등 미국과 캐나다, 브라질의 증산과 미국의 이란 핵합의 시도 등을 요인으로 들었습니다. 수요측면에선 경제성장이 둔화되면 석유 수요도 줄어들 것이라는 점에 베팅을 했죠.[124] 2008년과 2022년의 차이는 무엇일까요. 2008년이 금융위기를 이끈 버블이었다면 2022년은 그린 버블이라는 점이 다릅니다. 2008년과 2014년은 모두 석유의 수급만을 생각해 판단을 내릴 수 있지만 2022년은 그린 버블과 화석연료 공급제한, 그리고 유럽발 에너지 위기의 원인인 반복되는 재생에너지의 전력생산 미흡으로 인한 화석연료의 '추가' 소비를 고려해야 한다는 것입니다.

'이전에도 버블이었으니 이번에도 버블이다'로는 에드 모스가 실적을 내기 어려울 것입니다. 그린 버블은 글로벌 에너지전환과 연결되어 있습니다. 재생에너지 비중을 높이고 화석연료 생산을 제한하는 인위적인 조치가 저유가 시기와 맞물립니다. 그럼에도 세계는 구산업(제조업)과 신산업(재생에너지, 전기차 등) 모두 화석연료가 필요함을 에너지 위기 이후 뒤늦게 깨닫습니다. 그러나 이미 밟아버린 엑셀로는 한참을 더 나아가야 합니다. 이를 단순히 수급으로만 보면 안 되는 이유죠. 두 번째는 공급과잉입니다. 유가가 비싸니 너도나도 참을성 없이 생산에 나서면서 공급과잉이 일어난다는 건데 다른 데는 몰라도 OPEC+과 미국 셰일 기업들을 너무 바보로 보는 처사죠. 지금의 유가 상승 이전에 기나긴 저유가와 셰일 기업 파산 그리고 OPEC+의 감축이 있었습니다. 그 고통은 거의 트라우마급으로 남아있을 것입니다. OPEC+가 미국 셰일 황금기가 지났다는 베팅을 한 시기가 코로나 발발 한 달 전이었으며 이후 이들은 또다시 고통스러운 감산에 들어갔습니다. 그런데 이란이 제재가 풀려도 석유를 펑펑 생산해 시장에 팔 수가 없습니다. 사실 석유뿐만 아니라 상당수의 상품이 공장 재가동을 위한 시간이 걸린다는 사실을 사람들은 자주 잊어버립니다. 더구나 설비 유지 보수나 부품 등이 부족해 방치하면 설비는 더욱 노후화되어 가동이 제대로 될지 의심스러운 경우도 있는데 북한의 석탄발전소가 그렇죠. 저유가로 고통받은 기간이 크기 때문에 OPEC+은 쉽사리 공급을 늘리지 않고 시장의 과실을 최대한 가져가려 할 것이고 미국의 셰일 역시 추가생산보다는 수익을 배당으로 돌리는 편이 낫습니다. 다음으로 인플레가 오면 수요가 파괴될 것이라는 건데 이번 인플레의 성격을 오판하고 있습니다. 이는 에너지공급의 빈 공간이 만들어 낸 구조적 인플레라 수요가 파괴되어도 제품 공급이 부족하고 가격은 올라가는 스태그플레이션으로 진화하고 있다는 점입니다.

비료 부족, 곡물 부족, 핵심광물 부족은 천연가스 부족과 석탄 부족이 원인이고 이것들이 부족한 원인은 재생에너지 비중증가로 인한 그린 버블과 전력생산 부족이 원인이며 이 부족이 화석연료 수요를 계속 우상향시키는 데 반해 공급은 전환정책으로 제한되어 있기 때문입니다. 이는 통화정책과 재정정책으로 잡힐 수 있는 것이 아니며 굶고 연료를 덜 땐다고 해결될 일이 아니기 때문입니다.

수요는 즉시 필요하지만 공급은 제한되어 있고 더 많은 비용과 자원이 필요하나 전 세계는 그것을 늘리기는커녕 줄이는 데 몰두해 왔습니다. 이 보틀넥을 이해하는 것이 에너지 위기의 미래를 파악하는 데 중요합니다.

따뜻한 겨울의 역설

영국 콰시 콰르텡 산업에너지부 장관은 1차 에너지 위기가 확산되던 10월 에너지 기업들에게 영국이 온화한 겨울로 향해가고 있으며 이로 인해 다가오는 겨울 생활비 위기가 완화될 수 있을 것이라 말했습니다. 에너지 부족의 대안이 따뜻한 날씨밖에 없다는 뉘앙스를 풍기자 야당의 섀도우 비즈니스 장관인 에드 밀리밴드(Ed Miliband)는 정부 에너지정책의 또 다른 바닥을 보았다며 따뜻한 겨울을 하늘에 바라는 콰시 콰르텡의 무능함이 영국을 취약하게 만들고 있다고 비평했죠.[125] 여당 관계자들은 자신들이 하늘만 바라보고 있다는 식의 비판은 적절치 않으며 명확하게 설정된 계획에 따라 움직이고 국민들은 요금 상한제를 통해 보호받고 있다고 반박했습니다. 그러나 영국이 추우면 매우 어려워진다는 사실은 달라지지 않는 것이죠.

그로부터 3개월 뒤 영국은 실제로 온화한 날씨를 보였지만 에너지 요금은 급등하고 있었습니다. 치솟는 가스 가격으로 인해 영국 에너지 비용은 2022년 180억 파운드 증가할 예정이라는 블룸버그 분석이 있었고 수십 개의 전력기업이 높은 가스 가격을 이기지 못해 파산했으며 국민들이 보호받고 있다는 에너지 요금 상한은 2022년 50% 이상 올라 간 데다 추가인상이 예정되어 있었습니다. 12월 2차 에너지 위기에서 독일의 1년 후 도매전력 선물가격은 MWh당 300유로를 기록했는데 2010~2020년 평균은 MWh당 50유로 미만이었습니다. 2022년 2월 프랑스 기저부하(baseload) 도매전력 선물가격은 MWh당 1,000유로까지 올라갔습니다. 온화한 날씨는 조금 덜 고통스러운 지옥일 뿐이었습니다. 게다가 생활비 위기는 에너지 요금 급등이 모든 것의 가격을 올렸기 때문에 더욱 악화되고 있었죠.

날씨가 모든 것을 나쁘게 만들지는 않았습니다. 러시아의 천연가스 공급이 줄었지만 따뜻한 겨울이 지나고 봄이 오자 유럽의 천연가스 수요가 줄었습니다. 그러나 이미 물량을 확보해 둔 LNG는 계속 영국으로 향하고 있었는데 이유는 독일이나 북유럽처럼 LNG를 자국에서 기체로 만들어 파이프라인에 공급할 인프라가 없거나 LNG를 저장해 놓을 공간이 없는 국가도 있다 보니 이를 모두 만족하는 나라가 영국밖에 없었기 때문입니다.

온화한 날씨가 되자 유럽은 천연가스 수요가 줄었지만 영국으로 향하는 LNG선은 계속해서 유입되고 있었습니다. 영국에서 유럽 대륙으로 보내는 인터커넥터와 BBL 라인은 최대로 흐르고 있었지만 밀려드는 LNG를 수용하기는 역부족이었습니다. 그러자 영국의 천연가스 가격이 전쟁 이전보다도 낮은 최저치를 기록하게 됩니다.

이제 영국은 넘쳐나는 천연가스를 처리하기 위해 고민하기 시작했습니다. 그 결과 영국의 천연가스발전소가 풀가동하면서 기록적인 전력 수출국이 되죠. 영국은 대형 가스저장시설이 있었지만 2017년 영국 가스저장의 70%를 차지하는 이곳을 폐쇄합니다. 북해 가스전 생산은 계속 감소 중이었고 넷제로 정책으로 석탄발전소에서 재생에너지로 전환하면서 유럽 대륙에서 수입을 늘리면서 가스저장고는 손실만 나는 애물단지가 되었죠. 영국 정부는 2013년 저장시설에 더 이상 보조금을 지급하지 않기로 결정한 뒤 저장고 폐쇄가 값비싼 투자를 막아 소비자들에게 이익이 될 것이라 말했습니다.[126] 만약 가스저장고가 남아있었다면 영국은 이를 전력 수출이 아니라 영국의 에너지 부족에 대비해 저렴한 가스를 저장했을 것이고 결국 에너지 비용을 아낄 수 있었을 것입니다.

천연가스 가격은 역대급으로 하락했지만 이를 영국 국민들이 체감할 수는 없었습니다. 영국 국민들이 지불하는 에너지 비용은 몇 달 또는 몇 년 전 가격을 기준으로 설정하기 때문인데 이미 두 차례 에너지 위기를 겪을 때 설정된 가격은 유럽 대륙의 에너지 비용보다 더 높았습니다. 천연가스가 넘쳐나고 저렴해도 이것을 활용할 수 없었던 영국은 전쟁 이후 높은 에너지 비용을 지불해야 했으며 저장고 폐쇄로 이익을 볼 것이라던 영국은 2022년 12월 에너지 안보를 이유로 가스저장고를 다시 확장하게 됩니다.[127] 영국은 2020년 기준 전력 믹스의 24%를 풍력발전에 의존했지만 바람이 불지 않을 경우 2%로 급격히 낮아지고 이를 천연가스로 메꿔야 합니다. 비단 영국뿐만 아니라 태양광과 풍력 등 재생에너지 비중이 높은 유럽과 미국의 텍사스, 캘리포니아의 경우도 마찬가지였죠.

그러나 진짜 문제는 따로 있었습니다. 7월이 되자 섭씨 40도 이상의 폭염이 찾아온 유럽은 더위를 식히기 위해 전력수요가 급증하고 도매 전력 가격이 폭등했습니다. 독일과 포르투갈에선 가뭄이 확산되고 있었는데 이것이 온난한 겨울의 영향을 받았던 것이죠. 겨울이 따뜻하자 알프스, 피레네 산맥 및 다른 산맥의 눈이 평소보다 적게 내렸는데 이 것이 라인강의 수위를 낮추는 역할을 하게 된 것입니다. 라인강은 늦겨울과 초봄에 수위가 떨어지지만 5월과 6월에 녹은 눈이 강물로 흘러들어 가 그동안에는 문제가 없었죠. 유럽은 이 시기에 비도 거의 내리지 않아 이 문제는 라인강과 에브론, 론, 포강으로 확산되었습니다. 독일의 석탄발전소는 바지선을 통한 연료 운송을 위해 라인강과 같은 수로에 의존하고 프랑스 원전은 냉각수를 강물에 의존합니다. 수력발전과 석탄발전소 그리고 원전 전력생산이 중단되면 유럽에 남은 것은 풍력과 태양뿐인데 이들은 유럽 에너지 위기의 원인이었으며 폭염과 밤에 제 기능을 발휘하지 못하고 천연가스는 부족하죠.[128] 유럽은 따뜻한 겨울 덕분에 모든 에너지원에 문제가 발생했다는 사실을 깨닫게 됩니다.

가뭄으로 인한 라인강 수위는 또 하나의 문제점을 만들어 냈는데 라인강 주변 지역의 저렴한 내륙운송에 차질이 빚어진다는 것입니다. 독일 바덴뷔르템베르크주 주립은행(LBBW)은 라인강 수위 하락으로 독일 국내총생산(GDP)이 0.25~0.5% 포인트 하락할 것으로 전망했고 도이체방크는 라인강 수위 하락이 계속되면 성장률이 1% 아래로 내려갈 수도 있다고 경고했습니다.[129] BASF나 티센크루프는 연료공급을 라인강에 의존하고 있었는데 강의 수위가 낮아지면 기존 선적량보다 줄일 수밖에 없습니다. 철도나 도로를 이용할 수도 있지만 선박이 1,000톤의 밀을 수송할 수 있는데 이를 트럭으로 전환 시 40대가 필요합니다.[130] 운송비용은 늘어나지만 교통정체로 시간은 더 걸리는 악순환에 빠지게 되죠.

4차 에너지 위기

폭염이 유럽을 강타하면서 유럽은 전쟁 이후 다시 에너지 위기에 봉착하게 됩니다. 위기 때마다 에너지 비용이 급등했지만 이번 위기는 차원이 달랐는데 이전 3번의 위기에서 유럽이 대안을 단 하나도 만들지 못했기 때문입니다. 유럽은 7월 31일 EU 역외로 수출되는 러시아산 원유를 실은 선박의 경우 제재에서 예외로 인정돼 보험에 들 수 있도록 규정을 수정했는데 이는 공급 부족으로 유가가 고공행진을 하자 러시아 원유를 사용할 수 있게끔 만든 것입니다. 해상 분야 전문 로펌인 HFW의 사라 헌트 변호사는 "바뀐 EU 제재는 유럽 기업들이 사실상 마음 놓고 러시아산 원유를 취급할 수 있도록 한 것"이라고 지적했죠.[131]

영국은 에너지 위기 이전 가구당 연간 에너지 비용이 1,300파운드였는데 전쟁 이전 두 차례 위기를 겪은 후 2022년 2,000파운드로 급등합니다. 이후 10월 다시 800파운드가 올라갈 것으로 오프젬은 예상한 바 있는데 전쟁을 겪고 폭염으로 전대미문의 위기에 봉착하자 수치가 3,200, 3,500, 3,800, 4,000파운드로 계속 올라가기 시작했습니다.[132] 자고 일어나면 계속 올라갈 지경이었으니 끝이 보이지 않았던 것이죠. 당시 영국 수상 후보였던 리즈 트러스는 2023년 1월 4,200파운드로 예상되는 에너지 요금에 대해 감세는 고려하고 있지만 직접적인 추가지원은 거부했습니다. 에너지 위기 이전 20% 미만이었던 빈곤층은 만약 리즈가 수상이 된다면 요금을 내거나 전기, 난방이 끊길 위기에 처하게 될 것이었습니다. 2021년 미국에 이어 독일도 여름부터 장작을 준비하기 시작했습니다. 도이체방크는 예상 모델이라고 선을 그으면서도 러시아 천연가스의 대안으로 발전 부문의 무연탄과 갈탄, 가능한 경우 가정의 난방용 목재, 산업의 석유 파생상품으로 전환 등으로 가스를 대체함으로써 가스 수요 감소에 기여할 수 있다는 분석을 내놓았습니다.[133] 독일 국민들의 행동은 조금 더 구체적이었는데 8월 한여름에 구글에 장작을 검색하는 독일인들이 급증했습니다. 땔감을 마련해 놓지 못하고 가스 재고가 남지 않는다면 얼어 죽을 것이라며 장작을 사재기하고 장작 가격은 예년에 비해 4~5배가 올라갔는데 가스료 폭탄으로 독일 가구당 연간 최대 132만 원이 오른다는 예상이 나온 후였습니다.[134] 독일의 2분기 경제성장률은 0%를 기록하며 에너지 위기로 인한 경제침체가 현실화되고 있었죠. 이탈리아의 한 아이스크림 기업은 전기요금이 2021년 1,371유로에서 2022년에 468% 오른 5,128 유로를 냈다고 SNS에 글을 올렸습니다.[135] 영국에서는 급등한 에너지 요금을 순순히 내는 대신 요금 납부를 거부하는 Don't Pay 운동이 벌어졌는데 이는 이탈리아 나폴리, 체코 등으로 퍼져나갔습니다.

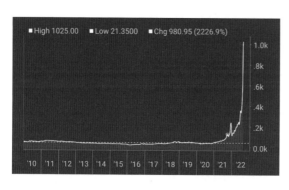

| 그림6 |
프랑스 도매전력
선물가격 추이(블룸버그)

그린 쇼크
GREEN SHOCK

지난 10여년 간 MWh당 20유로를 유지했던 도매전력 가격은 에너지 위기 이후 급등했고 2022년 8월 1,000유로를 돌파했는데 2022년 4분기 도매전력 가격은 1,660유로까지 상승했습니다. 동그란 원이 2021년 9월 1차 에너지 위기 당시 가격이지만 당시가 위기였는지도 알수 없을 정도로 가격이 폭등했죠. 같은 기간 독일의 도매전력 가격도 800유로를 돌파했습니다. 40배에서 50배가 오른 도매전력 가격 앞에서 유럽의 정책당국은 속수무책이었습니다. 그러나 이렇게 올라간 가격은 가장 저렴한 기저부하 가격입니다. 전력의 수요와 공급을 맞추기위해 가장 비싼 전기인 첨두부하 가격은 상상을 초월한 가격에 거래되고 있었습니다. 7월 25일 런던이 광역정전을 피하기 위해 벨기에에서 수입한 전력 가격이 평상시의 5,000%가 넘는 9,724파운드를 기록했는데 이를 유로화로 환산하면 1만 1,431유로가 됩니다.[136] 가파르게 오른 도매전력 가격을 소비자에게 전가하는 것은 수순이 되었는데 AFP통신은 독일과 프랑스가 2023년 전기료를 10배 이상 인상할 것이라고 보도했죠. 양국의 2022년 에너지 가격은 1MWh당 85유로였습니다. 독일은 850유로, 프랑스는 1,000유로로 최소 10배 이상 오른다면 4인가구 기준 독일은 41만 원에서 409만 원, 프랑스는 무려 482만 원의 요금폭탄이 던져지는 셈이 됩니다.[137] 만약 이후에 화석연료 가격이 내려가더라도 이미 에너지 위기에서 구매한 도매전력 가격 때문에 가격인하 효과는 최소 몇 개월에서 몇 년 뒤에나 보게 됩니다. 게다가 이미오른 에너지 비용이 반영된 제품과 서비스 구매 역시 이 효과가 더디게 나타날 것이고 한파와 폭염에 화석연료가 부족하게 되면 가격인하 효과는 무산되면서 더 큰 위기가 찾아오는 악순환이 펼쳐지게 됩니다.

지난 1년여간 4번의 에너지 위기를 겪으면서 유럽이 내놓은 대안은 거의 없었다고 해도 과언이 아니었습니다. 남은 것은 소비를 강제로 줄이는 것이 유일했는데 정전과 난방이 없는 겨울보다는 추운 것이 그나마 나은 해결책이었습니다.

무기력한 세계

에너지 비용은 급등하고 있지만 공급을 늘리지 못하는 유럽은 속수무책으로 당하고 있어야만 했습니다. 2022년이 되자마자 영국 에너지 요금은 50% 이상 인상되어 2,000파운드를 넘어섰고 그해 가을 다시 800파운드를 올릴 예정이며 다음 해엔 3,000파운드 이상을 올릴 것이라 예상했는데 시간이 갈수록 이 금액은 올라가고 있었습니다.[138] 위기 이전 1,300파운드 수준이었던 것을 감안하면 3배 가까운 요금이 올라갈 것이었습니다. 러시아는 2022년 7월 27일부터 노르트 스트림 1의 공급을 또다시 줄인다고 통보했는데 이는 전체 용량의 20%에 불과한 가스만이 파이프라인으로 공급된다는 것을 의미합니다. 러시아 의존도를 탈피하고 공급원을 다변화한다던 독일은 러시아의 통보 이후 가스 비상공급 계획을 2단계에서 3단계 격상이 필요하다는 이야기가 나왔는데 이는 시장이 더 이상 작동하지 않아 국가 개입이 필요하며 가스는 배급제가 됩니다. 이렇게 되면 기업의 가스 사용도 통제되어 산업계 타격이 가해집니다.[139] 이 시기에 독일의 올라프 숄츠 총리는 석탄 발전의 불가피성을 언급하기 시작했고 베어보크 외무부장관은 러시아 천연가스를 공급받지 못하면 국민들이 들고 일어나게 되고 그렇게 되면 우크라이나를 돕지 못할 수 있다는 인터뷰를 했다 거센 비난에 직면합니다.[140] WSJ은 아우토반에 속도제한을 걸어 국민들이 석유를 절약하면 대가로 원전 3기를 돌리겠다는 독일 정치인의 제안을 쿠한델(Kuhhandel(과거 독일에서 젖소 건강상태, 나이를 정확하게 알 수 없어서 속여 거래하는 경우가 많았는데 이런 거짓된 은밀한 거래를 뜻함))에 비유하기도 했습니다.[141] 하지만 숄츠 총리의 바람과는 달리 독일은 석탄발전을 하기도 쉽지 않았는데 발전소가 너무 노후화되어 가동이 어렵거나 비싼 석탄 가격으로 가동을 거부해 정부가 희망한 16개의 석탄발전소 중 1곳만이 전력망에 연결되는 상황이었습니다.[142] 애초 폐쇄하기로 마음먹었던 발전소 설비에 투자가 제대로 되었을 리 만무하고 전문인력이 계속 남아있을 리도 없었습니다.

개별경제주체에 대한 에너지 절약도 시행되기 시작했습니다. 덴마크는 에너지 위기가 심각해지자 국민들에게 샤워를 짧게 하고 건조기 사용을 자제해 달라고 부탁했습니다. 의류건조기는 연간 강수일자가 높은 덴마크에서 많은 사람들이 사용하고 있는데 전체 보급률은 2018년 54%에 달했습니다.[143] 블룸버그는 덴마크가 전체 전력의 47%를 풍력발전에서 얻고 있었으며 2020년 신규 석유와 천연가스 탐사를 중단한 이후 에너지 절약을 해야 한다고 에둘러 비판했습니다.[144] 프랑스는 에너지 위기에 따른 전력난이 심각해지자 에펠탑의 조명을 앞당겨 소등하겠다 발표했으며 루이비통을 포함한 패션업계도 이에 동참했습니다. 그러나 에너지 비용 급등과 인플레이션이 장기화되면서 임금인상이 필요한 프랑스의 성난 군중 수만 명이 거리로 나와 시위를 벌였습니다. 그러나 프랑스를 비롯한 유럽의 정책당국은 에너지 부족을 막기 위한 배급제와 절전요구 이외에 할 수 있는 일이 없었습니다. 애초 근본원인인 공급을 늘릴 수 있는 대안이 원천봉쇄되었기 때문이죠. 폭염을 맞은 유럽이 혹독한 겨울을 날 수 있다는 공포감이 블록을 휩쓸면서 비관론이 쏟아져 나오기 시작했습니다. 벨기에 알렉산더르 더 크로(Alexander De Croo) 총리는 유럽이 최대 10번의 어려운 겨울에 직면할 수 있다고 말했는데 이는 유럽의 에너지 위기가 장기화될 수 있다는 경고였습니다. 마크롱 프랑스 대통령 역시 별다른 방법이 없자 앞으로 한동안 어려움을 겪을 것이며 "우리의 자유와 가치에 대한 대가"를 받아들여야 한다고 말했습니다. 그러나 유럽의 심장이라 할 수 있는 독일은 조금 더 심각했는데 천연가스를 사용하는 에너지집약 기업들이 많고 유럽이 가스 부족으로 공장의 감산과 셧다운이 장기화되면서 경제가 서서히 식어가고 있다는 것이 문제였습니다.[145] 바다 건너 미국도 사정이 여의치 않은 것은 마찬가지였습니다. 북미 전력 신뢰도 위원회(NERC: North American Electric Reliability Corp)는 한 연구에서 캘리포니아와 미국 서부 다른 주를 포함하는 서부연결 전력망(western interconnection)의 많은 지역에서 이르면 2022년 여름부터 전력수요를 충족시킬 자원과 에너지가 부족할 가능성이 높으며 캘리포니아, 미국 북서부 및 남서부의 일부, MISO(Midcontinent Independent System Operator) 지역이 향후 10년 동안 예비 마진 감소와 발전소 폐지로 인해 용량 부족과 에너지 부족을 경험할 수 있을 것으로 예상했습니다. 당시 NERC는 태양광과 풍력을 비롯한 인버터 기반 전력원이 전력공급의 신뢰성에 해를 미칠 수 있다는 점을 인지하고 이를 보완하기 위해 천연가스와 전력산업 간의 유연성을 주문했습니다. 하지만 연구에서도 나타났듯이 뉴잉글랜드나 캘리포니아 등 천연가스 인프라가 미흡한 곳은 겨울철 에너지공급 부족에 취약했고 유럽발 에너지 위기 이후 천연가스 부족이 전 세계적인 문제가 되었다는 점을 당시엔 알 수 없었죠.[146] 일본 역시 노후석탄화력이 가동되면서 가까스로 정전의 위험에서 벗어날 수 있었습니다. 1990년대 초반에 건설된 이산화탄소 배출이 많은 100여 기의 석탄발전소를 휴·폐지 대상으로 삼았지만[147] 정전의 위험에서 일본을 구한 건 1968년 건설된 다카사고 발전소였습니다. 500MW 규모의 석탄발전소는 효고현 가정에 필요한 전력의 약 4분의 1을 담당하고 있는데 전력망 유지를 위해 훨씬 더 오랜 기간 동안 가동해야 할 수 있습니다. 흥미로운 점은 노후석탄발전소의 유지 보수가 전문 정비인력의 '오감'에 의존한다는 것입니다. 신규석탄발전소는 센서나 모니터 기술이 접목되어 있지만 노후발전소는 여전히 전문 정비인력의 노하우가 필요한 것이죠. 일본이 가동되는 석탄발전소가 유럽이나 미국보다 많았다는 점이 에너지 위기에서 빛을 발하는 순간이었는데 두 대륙에서 발생했던 보틀넥이 일본에서는 없었던 것이죠. 일본의 마지막 목표는 가동을 중단한 원전이 전력 믹스로 복귀하는 것인데 급등하는 전기요금으로 인해 여론도 우호적이지만 오랜 기간 가동을 중단했기 때문에 인프라나 전문인력 등의 밸류체인의 빠른 복구가 관건일 것입니다. 에너지 위기에 노후발전소와 수십 년 노하우를 갖춘 정비 전문인력이 필요하다는 점은 에너지 믹스의 많은 점을 고민하게 만드는 지점이 될 것입니다. 지속적인 가동을 위해선 화석연료의 장기 계약도 필요합니다.

한국은 균형 잡힌 에너지 믹스로 다른 국가보다 상대적으로 선방하고 있었지만 급등한 에너지 비용에서 자유롭지 못했습니다. 2022년 5월 소비자 물가는 13년 9개월 만에 최고인 5.4%로 치솟았는데 여기에 가장 많은 기여를 한 것이 석유(34.8%)와 경유(45.8%)였으며 전기·가스·수도(9.6%)는 2010년 1월 집계 이후 가장 큰 상승폭을 기록하게 됩니다.[148] 같은 기간 독일은 7.9%를 기록했는데 에너지 위기의 한가운데 있는 독일에 비해 낮은 수치지만 물가안정목표(2%)를 훌쩍 뛰어넘는 수치입니다. 정책당국은 2022년 7월 전기요금을 kWh(킬로와트시)당 5원 올렸는데 월평균 300kWh를 사용하는 가정을 기준으로 하면 월 1,500원가량 부담이 늘어나는 수치였습니다. 그러나 기존의 전기요금 인상과 다른 점은 전기를 판매하는 한국전력의 사정이 막다른 골목에 빠졌다는 것입니다. 원가 이하의 전기를 지속적으로 부채로 메꿨던 한전은 2022년 11월 기준 한전의 회사채 발행 누적액이 발행 한도인 91조 8,000억 원의 72% 수준인 약 67조 원까지 상승했는데 에너지 위기로 인해 연료비가 대폭 상승하면서 적자가 누적되자 자본금이 줄어들면서 한전채 발행에 문제가 생기면 전력을 생산하는 발전공기업에 구매대금을 외상으로 하거나 구매 자체를 하지 못하는 상황이 벌어지고 발전공기업 역시 전력생산을 위한 연료조달 대금 지급이 어려워지면서 전력산업 전반에 큰 혼란이 일어날 수 있습니다. 12월 28일 한국전력 회사채(한전채) 발행 한도를 기존 2배에서 최대 6배까지 늘려주는 한국전력공사법(한전법) 개정안이 국회를 통과했지만 이는 여전히 빚을 늘리고 원가 이하 전력판매를 유지하는 것이기에 미봉책에 불과한 것이죠. 결국 전기요금은 지속적으로 오를 수밖에 없는 상황이 된 것입니다. 이는 가스요금도 다르지 않습니다. 한국가스공사 역시 LNG수입 가격 급등으로 미수금이 9조 원에 달했습니다. 2023년 1분기 말엔 14조 원에 이르리란 전망이 나오고 있는데 2008년 5조 원을 넘어서는 역대 최대 규모입니다. 수익이 났지만 이를 현금화할 수 없으니 LNG수입과 운영비는 가스공사채 발행량을 늘려 충당하는 수밖에 없게 되었고 가스공사 부채비율은 664%까지 늘었는데 같은 기간 한전 부채비율(321%)의 2배가 넘습니다.[149] 그동안 정치권은 여야를 가리지 않고 원가 이하의 에너지 요금을 방치했는데 이것이 에너지 위기로 인해 더 이상 미룰 수 없는 과제가 된 것이죠.

2023년 1월이 되자 한국은 난방비 폭탄 이슈로 뒤덮이게 됩니다. 각 가정별로 사용량은 달랐지만 전월 대비 82%에서 4배, 많게는 6배 이상 뛴 가정이 있었고 인터넷에서 서로의 급등한 난방요금 청구서를 공유하며 여론이 급격하게 악화되고 있었습니다. 정치권은 서로의 탓을 하면서도 앞서 살펴본 바와 같이 자신들도 이 이슈에서 자유로울 수 없었기 때문에 바짝 엎드리면서 정책발굴에 골몰하게 됩니다. 물론 난방비 급등에 국내 요인이 아주 없는 것은 아니지만 근본원인은 앞서 살펴본 글로벌 에너지 위기의 영향입니다. 이미 전 세계가 부족한 에너지를 비싸게 사오는 상황을 해결하지 못하고 있고 이것이 물가에 반영되면서 모든 것의 가격이 올라가지만 소득은 이 속도를 따라잡지 못해 생계비 위기까지 겹치면서 세계 각국의 정책당국은 어떤 실효적인 대안을 내놓지 못하고 있었습니다. 분노한 시민들은 거리에 쏟아져 나와 시위를 하고 그 인원은 점점 늘어나고 있었지만 정책당국은 오히려 지원금과 보조금을 줄이고 임금인상을 요구하는 시민들을 외면하고 있었습니다. 2023년 영국에서는 연 10%가 넘는 인플레이션이 지속되자 교사와 공무원, 기관사 등 최대 50만 명이 대규모 파업에 나서면서 학교와 기차가 멈췄는데 이는 2011년 100만 명이 참가한 이후 최대 규모였습니다. 여기에 가장 많은 기여를 한 것이 에너지와 식량 가격 급등이었죠. 향후 파업은 간호사와 구급대원, 철도노조와 소방관까지 합세할 예정이라 혼란은 단기간에 해소될 것이 아니었습니다.[150] 특히 간호사의 파업은 영국의 공공의료 시스템국민보건서비스(NHS)의 붕괴와도 연관이 있는데 NHS 통계에 따르면 2022년 11월 한 달 잉글랜드 대기 환자 수는 719만 명이며 이 중에서 40만 6,575명은 1년 넘게 의료 서비스를 기다리고 있는 상황입니다.[151] 대기시간이 길어지자 영국 국민들은 값비싼 사설병원을 이용하거나 영국보다 병원비가 저렴한 유럽 내 다른 국가 병원을 찾고 있는 실정인데 여기엔 NHS 예산 감소, 브렉시트(유럽 연합 탈퇴)에 따른 유럽 출신 간호 인력 유출, 코로나19 팬데믹 등으로 인한 인력 부족과 함께 에너지 위기로 인한 역대급 물가상승 대비 낮은 임금이 중요한 원인이었습니다.[152] 에너지 위기는 서서히 사람들의 삶 전반에 침투해 생활수준을 악화시키고 있었습니다. 그러나 위기는 여기에서 끝나지 않았습니다.

멈춰 서는 공장들

앞서 살펴본 것처럼 유럽의 에너지집약산업은 전쟁 이전부터 급등한 에너지 비용과 탄소 가격으로 감산과 공장 가동 중단을 하고 있었습니다. 그런데 우크라이나 전쟁과 폭염으로 인해 고에너지 비용이 장기화되면서 이전과는 다른 의사결정을 해야 할 상황이 되었습니다. 2022년 7월 세계 최대 화학기업인 BASF는 천연가스 가격 급등으로 암모니아를 추가감산하게 되는데 이는 비료, 엔지니어링 플라스틱, 차량용 요소수(diesel exhaust fluid) 제조에 필요함은 물론 육류와 탄산음료 등에 필요한 이산화탄소를 부산물로 생성합니다. BASF는 독일에서 천연가스를 가장 많이 사용하는 기업이며 암모니아는 가장 가스집약적인 제품입니다.[153] 그러니 천연가스 공급 부족과 더불어 높은 가격문제가 전혀 해소되지 않았다는 것을 의미합니다. 7월 27일 네덜란드 TTF 가격은 이전 2일 동안 25%가 올라있었고 개장하자마자 10%가 추가로 오른 MWh당 224유로였습니다. 유럽은 이미 '말도 안 되는 생각이란 없다(no idea is too crazy)'를 모토로 원전 계속 가동, 에너지 도매가격 상한제, 시장 중단, CO2 비용 및 제한 철폐, 더 많은 석탄발전 가동, 네덜란드 가스 생산 재개를 포함한 모든 옵션을 고려하고 있었습니다. 물론 이런 정책이 실행되려면 수십억 유로의 예산이 필요한 것들이었습니다. 알루미늄 제련소는 2023년 전기와 탄소 선물가격 급등으로 연간 약 2억 달러의 손실을 보게 될 것으로 예상되고 있었고 CF 인더스트리는 높은 에너지 비용으로 어려움을 겪는 영국 공장 중 하나를 영구적으로 폐쇄할 것이라 밝혔습니다. 영향을 받는 산업은 비료, 비철금속, 철강, 화학, 세라믹, 유리, 종이와 같이 에너지를 가장 많이 사용하는 산업들이었고 식량 생산과 온실 재배품, 양계장 역시 천문학적 에너지 비용에 직면해 있었습니다.[154] 공장이 멈춰 서고 있다는 것은 2021년 에너지 위기가 발생한 이래로 전 세계 국가들이 수급을 맞추는 데만 급급했을 뿐 에너지 가격을 낮추지 못해 발생한 일들에 대한 대안을 전혀 마련하지 못했다는 것을 의미합니다. 유럽 연합은 러시아산 가스 의존도에서 탈피하는 작업이 순조롭게 되고 있다는 점을 여러 번 주장했지만 급등한 가격으로 신음하는 국민들에게 이 가격을 어떻게 낮출 수 있을지에 대해서는 뚜렷한 대답을 내놓지 못했습니다. 대신 겨울 한파로 인한 에너지 수급의 어려움에 대한 대안으로 국민들에게 15%에 해당하는 천연가스 절약을 제안했습니다. 절약의 최우선 순위는 산업계였고 이는 에너지 부족시 공장의 강제 가동 중단을 의미하는 것이었습니다. 유럽의 에너지 집약산업은 두 가지 중 하나를 선택해야 했습니다. BASF처럼 유럽 내 비즈니스를 영구적으로 축소할지 아니면 스웨덴 배터리 기업 노스볼트(Northvolt)나 다국적 에너지 기업 이베르드롤라(Iberdrola)처럼 에너지 비용이 상대적으로 저렴한 미국에 대한 생산과 투자를 늘리는 것이었죠. 후자는 명백히 유럽과 미국의 충돌이슈였는데 로베르트 하베크 독일 부총리 겸 경제부장관은 미국이 투자를 독차지하고 있다고 비난하기도 했죠.[155] 에너지 비용이 10배 급등한 영국에선 찻잔에서 벽돌, 항공우주부품, 인공 고관절을 생산하는 영국 세라믹산업이 마비되고 있었습니다. 정책당국은 전기와 가스요금을 인위적으로 낮추는 재정지원을 하고 있었지만 2023년 4월까지로 예정되어 있기 때문에 추가지원 없다면 산업의 미래는 암담할 것이었습니다.[156]

하지만 아직 세상에 덜 알려진 산업이 위험에 처해있었는데 팬데믹이 아직 끝나지 않은 상황에서 제약산업에도 동일한 문제로 어려움을 겪고 있었습니다. 급등한 에너지 비용이 유럽 내부 필수의약품을 만드는 기업들이 감산과 가동 중단을 경험할 수 있다는 경고가 나왔는데 이는 에너지집약적인 원료의약품(API: Active Pharmaceutical Ingredients)이 가격압박으로 유럽에서 인도와 중국으로 아웃소싱되었기 때문이며 항생제를 비롯한 당뇨병과 암치료제 등의 필수의약품을 향후 5~10년 이내 유럽에서 만들지 못하고 중국을 비롯한 아시아에 의존해야 하는 상황으로 내몰릴 가능성이 커지고 있었습니다.[157] 유럽의 일부 제약공장의 전기가격은 10배 올랐고 원자재 가격은 50~160% 올랐지만 이를 제품 가격에 온전히 전가하기 어렵기 때문에 제품 생산을 줄이거나 단종해야 하는데 이는 유럽의 모든 조제 의약품의 약 70%를 차지하는 복제약의 자급자족이 어려워진다는 이야기였습니다.[158] 에너지 위기가 블록 내 보건안보까지 위협하는 상황이 된 것이죠.

천연가스를 비롯한 화석연료의 가격은 상황에 따라 오르락내리락 하면서 변동성이 커져갔지만 실물경제는 2021년 9월 이후 급등한 에너지 가격의 영향으로 공장의 감산과 가동 중단이 서서히 진행되고 있었습니다. 이 시간 차이를 이해하지 못하면 극심한 변동성으로 하락한 화석연료 가격이 곧 전 세계로 퍼져나가 모든 것을 정상으로 되돌릴 것 같지만 현실은 정반대의 상황이 펼쳐지게 된다는 점을 이해하지 못하게 됩니다. 물량이 문제였을 시기엔 가격 하락이 될지 몰라도 물량과 가격 모두가 문제가 될 경우 충분한 물량을 바탕으로 하락한 가격이 전 산업에 퍼져 이들이 만드는 제품 가격이 내려가고 그것이 슈퍼마켓 매대에 올라가 소비자들이 낮은 가격을 체감할 수 있어야 비로소 위기 해소를 논의해 볼 수 있게 되겠지만 현실은 그저 화석연료나 원자재 가격의 하락 이상의 단계를 밟아나가지 못하고 있습니다. 그 사이 국가 경제의 엔진은 점차 식어가고 있는데 BASF는 공장 재가동 조건으로 "소비자가 납득할 만한 가격의 제품을 다시 만들 수 있을 때"라고 못 박았습니다.

비료공장의 감산과 가동 중단은 에너지 부족이 전 세계적인 식량난과 연결된다는 점에서 또 다른 문제였습니다. 에너지 위기가 가장 빨리 전이된 부문도 비료와 이산화탄소 부족이었죠. 천연가스는 암모니아와 같은 필수 질소 비료 성분의 변동비의 약 80%를 차지했는데 중요한 점은 비료 가격의 인상이 이미 에너지 위기 이전부터 시작되고 있었다는 것입니다. 2021년 1월에서 3월 사이에만 유럽 비료 가격이 3배가 올랐고 중국은 그해 7월 비료 수출을 제한하기 시작했습니다. 에너지 위기 이후 화석연료 가격이 급등하자 러시아 역시 비료 수출 제한을 발표했죠.[159] 한국은 뒤늦게 요소수 문제에 집중하는 사이 이미 다른 국가들은 에너지 위기 이전부터 비료와 이산화탄소 등 식품 밸류체인에 대한 이상한 낌새를 눈치채고 행동에 들어가고 있었던 것이죠. 그런데 비료산업에서도 러시아 영향권에서 자유로울 수 없다는 점이 밝혀졌습니다. 벨로루시의 국영기업 벨라루스칼리(Belaruskali)에서 전 세계 공급량의 약 5분의 1에 해당하는 탄산칼륨이 수출되고 있었지만 12월 미국의 제재가 발효되었고 러시아는 주요 탄산칼륨 생산기업인 우랄칼리를 보유하고 있었습니다. 게다가 에너지전환정책은 질소계 비료의 생산을 제한하도록 하고 있었고 유럽은 천연가스를 더 생산할 의지도 자금도 없었기 때문에 비료산업의 위기는 유럽은 물론 전 세계의 식량 생산에 영향을 미치는 요소가 될 것이었죠. 우크라이나 전쟁이 시작되고 천연가스 가격이 급등하자 이를 원료로 한 암모니아, 요소 비료 생산 설비 가동률이 유럽 공장에서 45% 급감했으며 공급을 늘려야 할 기업들은 러시아와 벨라루스 가스를 경제 제재를 받을지 모른다는 우려로 사용을 꺼리게 되면서 상황은 더욱 악화되었죠. 식량부족을 우려한 세계 각국은 곡물 수출 제한과 중단을 선언하면서 식량난은 2022년부터 전 세계의 이슈가 되기 시작했습니다. 이집트는 밀·밀가루·렌즈콩(lentil) 수출을 금지했고 인도네시아는 팜유 수출을 제한했으며 헝가리는 아예 모든 곡물의 수출을 금지했습니다. 터키는 밀가루 수출에 제한을 걸었고 몰도바는 밀, 옥수수, 설탕 수출을 일시 중단하면서 식량난이 수면 위로 올라오게 되었습니다.[160]

천연가스를 비롯한 화석연료 가격은 급등락을 반복하고 있지만 부족으로 인한 위기는 2023년이 되어도 사라지지 않고 오히려 심화되고 있었습니다. 1월 말 파리에선 빵을 움켜쥔 수백 명의 제빵사들이 치솟는 재료비로 인해 업계가 죽어간다고 외쳤는데 이 시위는 설탕·밀가루·버터 등 빵에 들어가는 주 재료비 상승과 함께 에너지가 폭등에서 비롯된 것입니다. 특히 설탕 가격은 프랑스 23%, 이탈리아 51%, 독일 63%로 치솟았는데 원인은 저조한 수확량과 함께 사탕수수를 설탕으로 만들기 위해 장시간 가열하는 데 사용하는 천연가스 가격의 급등이었습니다.[161] 프랑스의 빵집은 10배 넘게 오른 전기요금으로 이중고를 겪고 있었는데 이는 그들의 주식인 빵 가격이 천연가스 가격이 내려간 2023년에도 여전히 상승할 것이라는 점을 의미합니다.

2021년 9월 시작된 에너지 위기는 2년이 지난 지금도 실물경제에 영향을 미치고 있으며 부족이 야기한 인플레이션과 국민들의 생계비 위기를 전혀 해결하지 못하고 오히려 악화되고 있습니다. 화석연료 가격의 급등락은 에너지 부족으로 인해 가격신호가 예전처럼 신호의 역할을 하기보다는 취약해진 세계를 반영하는 소음에 가깝습니다. 햇수로 3년째 삶의 질이 악화되고 있는 유럽 시민들의 분노는 정점을 향해 가고 있고 상황은 나아질 기미를 전혀 보이지 않고 있습니다. 이는 정책당국을 비롯한 경제주체들이 거대한 피벗을 할 준비가 되었다는 것을 의미하기도 했습니다.

COP27과 구경제의 반격

에너지 위기상황에서 벌어졌던 제26차 유엔기후변화협약 당사국총회(COP26)에서 세계 각국은 글래스고 기후합의(Glasgow Climate Pact)를 선언하고 탄소저감장치가 없는 석탄발전소를 단계적으로 감축하기로 했으며 비효율적인 화석연료 보조금의 단계적 폐지를 촉구했습니다. 유엔기후변화협약 합의문에 석탄과 화석연료가 언급된 것은 COP26이 처음이었죠. 중국과 인도 등의 반대로 석탄발전 '중단'까지 이르는 데는 실패했기 때문에 합의사항이 불충분하다는 비판이 있었지만 나름의 진전이 있었다고 할 수 있습니다.[162] 그런데 문제는 그다음이었습니다. COP26 선언의 여운이 채 가시기도 전에 유럽은 자신들의 에너지 위기가 심화되자 약속을 어기고 국민들에게 화석연료 보조금을 지급하기 시작했습니다. 덴마크 기후·에너지·유틸리티성 장관 단 요르겐센

(Dan Jörgensen)은 천연가스 가격 급등으로 41만 가구 이상이 수천 크라운의 추가 비용을 내야 할 상황에 이르자 "덴마크에서 가만히 앉아 얼어 죽을 순 없다"면서 가정에 화석연료 보조금을 지급했습니다. 정부의 기후정책과 상반된다는 의견엔 현재 상황이 매우 독특하고 심각한 예외적인 상황이라는 말로 대신했죠.[163] 이후 유럽 국가들은 급등하는 전기와 난방요금에 앞다투어 보조금을 지급하기 시작했는데 이는 자신들에게만 관대한 조치였습니다. 에너지 위기가 닥치자 유럽을 비롯한 선진국들은 천연가스는 물론 석탄과 석유까지 동원해 전력을 생산했고 국민들에게 화석연료 보조금을 지불했으며 기후공약에 자신들이 필요한 LNG 프로젝트는 예외로 설정한 반면 아프리카가 필요한 파이프라인 가스 프로젝트와 발전소 자금지원은 온실가스 배출을 문제 삼으며 자금지원을 꺼리고 있었기 때문입니다. 가나 에너지 장관 매튜 오포쿠 프렘페(Matthew Opoku Prempeh)는 '선진국들이 석탄을 다시 때고 있는 상황에서 넷제로 전환에 누가 더 많은 일을 해야 하는가. 아프리카는 이대로 미개발 상황으로 남아있어야 하느냐'고 말했으며 브레이크스루 인스티튜트(Breakthrough Institute)의 에너지 및 개발 담당 이사인 비자야 라마찬드란(Vijaya Ramachandran)은 부유한 국가가 가난한 국가의 자원을 착취하면서 기후 행동이라는 이름으로 비슷한 접근을 근본적으로 거부하기 때문에 '녹색 식민주의'라고 말했습니다.[164] 결과적으로 자신들에게만 관대한 탄소중립 정책은 에너지 위기로 신음하는 개도국과 빈곤국들에게 정책에 대한 반감만 심어줄 뿐이었고 이후 기후변화에 대한 합의가 더욱 어려워짐을 암시하는 것이었습니다.

전쟁으로 인해 에너지 부족이 더욱 심해지고 세계 각국이 에너지 안보를 최우선 순위에 두면서 탄소중립에 대한 드라이브가 약화되자 COP27에 대한 우려가 표면화되기 시작했습니다. COP26 의장이었던 알록 샤르마(Alok Sharma)는 에너지 위기 이후 생존이 목표가 된 전 세계가 지구 온난화 목표달성에 필요한 변곡점을 제공하지 못할 것이라 주장했는데 지구온난화 1.5도 목표를 달성하려면 선진국과 중국이 목표를 '초과달성'해야 하며 개도국과 빈곤국이 배출량 목표를 달성할 수 있도록 상당한 재정과 기술지원이 동반되어야 하기 때문입니다.[165] 하지만 현실적으로 달성하기 어려운 목표설정과 막대한 비용을 어떻게 조달할지에 대한 지적은 크게 주목받지 못했습니다. COP27에서 '손실과 피해(loss and damage)'로 명명된 기후변화로 돌이킬 수 없는 피해에 대한 보상문제가 사상 최초로 정식 의제에 포함되었는데 이는 기존의 선진국이 탄소중립을 위해 개도국을 '지원'한다는 의미가 아니라 그동안 선진국들이 화석연료 사용으로 지구를 병들게 만들었으니 탄소중립을 위해 선진국들이 개도국에 입힌 손실을 '보상'하라는 의미였습니다. 글로벌탄소프로젝트(GCP)에 따르면 전 세계 배출량의 80%는 경제력 상위 20개 국가에서 나오고 있고 손실과 보상을 대표로 주장한 파키스탄은 0.4%에 불과했습니다. 게다가 선진국들은 연간 1,000억 달러 규모의 개도국에 대한 재정지원조차 이행하고 있지 않은 상태였죠.[166] 손실과 보상 주장은 탄소중립을 위한 선진국들의 지원이 없다면 더 이상 함께 정책을 수행하기 어렵다는 선언과 같은 것인데 실제 이들은 급등한 석탄과 천연가스 가격을 감내하기 어렵습니다. 상황이 이렇게 되자 프란스 팀머만스(Frans Timmermans) EU 기후정책 국장은 목표유지에 진전이 없다면 COP27에서 떠날 준비가 되어있다며 나쁜 결정을 내리

느니 아무것도 하지 않는 편이 낫다고 말했습니다.[167] 그러나 그의 바람과 달리 COP26에 포함되어 있던 석탄발전의 단계적 감축 및 비효율적 화석연료 보조금 지급 단계적 중단이 COP27에선 빠졌는데 모든 화석연료 사용의 단계적 감축에 반대해온 인도와 함께 EU의 요구가 반영된 것이었습니다. 에너지 위기를 극복하기 위해 유럽은 그의 말에 의하면 나쁜 결정을 한 셈이죠. 손실과 피해에 대한 합의를 성과로 내세웠지만 보상을 위한 별도의 기금설립을 선진국들은 반대했으며 천문학적 보상액수를 누가 어떻게 부담할지에 대한 내용도 구체적 논의가 이루어지지 않아 실행가능성은 극히 불투명합니다.

그런데 후퇴하는 것은 COP27뿐만이 아니었습니다. 그동안 재생에너지를 비롯한 탄소중립의 신경제가 주춤하는 사이 구경제의 반격이 시작되고 있었습니다. 독일은 친환경 정책 핏 포 55(Fit For 55)의 일환으로 2035년까지 내연기관차를 퇴출시키기로 한 계획에 반대하며 내연기관 엔진 금지에 동의하지 않는다고 공식선언을 하게 됩니다. 크리스티안 린드너 독일 재무장관은 유럽에서 내연기관차를 단계적으로 완전히 없애는 것은 잘못된 결정이라 말했는데 이는 독일의 핵심산업인 내연기관 자동차와 밀접한 관련이 있었습니다.[168] 애초 유럽 연합은 회원국들이 힘을 합쳐 전기차와 트럭에 필요한 배터리를 자신들이 만들기 위해 거대한 프로젝트를 계획하고 있었습니다. 배터리의 전방인 화학산업과 후방인 자동차, 재생에너지 분야에 경쟁력을 가지고 있는 유럽이지만 배터리만큼은 한국과 중국, 일본에 크게 뒤처져 있었기에 2017년 마로스 셰프코빅(Maros Sefcovic) EU 집행위원회 부위원장은 EU 배터리연합(EU Battery Alliance)의 출범을 선언하고 배터리산업 육성을 위한 EU 차원의 산업정책 수립을 천명하게 됩니다. 여기엔 스웨덴의 기가팩토리 건설을 위한 자금지원과 희토류 공급망 구축계획이 포함되며 빌 게이츠와 투자자들이 만든 1억 유로 규모의 브레이크스루 에너지 벤처스 펀드(Breakthrough Energy Ventures Fund)와 푸조, 지멘스 등 EU 내 260개 기업들이 연합해 에너지 저장장치 생산역량을 구축하기 위해 연합전선을 펼치기로 하죠.[169] 이는 중국의존도가 유럽 회원국들의 산업경쟁력 저하로 이어지는 트라우마가 있었기 때문인데 2000년대 초까지 태양전지 최대 생산국이었던 독일은 중국 정부의 막대한 보조금과 저렴한 석탄발전 및 인건비로 기술의 시간적 단축을, 거대한 내수시장을 바탕으로 기술의 공간적 단축을 통해 독일 등 기술 선진국을 빠르게 추월함은 물론 산업경쟁력 상실로 해당 시장에서 그들을 밀어내기에 이르게 됩니다. 전기차에서 가장 중요한 배터리를 아시아 지역에 내주게 되면 마크롱 대통령의 말처럼 전혀 행복하지 않은 상황이 되는 것이죠. 또 하나의 문제가 바로 일자리인데 EU의 내연기관 자동차는 1,380만 명, 자동차산업이 중요한 독일의 경우 80만 명의 일자리가 순조롭게 전기차 산업으로 전환되지 않는다면 많은 일자리가 사라져 버리기 때문입니다. 한국 역시 전기차로 급속히 전환할 경우 40%에서 최대 70%의 인력이 일자리를 잃을 수 있다는 주장이 나왔고[170] 내연기관차에 비해 부품이 많이 필요 없는 전기차의 특성상 관련 산업 역시 구조조정이 불가피합니다. 한국에 있는 카센터가 3만 개인데 3명 정도 있다고 하면 10만 명의 일자리가 위협받게 되는 것이죠.[171] 따라서 유럽 역시 1,380만 명의 일자리를 지키면서 새로운 산업으로 순조롭게 전환해야 하는 과제를 안고 있었기에 2040년까지 절반 정도를 하이브리드를 포함한 전기차로 전환할 계획을 가지고 있었는데 이걸 유럽이 2035년까지 100% 전기차 전환이라는 공격적인 목표로 변경하고 이를 달성하기 위해 내연기관차 퇴출을 선언한 것이죠. 아마도 독일은 에너지 위기 이후 자신들의 핵심산업인 자동차산업의 미래에 대해 진지한 고민을 했을 것입니다. 전기차에 필요한 핵심광물과 배터리는 상당 기간 중국에 의존해야 하고 그린 인플레이션으로 가격은 올라가고 있지만 공급은 여러 이유로 극적인 증가가 어려운 상황입니다. 전쟁 이후 모든 것의 가격이 급등한 반면 저렴한 러시아 천연가스 수급이 원활하지 않은 독일의 무역수지는 급격히 악화되기 시작했죠. 에너지 요금 급등으로 핵심산업의 생산이 줄어들고 경제가 침체되고 있는데 2035년까지 전기차 100%를 달성하기 위해 내연기관차산업을 모두 포기할 경우 80만 명의 전기차 난민은 대안없이 일자리를 잃어야 하고 경쟁력을 갖춘 내연기관산업은 붕괴하게 됩니다. 1,380만 명의 유럽 전기차 난민을 막기 위해선 반드시 전기차에서 유럽이 주도권을 확보해야 합니다. 하지만 급등한 에너지 비용으로 노스볼트는 오히려 미국의 투자와 생산을 늘렸습니다. 독일의 전기차 100% 반대는 그들에게 최선의 후퇴였을 것입니다. 영국도 2022년 전기차 보조금을 전면 중단하기로 했고 독일은 2023년부터 보조금을 삭감하며 노르웨이 역시 전기차 혜택을 줄이기로 합니다.[172] 에너지 위기 이후 자국 보호주의로 인한 문제도 있었는데 미국의 인플레이션감축법(IRA)은 전기차의 핵심광물의 40%(2027년 80%, 2028년 100%)를 미국 또는 자유무역협정(FTA) 체결 국가에서 추출 및 처리되어야 하고 북미 지역에서 생산한 배터리 부품을 50% 이상 사용해야 보조금을 지급한다고 되어있습니다. 유럽과 일본의 전기차가 IRA 혜택을 받으려면 미국과 자유무역협정부터 체결과 함께 미국의 투자가 불가피한데 이는 자신들이 계획한 유럽 지역의 전기차 자립도가 근본부터 무너지는 상황으로 내몰리게 됩니다. 유럽은 미국에 대한 비판과 동시에 자신들도 IRA에 맞대응하기 위해 청정산업에 보조금을 지급하는 내용 등을 담은 탄소중립 산업법을 제정키로 합니다.[173] 하지만 미국과 중국을 제외하면 전기차 시장이 크지 않고 유럽의 시장은 여전히 한국과 중국, 일본에 의존해야 하는 상황이 바뀌지 않습니다.

재생에너지 비중을 늘리는 일 역시 쉽지 않은 상황이 되었습니다. 독일연방네트워크규제당국은 2023년 북해와 발트해 4개 지역에서 총 용량 7,000MW의 해상풍력 터빈에 대한 동적 입찰(dynamic bidding process)을 실시했는데 이는 입찰자들이 보조금을 포기하고 허가권에 대해 가장 높은 가격을 써낸 기업이 낙찰을 받는 방법입니다. 보조금은 과거 재생에너지 전력생산 비용이 높아 경쟁력이 떨어지는 것을 정부가 지원하는 개념이었습니다. 그러나 현재 유럽의 해상풍력 전력생산 비용이 낮아지면서 그들 말대로 화석연료보다 저렴하게 생산하는 시점에서는 더 이상 필요 없는 상황이 된 것이죠. 풍력발전기업들에겐 경쟁이 더 심화되고 수익성은 낮아지겠죠. 에너지 위기 이전에 재생에너지 비중이 높아지면서 그린 인플레이션이 일어나고 있었고 비용 상승과 수익악화로 그린 보틀넥으로 이어졌으며 재생에너지가 화석연료만큼이나 경쟁력이 있다는 점을 증명하는 그리드 패러티가 역설적으로 재생에너지의 수익성을 담보할 이유가 없어진 것이죠. 게다가 결정적일 때 전력을 생산하지 못하는 한계를 가진 에너지원에 대한 인기가 지속되기도 어려워 보였습니다.

지멘스 가메사의 2023년 수주물량은 전년동기대비 46.3% 감소했으며 비용은 25%가 상승했고 해상풍력의 경우 수주물량 자체가 없습니다. 그런데 이는 갑자기 나타난 것이 아니라 앞서 설명한 대로 에너지 위기 이전부터 추세가 진행되고 있던 것입니다.

에너지 위기를 겪은 이후 전 세계는 부족을 메꿀 방법을 찾기 시작했습니다. 유럽은 택소노미에 원전을 포함했고 러시아 천연가스를 대체할 국가와 LNG를 찾아 나섰는데 여기엔 석탄도 포함되었습니다. 메이저 석유 기업들도 방향전환에 나섰는데 재생에너지에 가장 공격적인 전환목표를 세웠던 BP는 전 세계 석유 수요를 충족하기 위해 배출량 목표를 2035년까지 35~40%에서 25~30%로 낮추겠다고 발표합니다. 2050년까지 넷제로를 달성하겠다는 약속은 찾아볼 수 없었죠. 동시에 주주배당금을 10% 늘리고 자사주 매입에도 23억 파운드를 지출했습니다.[174] 거의 모든 석유 기업들은 에너지 위기 이후 기록적 수익을 달성하고 있었고 이는 정치권의 횡재세 압박의 동력으로 작동하고 있었습니다. 그러나 메이저 석유 기업들의 피벗은 자신들의 노력으로 된 것이 아니었다는 점을 기억할 필요가 있습니다. 재생에너지가 기대했던 전력을 지속적으로 생산하고 있었다면 가장 피해를 입었을 기업들 중 하나였을 테니까 말이죠.

전기차와 전기화

앞서 살펴본 것처럼 에너지 위기 이전에 그린 인플레이션이 전기차의 핵심광물 가격을 밀어 올리고 있었고 그 결과 전기차 가격 상승은 불가피해졌습니다. 다만 전기차 업계는 물론이고 내연기관차 생산기업들까지 전기차로 들어와 경쟁이 격화되면서 가격 인하와 프로모션을 통해 출혈을 감수하는 상황이 발생했습니다. 중국 전기차 업체 리오토(Li Auto)가 2022년 전기차 1대를 팔 때마다 2만 7,400위안(약 510만 원)의 손실을 입었으며 매출액은 전년 대비 67.7%가 늘었지만 당기 순손실은 20억3000만 위안(약 3,780억 원)으로 전년 손실규모(3억 2,100만 위안) 대비 6배 넘게 급증했습니다.[175] 그런데 전기차 분야는 핵심광물의 공급이 더 큰 문제입니다. 캠브리지 공과대학 명예교수인 켈리에 따르면 영국의 모든 차량을 전기차로 교체할 경우 가장 자원이 적게 소모되는 차세대 배터리를 사용한다고 가정하면 연간 전 세계 코발트 생산량의 약 2배, 전 세계 탄산리튬 생산량의 4분의 3, 전 세계 네오디뮴 생산량의 거의 전부, 2018년 전 세계 구리 생산량의 절반 이상의 재료가 필요할 것으로 예상했습니다.[176] 따라서 전 세계적으로 전기차 비중이 늘어날수록 전기차를 만드는 핵심광물의 수요 급증으로 인한 가격 상승을 피하기 어렵습니다. 공급을 늘리는 방안도 있지만 환경단체와 광산지역 주민들이 광산개발을 반대해 개발도 쉽지 않습니다. 테슬라 모델 Y 기준 미국의 구리 매장량은 전기차 600만 대를 생산할 수 있는 분량, 리튬 매장량은 200만 대, 니켈 매장량은 6만 대 분량에 달하지만 채굴을 위한 광산을 늘리면 채굴지 주변 생태계가 파괴되고 원주민들의 생활 터전이

망가진다는 친환경차의 반환경 딜레마가 발목을 잡고 있는 것이죠.[177]

포르투갈은 유럽에서 리튬 매장량이 가장 많은 나라지만 북부 주요 광산 중 하나인 바호주 리튬 광산 역시 환경 훼손과 생태계 파괴를 이유로 광산개발이 지연되어 영국 광산기업 서배너리소시스는 리튬 생산 개시 시기를 현재 2026년으로 늦췄습니다.[178] 상황이 이렇다 보니 리튬 보유국들은 분자 위기 국면에서 자원 보유국들과 마찬가지로 자원 수출의 문을 걸어 잠그는 대신 자국 리튬산업 고부가가치화를 위한 협업이나 국유화를 추진하고 있습니다. 전기차의 비중이 확대될수록 공급확보를 위한 이런 움직임은 늘어날 것입니다. 현 상황에서 유일한 가격 하락 요인은 전기차의 상당 부분이 소비되는 중국의 수요둔화인데 정책당국의 보조금 폐지영향으로 최근 3개월간 리튬가격이 30% 하락했습니다. 하지만 국제 에너지기구는 2040년까지 리튬수요가 40배 이상 급증할 것으로 내다보고 있습니다.[179] 따라서 전기차 기업들의 핵심광물 확보가 향후 경쟁력 확보를 위한 열쇠가 될 것입니다.

수요측면에서는 어떨까요. 노르웨이의 경우 2020년 전기차 판매는 전체 판매량의 60%를 차지했습니다. 전력의 90% 이상이 수력발전에서 나와 다른 유럽 지역에 비해 전기요금이 40~70% 수준에 불과한 데다 부가세 면제와 유료도로, 주차요금 50% 할인 등 혜택도 많은 반면 내연기관차는 25% 부가세와 환경세가 부과되어 내연기관차 구매비용도 비싸고 운행비용은 75%가 높습니다. 여기까지만 보면 노르웨이의 모든 자동차는 곧 전기차로 뒤덮일 것만 같습니다. 하지만 노르웨이에서 보조금으로 새로운 전기차를 구매한 가정의 3분의 2는 전기차 교체 대신 내연기관차를 보완하는 수단으로 사용했는데 60%는 내연기관차를 포함한 차 2대를 이용했고 40%가 전기차를 이용했습니다.[180] 이는 전기차의 친환경적 목적과 반대되는 일이었고 전기차 보조금 역시 내연기관차를 소유한 사람들에 비해 대중교통과 자전거 이용을 급격히 감소시키면서 의도하지 않았던 방향으로 흘러가고 있습니다. 내연기관차가 전기차로 충분히 전환된다면 전력생산량이 늘어나야 하며 교통투자의 재원이었던 유류수입이 감소함을 의미합니다. IEA의 기후변화 대응 시나리오는 미국의 승용차 통행량을 30%, 유럽의 통행량을 40%, OECD 전체로도 3분의 1 정도 줄이고 철도와 대중교통으로 거의 그만큼의 통행량을 이전하는 대책을 포함하고 있습니다.[181] 따라서 논의를 전기차에 한정하지 않고 운송수단 전체로 확대하면 전기차는 온실가스 감축의 수단으로 그다지 매력적이지 못합니다. 또한 코발트와 같은 배터리 관련 핵심광물이 콩고 등 환경과 노동 규제가 약한 소수의 지역에서 편중되어 있는 것도 문제입니다. 이들 '영세 수작업' 광산은 위험도가 높으며 아동노동을 고용하고 있습니다. 미국의 경우 전 세계에서 석유의 수송에너지 소비량과 차량비중이 가장 높고 대중교통 이용률과 휘발유 가격이 가장 낮으며 따라서 전기차 보급률도 낮은 수준에 있습니다. 내연기관차의 수명이 길어져 차량 교체가 지연되거나 여전히 더 비싼 전기차와 인프라 부족 문제도 비중확대의 걸림돌이죠. 전기차는 필연적으로 에너지원의 전기화 문제와 연결됩니다. 전기화는 친환경 에너지가 안정적으로 풍부한 전력을 공급한다면 화석연료를 사용하는 발전원을 줄이고 이를 전기로 대체할 수 있다는 가정을 전제로 하는데 이는 친환경 에너지공급이 어떤 이유로든 줄어들면 전기화는 에너지 안보를 해치는 존재가 된다는 말과 같습니다. 2022년 12월 스위스에서는 전력 공급이 부족할 경우를 4단계로 나누었는데 3단계에서 전기차의 개인사용은 출퇴근과 같이 절대적으로 필요한 경우에만 허용된다는 조례 초안을 마련한 바 있습니다. 수력 에너지에서 60%의 전력을 얻는 스위스는 국가 전력공급확보를 위한 '전기 에너지 사용 제한 및 금지'를 목표로 조례를 만들었는데 한파로 인한 에너지 수입 의존도가 높아지는 위기상황을 피하기 위해 고안된 것입니다.[182] 2023년 1월 독일연방 네트워크 청장 클라우스 뮐러는 개인 전기차 충전소와 히트 펌프가 독일 전력망에 과부하를 일으킬 수 있다는 경고를 했는데 이는 별다른 조치 없이 이들이 늘어나면 안 된다는 경고와 함께 사실상 두 제품의 사용을 자제하라는 말이었습니다. 특히 지역의 저전압 그리드가 정전에 취약하다고 말하며 전력수요가 높은 시기엔 히트 펌프와 전기차 충전소의 전력 배급제까지 언급했죠.[183] 확실한 것은 전기로 작동해야 하는 기기들이 늘어날수록 에너지 위기에서 사용할 수 없는 것들이 많아지고 기기들을 많이 사용할수록 에너지 위기가 심화된다는 점입니다. 러시아의 천연가스 공급이 차단된 이후 중국산 전기담요의 유럽 수출이 급증했는데 이는 천연가스 수요를 줄이는 대신 전기수요를 높이는 것입니다. 영국에서는 2035년 이후 신규 가정용 가스보일러 판매 금지조치를 철회했는데 대안이 될 히트펌프 평균 설치 비용이 1만~1만 3,000파운드라는 터무니없이 비싼 상태로 유지되고 있기 때문입니다. 에너지 안보 및 넷제로부의 캘러넌 차관은 신규 가스보일러 설치 금지를 2035년으로 정하지 않았으며 금지목표는 국민들이 얼마나 저렴한 대체품을 구할 수 있는가에 달려있다고 말했습니다.[184] 히트 펌프 전환에 영국은 가구당 5,000파운드의 보조금을 지급하지만 그럼에도 6,000~8,500파운드를 지불해야 할 정도로 비싸 현재까지 5만 가구 정도 설치했는데 영국은 향후 매년 6만 대의 히트 펌프를 설치하려 하고 있습니다. 또한 영국 정부 조사에 따르면 80%의 국민들이 히트 펌프와 정부의 전환계획 자체를 모른다고 답했으며 영국 상원은 이 녹색 계획이 심각하게 실패했다고 말했습니다.[185] 재생에너지와 마찬가지로 전기화 역시 매우 공격적이면서 불가능한 목표를 가지고 있고 정책당국이 보조금을 지급해야 하지만 비용은 적지 않게 나가고 있으며 폭염과 한파 같은 중요한 순간에 에너지가 부족하게 되면 전기화 설비는 모두 에너지 안보를 위협하게 되는 데다 이를 설치했던 많은 가정은 비싼 대가를 지불했음에도 전기와 난방을 사용할 수 없게 됩니다. 따라서 전기차와 전기화의 전제조건은 역설적으로 안정적인 에너지공급이 반드시 확보되어야 한다는 것이며 이를 재생에너지 전력공급으로 확보하기가 어렵다는 것을 현실세계는 보여주고 있었습니다.

자원 수출국의 역설

이제 구경제에서 가장 중요한 것은 저렴한 에너지를 공급받을 수 있는 지역이 어디인지가 되었습니다. 전쟁 이후 전 세계 에너지 가격이 급등하자 상대적으로 에너지 가격이 높은 국가의 기업들은 가능한 경우 보다 저렴한 에너지 비용이 드는 국가로의 이전을 계획하는 단계에 이르렀습니다. 호주의 브릭웍스는 위기 이전 산토스와 기가줄 당 10호주달러에 2년 고정 계약을 했는데 계약이 끝나면 호주 정부가 상한제를 실시했음에도 40호주달러에 재계약을 해야 했습니다. 만약 이것이 현실화될 경우 브릭웍스는 기가줄 당 3달러에 불과한 미국으로 생산기지를 이전하면서 호주공장을 폐쇄할 것이라 밝혔습니다. 비료제조기업 아이피엘(Incitec Pivot)은 급등한 천연가스 가격으로 브리즈번 공장 폐쇄를 계획하고 있는데 이를 자세히 살펴보면 LNG 최대 수출국인 호주가 동부해안에서 LNG를 수출하기 시작한 2014년부터 천연가스 가격이 3배가 올랐습니다.[186] 호주 제조기업들은 오래전부터 가스수출 통제와 국내 가스 비축을 요구해 왔는데 에너지 위기 이후 높은 가격을 받을 수 있는 해외수출이 오히려 국내공급 감소요인이 된 것입니다. 이는 바다 건너 미국과 석탄을 수출하는 인도네시아는 물론 곡물 수출국에게도 동일하게 적용되고 있었습니다. 과잉공급 시대엔 해외수출이 국내에 아무 문제도 일으키지 않았지만 에너지 부족 시대엔 해외수출이 늘어날수록 국내공급에 문제가 생겨 인플레이션을 자극하고 국내공급을 우선시해 물량을 통제할 경우 수입국의 에너지 위기와 물가상승을 자극하게 됩니다. 그리고 수출국과 수입국의 가격 변동성은 더욱 심화되어 불확실성이 가중되어 안정적인 수급정책을 펼치기 어려운 상황이 되죠.

2022년 6월 미국 프리포트(Freeport) LNG 터미널이 화재로 폐쇄되고 최소 3주 동안 운영이 중단될 것이라는 전망이 나오자 천연가스 가격이 하락하기 시작했습니다. 헤지펀드 어게인 캐피털(Again Capital)의 존 킬더프(John Kilduff)는 화재가 수출을 줄이고 미국 공급 부담을 완화할 것이라 주장했는데 이미 미국도 천연가스 수출금지를 검토할 정도로 상황이 좋지 않았기 때문이죠.[187] 그러나 사고 이후 미국 천연가스 재고는 늘어나지 않았고 가격도 떨어지지 않았습니다. 이는 평년보다 높은 기온으로 인한 수요 급증에도 원인이 있지만 수출용 가스를 내수로 돌릴 유통 인프라가 미흡해 내수로 전환할 경우 오히려 수출물량이 줄어들기 때문이었습니다. 따라서 자연스럽게 부족은 자국 보호주의로 흐를 수밖에 없었습니다. 내수시장 안정을 위해서 인도와 인도네시아는 팜유와 밀 수출을 중단한 이후 말레이시아에서 닭고기 수출을 중단했고 수입가격은 상승했습니다. 일반적인 세상에서는 가격이 오르면 더 많은 돈을 받고 수출해야 하지만 현실에서는 수출을 금지해 자국 공급을 우선시한 것이죠. 이는 장기공급계약이라고 해서 안심할 수 없었는데 한국이 인도네시아로부터 장기공급계약으로 수입하던 천연가스를 자국 내수물량 확보가 급하다는 명분으로 업체 측에서 일방적으로 90% 줄이겠다는 통보를 받고 대통령실은 물론이고 정책당국과 대사관까지 인도네시아 정부를 상대로 전방위 접촉 끝에 겨우 업체 입장을 바꾸는 데 성공하기도 했습니다.[188]

에너지 부족과 자국우선주의가 가져올 파장을 우려하는 것은 한국뿐만이 아니었습니다. 영국의 투자자 에드 콘웨이(Ed Conway)는 유럽의 천연가스가 많이 필요한 이유는 대부분 러시아산 가스 부족에 기인하는데 영국이 여름엔 유럽으로 천연가스를 보내 저장하고 겨울에 꺼내쓰는 패턴을 지적하며 유럽을 가스저장 은행처럼 사용하는데 만약 유럽에 한파가 오거나 러시아가 지속적으로 가스 흐름을 차단해 유럽이 천연가스가 더 필요할 경우를 우려했습니다. 2022년 봄처럼 영국으로 많은 LNG가 유입된다면 모르겠지만 그렇지 않을 경우 영국 역시 파이프라인 가스 입찰에 들어가야 하는데 유럽 대륙에 영국의 몫으로 저장된 천연가스가 있고 유럽은 가스가 부족할 때 과연 그 천연가스가 영국으로 흐를 수 있겠냐는 합리적 의심을 하고 있었습니다.[189] 앞에서 본 것처럼 영국과 프랑스 사이 정치적인 이슈로 전력공급의 중단 위협이 있었던 것처럼 유럽은 충분히 에너지 부족에서 인내심을 잃을 가능성이 있는데 이미 코로나 정국에서 유럽이 마스크 부족으로 민낯을 보여줬던 전례가 있었기 때문입니다. 2020년 4월 코로나로 인해 마스크가 부족한 이탈리아를 돕겠다고 중국이 마스크 68만 장을 보냈는데 중간기착지인 체코가 이 마스크를 압류했습니다. 그래서 중국은 다시 82만 장을 이탈리아로 보내며 중간기착지를 독일로 바꿨는데 독일이 다시 마스크를 압류했습니다.[190] 독일은 마스크 등 의료품 반출금지라 마스크를 싣고 가던 스위스 트럭도 압류했고 스웨덴이 스페인과 이탈리아에 마스크를 보급하려 했을 때 이를 빼앗은 건 프랑스였습니다.[191] 또한 프랑스로 가기로 했던 마스크 200만 장을 3배의 가격을 현찰로 더 주고 가로챈 국가는 미국이었고 프랑스, 독일, 러시아는 의료장비 수출을 금지했으며 터키는 수출계약이 끝난 보호장비 수출을 막았습니다. 반면 이스라엘은 적국으로부터 코로나 진단장비 수십만 개를 수입했습니다.[192] 여기서 마스크와 의료장비를 천연가스라는 단어로 대체한다면 앞으로 에너지 부족 때 일어날 일이라 생각할 수 있지 않을까요. 천연가스를 비롯한 에너지는 마스크보다 몇백 배는 더 중요한 역할을 하게 될테니 말이죠. 이처럼 자원 수출국들의 역설은 화석연료와 마찬가지로 로컬 리스크가 글로벌 리스크로 확대되면서 공급의 취약성을 더욱 증대시키는 역할을 하고 있었습니다. 상대국의 에너지 위기와 인플레이션을 완화해줄수록 자국의 위기와 물가상승을 막을 수 없다는 점은 유럽의 에너지 부족이 슈퍼 그리드를 타고 블록 전체의 위기로 확산된 것과 유사합니다. 부족의 심화는 필연적으로 자국우선주의로 전이되며 지정학적 갈등을 더욱 키우는 상황으로 내몰리고 있었습니다.

온화한 날씨와 끝나지 않는 위기

그러나 다행히 2022년의 겨울이 예상외로 온화해지면서 최악의 시나리오를 비껴감은 물론이고 에너지 위기가 해소되고 있다는 주장이 나오고 있었습니다. 겨울에도 영상 10~20도 사이를 오가면서 네덜란드 TTF 천연가스 선물가격은 MWh 당 64.4유로에 거래되었는데 지난 8월의 최고점이었던 345.7유로와 비교하면 5분의 1 수준에 불과했습니다. 온화한 겨울로 인해 알프스와 피레네 산맥의 눈이 녹으면서 스키장 운영이 어려워질 정도였습니다.

| 그림7 | 스위스 레상의 스키장(로이터)

기존의 예상대로 유럽의 겨울이 추웠다면 천연가스와 전기 소비량은 급등했을 것이고 90% 이상 채워놓은 천연가스 재고는 바닥났을 것이며 러시아 제재는 즉시 무효화되며 러시아에 굴복해야 했을 것입니다. 그러니 2021년에 이어 2022년 겨울의 온화함은 유럽사람들에게는 겨울을 버틸 수 있는 생명수와 같은 존재가 되었고 여기서 아낀 재고를 미래에 사용함으로써 위기에도 대비할 수 있게 될 것입니다. 그렇게 모든 것이 잘 해결될 것처럼 보였죠.

하지만 현실은 그렇게 호락호락하지 않았습니다. 대다수의 언론이 전쟁 이전 수준으로 천연가스 가격이 하락했다고 말하며 위기를 벗어날 것처럼 이야기했지만 그건 에너지 위기가 언제 시작되었는지를 알지 못하기 때문에 생긴 오해였습니다. 대다수의 언론이 위기에서 벗어났다고 말하던 1월 TTF 가격은 65유로 수준인데 전쟁 이전 에너지 위기 직전 50유로보다 높고 평년 수준인 20~30유로보다 2~3배의 가격이며 코로나 직전의 한 자릿수에 비하면 10배가 넘는 가격입니다. 변동성이 너무 컸기 때문에 최근 수치만 보면 모든 위기가 다 해소된 것처럼 보이는 것이죠. 게다가 현실에서는 이미 급등한 천연가스를 소비하고 있기 때문에 최근 하락한 가격을 체감하기 위해선 최소 6개월에서 1년 이상의 시간이 필요합니다. 그 기간 중 폭염이 올 경우 가격 급등은 물론이고 별다른 상황변화가 없다면 러시아 천연가스가 없는 채로 견뎌내야 하며 이는 2023년 겨울에도 해당됩니다. 대다수의 언론은 2021년 겨울의 온화함이 역대급 가뭄을 몰고와 수력발전은 물론이고 원전과 석탄발전의 냉각수 부족과 함께 라인강 내륙운송이 어려워 경제에 악영향을 끼쳤던 폭염과 가뭄을 잊고 있는 것이 틀림없었습니다. 그러니 이번 여름이 덥지 않다고 해도 지난해 벌어졌던 이 어려움을 예상하고 그에 따른 공급 부족에 대비해야 하는 것이죠.

또 다른 문제는 가격의 만기 불일치 현상입니다. 가정과 기업은 이미 오를 대로 오른 천연가스를 소비하고 있고 최근 하락한 가격은 한참 뒤에나 일부 반영될 것이기 때문에 오히려 현실에선 모든 것의 가격이 계속 올라가고 있었습니다. 이미 2021년 9월 이후부터 거리에 나오기 시작한 유럽 시민들의 수와 빈도가 2023년에도 줄어들지 않았는데 2월이 되자마자 영국에서는 50만 명이 넘는 교사, 공무원, 트럭 운전사, 공항 직원들이 임금인상을 요구하는 대규모 시위가 벌어졌습니다. 10%가 넘는 물가상승에도 임금인상이 5% 미만에 그친 데다 근본원인인 이미 오른 에너지 비용 급등에 제대로 대처하지 못했기 때문입니다. 약 20만 명 규모의 핀란드 노조도 2월 대규모 파업에 나설 것이라고 밝혔으며[193] 프랑스는 연금개혁에 반대하는 시위규모가 이미 백만 명대를 넘어섰는데 여기에 참여한 일반노동총연맹(CGT)은 급등한 에너지 요금으로 신음하는 소상공인을 위해 계량기를 조작해 전기요금을 낮추거나 유력한 국회의원이나 재벌의 사무실과 집에 전기를 끊어 일반 국민들의 심정을 느끼게 해주겠다는 로빈후드 작전을 펼치고 있었습니다.[194] 이는 천연가스 선물가격이 낮아졌다고 에너지 위기가 사라진 것이 아니라는 것을 알려주는 강력한 신호였습니다. 봄이 오면 다시 천연가스 소비는 줄어들 것이고 에너지 수요 완화와 더불어 가격은 내려갈 것입니다. 그러나 온화한 겨울이 주는 미래를 경험한 유럽은

2023년 여름, 나아가서 한파 여부를 알 수 없는 겨울에 대비한 에너지 공급방안을 마련해야 합니다. 게다가 급등한 에너지 비용으로 인한 물가상승으로 생활비 압박을 받는 국민들에게 대안을 내놓아야 하지만 뾰족한 수가 없는 것이 현실입니다. 영국 국민 16%는 돈을 아끼기 위해 끼니를 걸렀다는 설문조사결과가 나왔는데 이를 청년층으로 한정하면 28%로 급등합니다.[195]

낯선 인플레이션과 불확실성의 증대

2022년 6월 유럽중앙은행 연례회의에서 크리스틴 라가르드 총재, 제이 파월 연준 의장, 앤드루 베일리 영란은행 총재는 인플레이션 억제를 위한 신속한 조치를 촉구했습니다. 금리를 충분히 빨리 인상하지 않으면 높은 인플레이션이 고착될 수 있으며 궁극적으로 물가상승을 보다 완만한 수준으로 되돌리기 위해 중앙은행의 보다 과감한 조치가 필요하다고 주장했죠. 파월 의장은 금리인상이 고통을 수반하겠지만 가장 큰 고통은 인플레이션을 해결하지 못하고 지속되도록 방치하는 것이라며 이제는 저인플레이션 환경으로 다시 되돌아갈 것이라 생각하지 않고 팬데믹과 전쟁으로 인해 우리의 상황을 변화시킬 것이라 말했습니다. 그런데 그다음 파월은 이런 환경에서 인플레이션을 예측하는 일이 매우 어려워졌으며 인플레이션에 대한 이해가 얼마나 적었는지 알게 되었다고 말했습니다.[196] 세계에서 인플레이션에 대해 가장 잘 알고 있어야 할 그의 입에서 나온 낯선 인플레이션의 요인 중 하나가 에너지 위기였습니다. 그가 일시적이라고 말할 때만 하더라도 백신 개발 이후 세계 산업생산이 활발하며 많은 원자재가 필요했던 때라 누구도 이것이 에너지 위기의 전조라고 생각하지 않았고 WSJ이 그린아웃을, 이코노미스트가 그린 보틀넥을 이야기했을 때에도 일부 지역에 한정된 이야기라고 생각하는 것이 합리적이었습니다. 그러나 2021년 9월 이후 유럽에서 시작된 에너지 위기는 2달 만에 유럽은 물론 미국과 캐나다에도 역대급 물가상승을 야기했고 파월은 일시적이라던 인플레이션 발언을 거둬들여야 했습니다. 낯선 인플레이션은 기존 경제의 법칙을 무너뜨리고 있었는데 앞서 살펴본 것처럼 에너지 비용이 급속도로 증가하면서 제품 생산 비용을 넘어서자 공장은 감산과 셧다운을 하며 공급이 오히려 줄어들고 가격이 오르지만 수요를 맞출 수 없는 방향으로 작동하고 있었습니다. 비용을 제품에 전가하면 이는 고스란히 물가상승으로 연결되면서 전 세계는 30~40년 만의 기록적 인플레이션을 경험하게 되고 생활비 위기에 빠진 국민들은 임금인상을 요구하면서 물가상승을 부추기는 악순환으로 연결되고 있었습니다. 금리인상으로 팬데믹 이후 풀린 유동성을 회수하려고 노력했지만 에너지 위기 이후 재정을 풀고 국민들에게 보조금을 주면서 통화정책과 충돌하는 현상도 발생하고 있었습니다. 원래 영국을 비롯한 유럽은 올해 중으로 보조금 지급을 중단하려 했지만 갈수록 급등하는 에너지 요금과 인플레이션으로 인해 지급기한을 연장하기 시작했습니다. 독일 연방정부는 2022년 9월 소득세 납부자에게 에너지 가격 보조금을 인당 300유로 지급한 데 연금생활자와 학생에도 각각 300유로, 200유로를 지원했고 영국은 가구당 연간 전기·가스요금이 일정 수준(2,500~3,000파운드)을 넘으면 국가가 차액을 보전해 주는 에너지 비용 상한제를 당초 2023년 4월에서 2024년 4월까지로 연장했습니다. 프랑스 역시 2022년 7월 구매력 보호 법안을 제정해 가스 가격 동결과 휘발유 보조금을 지급하고 전기 · 가스요금 인상폭을 15%로 제한했습니다. 일본도 2023년 9월까지 전기와 도시가스 보조금을 월평균 2,700엔 수준으로 지급하기로 하죠.[197] 문제는 여기에 들어가는 막대한 재원입니다. 영국은 3월까지 에너지 보조금으로만 400억 파운드(약 61조 2,909억 원)가 들어갈 것으로 예상하고 있으며 독일은 900억 유로(약 133조 362억 원)를 넘게 지출한 것으로 알려져 있는데 이는 독일이 탈석탄에 사용하기로 한 720억 유로를 훌쩍 뛰어넘는 수준입니다. 게다가 위기가 장기화되면 이 보조금 규모가 눈덩이처럼 불어날 것이고 이는 긴축으로 유동성을 흡수하려는 통화정책과 정면으로 충돌하게 됩니다. 그렇다고 이를 내버려 두면 에너지와 식량을 제대로 공급받지 못하는 빈곤층이 폭발적으로 늘어날 것이고 생계비 위기에 지친 시민들이 표로 심판할 것이었습니다. 이렇게 낯선 위기는 에너지 위기처럼 돈으로도 해결하지 못하는 상황으로 흘러가고 있었습니다.

비슷한 시기 《파이낸셜 타임즈》에서는 지난 30여 년 간의 안정적이고 예측 가능한 매크로 환경이 끝나고 모든 것이 불확실하고 불안정한 새로운 시대가 오고 있다면서 이를 대 격분기(the Great Exasperation)라고 명명합니다. 당시 베테랑 펀드매니저의 내러티브(서사 · 투자전략)가 모조리 박살 나고 있었는데 모두가 팔 때 산다는 것이나 주식시장이 좋지 않을 땐 채권이 좋다는 간단한 일반법칙 역시 이 시기부터 들어맞지 않았는데 블랙록은 새로운 체제의 변동성에 대비해야 한다는 말로 주식과 채권시장 모두의 어려움을 에둘러 설명했습니다.[198] 재생에너지가 기대했던 에너지를 생산하지 못한 이후 화석연료 가격의 변동성만큼이나 투자시장의 변화 또한 갈피를 잡기 힘들어 보였습니다. 전문가들의 예측도 극과 극 그리고 그 중간지점으로 나뉘며 방향성을 잡기 힘든 것처럼 보였습니다. 역대급 인플레이션이 지속되자 2%의 금리로 7%의 물가를 잡기 힘들다며 연준의 공격적 금리인상을 예측하는 전문가가 있는 반면 지나친 금리인상으로 시장이 비틀거릴 경우 연준은 더 이상 금리를 올리지 못할 것이라 예상하는 전문가도 있었습니다. 또는 중간지대에서 기껏해야 1% 정도의 금리인상이 있을 것이며 엄청난 소비자 수요와 임금인상이 인플레의 부작용이니 정책당국이 부양책을 거두는 방향으로 가지 않을까 예상하기도 했습니다.[199] 그러나 세 부류 모두 에너지 위기가 어떤 방식으로 인플레에 영향을 미치고 그것을 낯설게 하는지는 잘 알지 못하는 것처럼 보였습니다. 많은 전문가들은 화석연료와 원자재의 가격 변동에만 관심이 있을 뿐 실제 사람들의 지갑에서 얼마나 많은 돈이 추가로 지출되어야 하는지 무관심한 것처럼 보였습니다. 2022년 1월 야후 파이낸스는 〈사람들의 돈이 바닥나고 있다〉는 기사를 통해 고용이 강력함에도 많은 사람들이 일상적인 청구서에 돈을 지불하는 데 어려움을 겪고 있다고 말했습니다. 마지막 경기부양 보조금은 2021년 상반기에, 긴급 연방 실업수당은 9월-에너지 위기의 시작을 알렸던-에 종료되었고 이후 기록적인 인플레가 이어지면서 사람들의 생활이 궁핍해져 가고 있었죠.[200] 2월 WSJ에서는 40년 만의 인플레이션으로 미국 가정이 월평균 276달러를 동일제품 구매에 추가지출해야 한다고 말했는데 이를 1년으로 환산하면 3,312달러로 미국의 1억 2,400만 가구에 추가지출을 보조금으로 지원한다고 가정하면 한국의 전체외환보유고에 육박하는 4,106억 달러가 들어갑니다. 최단기로 영국 수상을 지냈던 리즈 트러스의 에너지 요금 동결 계획엔 18개월 동안 1,300억 파운드(약 1,465억 유로)가 필요할 것으로 예상되었는데[201] 영국의 넷제로 전략의 전력 분야에 필요한 전체예산은 1,500억~2,700억 파운드(한화 약 243조 5,400억~438조 3,800억 원)로 추산되었습니다.[202] 그러니 넷제로로 야기된 에너지 위기를 겪지 않았다면 2,800억~4,000억 파운드의 돈을 낭비하지 않아도 되었을 것이고 이 돈이 인플레이션을 일으키지도 않았을 것이며 영국의 산업경쟁력 강화와 국민들의 삶의 질 향상에 사용되면서 생활비 위기를 겪지 않았을 것입니다. 스웨덴과 핀란드 역시 에너지 위기에 330억 유로의 구제금융을 책정했고 독일은 탈원전과 탈석탄에 각각 1,600억 유로와 720억 유로를 집행하고 있었습니다. 국가별로 수백조 원 규모의 넷제로 정책이 진행되고 있었지만 에너지 위기를 막지 못했고 다시 수십조 원 규모의 재정과 보조금 지원이 있지만 경제를 일으키고 산업경쟁력이 강화되기는 커녕 시간이 가면 갈수록 인플레와 생활비 위기를 심화시키며 상황 유지를 위해 더 많은 보조금이 필요하게 되는 악순환이 펼쳐지고 있었습니다.

국유화와 시장개입

2022년이 시작하자마자 독일의 유틸리티 기업인 유니퍼는 일시적 증거금 지급에 직면해 은행 신용한도 18억 유로를 완전히 소진하고 100억 유로의 새로운 신용한도에 대한 약정에 서명하게 됩니다. 유니퍼는 2022년과 2023년 도매전력 선물을 50유로 수준으로 헷지했으나 급등한 에너지 요금으로 손실을 입게 되자 대규모 마진콜을 유발하게 됩니다.[203] 게다가 에너지 가격의 변동성이 이전과 달리 매우 커지면서 마진콜 역시 빈번하게 일어나자 더 많은 신용이 필요하게 된 것입니다. 2019년 유니퍼 연간보고서를 보면 18억 유로의 신용한도는 단 한 번도 사용된 적이 없었습니다. 당시 유니퍼 시가총액은 150억 유로였습니다.

영국 트러스 총리가 역사상 최단기로 낙마하게 된 이유 역시 마진콜 때문이었습니다. 에너지 위기와 팬데믹으로 어려워진 경제에 돌파구를 마련하기 위해 감세정책과 에너지 보조금 지급을 추진하기로 선언하자 시장은 재원마련에 대한 의구심으로 영국 파운드화가 급락했고 영국 10년물 채권금리는 4.5%까지 치솟게 됩니다. 국채가격 하락에 따라 영국 연기금이 최소 10억 파운드의 마진콜 요구를 받게 되었는데 이를 72시간 이내에 처리하지 못하면 1조 6천억 파운드(2,464조 원)가 허공으로 사라지게 되는 것이었죠. 결국 유니퍼는 이를 견디지 못하고 7월 구제금융을 받으면서 국유화에 들어가게 됩니다. 독일 정부는 지분 30%를 인수하는 대신 150억 유로를 투입하고 독일재건은행(KfW)은 유니퍼 신용대출한도를 20억 유로에서 80억 유로로 늘렸는데 이 조치로 늘어난 '매일매일 발생하는 대체공급을 포함한 비용'은 모두 소비자가에 전가되는 것이었습니다.[204] 프랑스 전력공사(EDF) 역시 정부지분 84%에서 100%로 늘리는 국유화에 97억 유로(14조 원)을 투입하기로 결정합니다.[205] 전기요금 상한제로 수십억 유로의 손실을 입고 있었지만 정책당국은 이를 소비자에게 전가하지 않았고 더 높은 시장가격으로 전기를 구매했는데 이는 시장시스템에선 일어날 수 없는 일이었습니다.[206] 정부는 화석연료에서 멀어지기 위한 결정이라고 했지만 이미 프랑스 전력 믹스는 70%는 원전이었고 21%가 재생에너지였습니다. 그러니 자신들의 에너지 정책 실패의 결과라고 말할 수는 없었던 것이죠. 일부 전문가들은 이런 상황을 전력시장의 자유화로 벌어진 일이라며 국유화로 공공성을 지켜야 하는 증거라고 주장했지만 이는 사실과 거리가 멀었습니다. 우선 그들의 주장은 코로나19로 수요가 확대되어 에너지 가격이 상승했고 전쟁으로 이것이 장기화되어 에너지 위기가 찾아왔으며 각국 정부가 국유화로 소비자를 보호하기 때문에 한국도 이를 고려해야 한다고 했는데 앞서 살펴본 바와 같이 위기는 잘못된 에너지 정책으로 에너지 부족으로 일어난 것이었고 이것이 모든 산업에 전이되면서 기록적 인플레이션이 일어났으며 국유화를 했지만 높은 에너지 요금은 소비자에게 전가되었기 때문입니다.

오히려 유럽에서 벌어지는 일들은 한국전력이 겪고 있는 일과 유사하기 때문에 국유화보다는 한전화라는 말이 더 어울립니다. 급등한 에너지 요금을 소비자에게 전가하지 않고 부채로 막다가 더 이상 버티기 힘들어지자 시장에 맡겨두었다가는 파산이 일어나 전력공급을 제대로 할 수 없게 되니 국가가 나서서 지분을 인수하고 구제금융으로 급한 불을 끈 뒤 높은 에너지 비용을 소비자에게 전가하는 경로를 밟는 것은 찬양이 아니라 비판의 대상이 되어야 하죠. 구체적 내용 역시 진정한 국유화와 거리가 멀었습니다. 유럽 연합 집행위원회는 이번 국유화 조치가 경쟁 왜곡을 제한하기 위해 필요한 안전장치를 유지하면서 우크라이나에 대한 러시아의 침략 전쟁과 그에 따른 가스 공급 중단으로 인한 예외적인 상황에서 유니퍼 재무 상태와 유동성을 회복하는 것을 목표로 한다고 명시했고 독일은 늦어도 2028년 말까지 유니퍼 지분을 25%+1주 이하로 줄이는 것을 목표로 2023년 말까지 신뢰할 수 있는 출구 전략을 마련하기로 약속했습니다. 또한 2026년 말까지 유니퍼는 장기적 생존 가능성을 보장하는 데 꼭 필요한 경우가 아니면 다른 기업 지분을 매입할 수 없고 경쟁 유지를 위해 유니퍼는 독일 다텔른 4(Datteln IV) 신규 석탄발전소와 헝가리 고뉴(Gonyu) 가스발전소를 포함한 사업 일부를 매각해야 하며 가스저장 및 파이프라인 용량 일부를 경쟁사에 공개해야 합니다.[207] 그러니 국유화는 일시적 어려움을 위한 국가 개입일뿐 경쟁시장의 틀은 엄격히 유지되는 것입니다.

유럽의 시장개입은 에너지 부족을 완화시키기보다는 자신들의 정책실수를 가리기 위한 용도로 사용되기도 했습니다. 애초 에너지 위기 초입에 연료 가격 급등으로 유럽 탄소배출권 거래제도에 대한 비난이 있을 때만 해도 석탄발전을 가동하는 것이 이익이란 시그널을 시장이 주는 것은 단기적 유연성의 문제라며 시장을 비난해선 안 된다고 했지만[208] 갈수록 에너지 시장 시스템이 꼬여가자 결국 시장에 개입하지 않을 수 없게 되었습니다. 우르줄라 폰 데어 라이엔 집행위원장은 급등하는 전력 가격으로 시장 설계에 한계점이 드러났다면서 전력 가격 상한제부터 보조금까지 EU 차원에서 개입할 수 있는 모든 카드를 만지작거리기 시작했지만 이들은 공급을 늘리겠다는 근본적인 대책 대신 가격을 억제하기 위한 정책에 집중하고 있었습니다.[209] 또한 앞서 살펴본 가격 변동성으로 인한 마진콜이 문제가 되자 변동성과 재생에너지, 원전의 발전수익을 제한하고 화석연료기업의 추가이익에 '일시적' 세금을 부과하는 조치들을 강구합니다. 소비자는 반강제적인 에너지절감을 촉구함과 동시에 기업에는 페널티를 부여해 이익을 제한하지만 해당 산업의 투자행동에 영향을 미치지 않을 것이라는 친절한 설명도 덧붙입니다.[210]

에너지 위기의 교훈

2023년 시장은 꽤나 성급한 모습을 자주 보여주고 있습니다. 파월의 발언에 약간의 온화함만 보여도 이것이 금리인하의 신호라며 멋대로 해석하다 다시 발언이 강해지면 시무룩해지기를 반복하고 있습니다. 그러나 그의 발언은 최근이 아니라 2022년부터 지속적으로 금리인상을 이야기하고 있었습니다. 전문가적 통찰이 아니더라도 누구나가 금리를 인하해야 할 시점이 왔다는 명확한 증거가 나오지 않는 이상 그의 입에서 다른 이야기가 나올 가능성은 크지 않습니다. 에너지 시장에서도 이와 유사한 조급함이 보이고 있습니다. 화석연료 가격이 전쟁 이전 수준에 근접하면서 에너지 위기가 해소되었다거나 푸틴의 에너지 전쟁이 실패했다는 기사들이 나오고 있습니다. 스타 트레이더인 피에르 앙뒤랑(Pierre Andurand)은 전쟁 이전 수준으로 복귀한 천연가스 가격과 인플레이션과 금리상승 우려가 줄어들었으며 유럽은 러시아 가스 없이 생활하는 데 익숙해졌다고 주장했습니다.[211] 물론 그는 화석연료 가격의 변동성이 크다는 점 또한 인정했습니다. 하지만 그가 적응했다던 유럽의 에너지집약산업은 공장 가동 중단과 감산에 적응 중이었으며 가능하면 해외이전을 모색하고 있었고 시민들은 지속적으로 올라가는 에너지 가격과 인플레이션에 항의하고 있었습니다. 위기가 사라질 것이지만 변동성이 크다는 말을 쉬운 문장으로 고치면 '모른다'가 될 것입니다. 2023년 한국경제를 예측하는 대부분의 전문가들 역시 상반기가 가장 어두운 터널이 되겠지만 하반기에 완화된다는 의견들이 주를 이루었습니다. 그리고 마지막 단서는 변수가 너무 많다는 것이 었죠. 그러니 보수적으로 봐도 방향성은 있지만 읽어내기 어렵다가 될 것입니다.

에너지 위기의 원인을 알기 위해선 여러 차례 반복적으로 말씀드렸던 2021년 9월로 되돌아가야 합니다. 그리고 그 이전에 반복되었던 신호들을 하나의 맥락으로 이어내면 보이지 않던 것들이 보이기 시작합니다. 위기 이전의 각 지역에서 발생했던 정전은 재생에너지의 변동성을 잡아내지 못해서가 아니라 '재생에너지가 전력을 제대로 생산하지 못했을 때 이를 대체할 발전원이 언제나 가동할 수 있도록 시스템을 만들었는가'였고 여기에 모두 실패했기 때문입니다. 캘리포니아와 텍사스의 반복된 정전엔 재생에너지가 전력을 생산하지 못했을 때 이를 보완할 천연가스발전소가 운영·유지 보수 소홀로 장기간 방치되어 있었다는 점입니다. 이들이 제대로 운영하려면 막대한 비용이 들어가는데 이럴 경우 아예 천연가스발전소를 상시 운영하는 편이 더 나은 선택입니다. 결국 백업발전소 운영에 필요한 최소수익을 낼 수 있도록 만들어야 하는데 이는 필연적으로 재생에너지 발전비중을 줄이게 됩니다. 그러나 지금까지 세계는 후자가 아닌 전자를 선택했고 폭염과 한파라는 비상시기에 이 발전소가 제대로 가동이 되지 않고 잦은 고장·정지를 일으키면서 에너지 위기가 심화된 것이죠.

다음으로는 전력시스템은 언제나 비상시를 가정해야 한다는 점입니다. 앞서 살펴본 스웨덴의 정전은 재생에너지가 비상시에도 안정적인 전력공급을 해줄 것이라는 가정하에 링할스 원전 2기를 폐쇄한 데 따른 것입니다. 캘리포니아와 텍사스의 정전 역시 폭염과 한파라는 비상시에 재생에너지가 기대했던 전력을 반복적으로 생산하지 못한 반면 이를 대신할 전력생산원이 없었기 때문에 발생한 일입니다. 저장장치를 비롯해 많은 대안들을 이야기하지만 당장 사용할 수 없었기 때문에 유럽을 비롯한 많은 국가들이 기존의 화석연료로 되돌아간 것이죠. 그렇게 스웨덴은 에너지 부족을 자국의 석유발전과 주변국의 석탄발전으로 메꿨고 독일은 갈탄발전소를 재가동해 위기를 넘겼으며 미국의 뉴잉글랜드주는 한파에 반복적으로 석유발전이 가장 많은 전력을 생산했던 것입니다. 이것이 일시적이라면 다시 친환경 에너지로 돌아가겠지만 구조적이라고 판단한다면 원전과 석탄이 다시 비중 있는 에너지원으로 편입될 수밖에 없게 됩니다. 여기서부터 문제는 복잡해지기 시작하는데 그동안 석탄과 천연가스 비중을 줄였기 때문에 연료공급계약도 장기계약보다 현물시장에서 조달하는 비중이 늘어나고 있었다는 것입니다. 저유가와 공급과잉 시대엔 이것이 합리적인 방법이었으나 에너지 위기라는 비상시엔 에너지 가격 급등에도 물량을 제대로 구하기 어려운 상황으로 급변하게 됩니다. 따라서 유럽은 우크라이나 전쟁이 발발하자마자 그들의 말과 다르게 러시아 천연가스 장기공급계약을 최대한 신청하게 된 것이죠.

에너지 위기로 전 세계는 에너지 안보가 의사결정의 우선순위가 되었습니다. 이는 에너지의 안정적 공급이 다른 어떤 것보다 중요하다는 말과 같습니다. 그러므로 여기에 기여할 수 있는 모든 에너지원이 비상시에도 언제나 공급 가능하도록 시스템을 구축하는 것이 무엇보다 중요합니다. 특수한 상황이긴 하나 일본의 경우 팬데믹 이후로 지속적인 전력공급의 타이트함을 경험하고 있는데 앞서 본 것처럼 1968년 지어진 노후석탄화력발전이 정전의 위험에서 일본을 구했던 점을 고려하지 않을 수 없습니다. 원전이 에너지 믹스에서 사라진 이후 일본의 기저전력은 천연가스와 함께 석탄발전이었습니다. 그러나 탄소중립으로 천연가스를 브리지 연료로 사용하고 재생에너지가 에너지공급의 우선순위로 자리 잡으면서 상대적으로 석탄발전 가동이 어려워졌고 이것이 누적되자 비상시 전력공급에 석탄이 백업발전으로 제 역할을 하지 못했습니다. 한국도 2021년 7월 27일 전력수요가 몰리면서 전국에 설치된 석탄발전소 58기 가운데 1기를 제외한 57기가 전력을 생산했는데 정책당국은 영구폐지한 석탄발전소 재가동까지 검토할 정도였습니다.[212] 이는 반대로 이야기하면 많은 국가들이 폐지하려고 했던 전력공급원이 에너지 안보 시대에 재평가를 받아야 한다는 말과 같습니다. 일본은 에너지 믹스에 별 변화가 없다면 다카사고 발전소를 60년 가까이 운영해야 하며 한국 역시 설비까지 들어내려 했던 석탄발전소의 활용방안에 대해 고민해야 함을 의미합니다. 실제로 일본은 에너지 위기 이전부터 에너지 백서에 화력발전은 CO_2를 많이 배출하지만 안정적이고 큰 공급력을 가지며 변동성을 조정하는 능력과 계통의 돌발 변수에도 주파수를 유지해 광역정전을 막는 중요한 역할을 하고 있으며 향후 탈탄소 국면에서도 수소, 암모니아, CCUS의 기술과 접목해 사용할 수 있다고 명시했습니다.[213] 2022년 에너지 백서에선 세계 에너지 위기가 화석연료 투자 정체와 함께 탈탄소 흐름으로 공급 부족이 심화되었으며 풍력 등 재생에너지가 기대했던 전력을 생산하지 못한 것이 원인이라 적시했고 이것이 천연가스 의존도가 높아지는 반면 가스 재고 부족으로 화석연료 가격 급등으로 이어졌다고 밝히고 있습니다.[214] 일본 에너지 당국의 이런 명확한 현실인식은 COP26에서 석탄발전 감축에 서명하지 않았고 전쟁 이후에도 러시아 천연가스를 들여오는 에너지 안보의 실질적 행동으로 연결되었습니다. 일본의 에너지 전문가들은 향후 에너지 안보와 안정공급을 확보하는 데 있어서 지정학 리스크를 고려해야 한다고 주장했는데 이는 다양한 공급원으로부터 화석연료의 안정적 확보를 의미하는 것이었습니다. 왜냐하면 우크라이나 전쟁으로 에너지 안보가 중요해지면서 이를 어떻게 달성해야 하는지에 대한 논의는 기존의 탄소중립 정책의 전면 재점검을 뜻하는 것이기 때문입니다.[215] 반면 한국의 적지 않은 에너지 전문가들은 현재의 에너지 위기가 일시적이며 향후 화석연료 가격이 안정되면 다시 탄소중립과 에너지전환으로 돌아갈 것이기 때문에 지금의 에너지전환정책을 그대로 가져가야 한다는 주장을 하고 있습니다. 심지어는 에너지 위기 이전의 탄소중립이 미래이며 생존이라고 말하기까지 하고 있습니다. 이는 전 세계 국가들이 현재 에너지 위기를 극복하기 위해 에너지정책 전반을 재점검하고 의사결정 순위를 에너지 안보에 맞추는 것과 정반대의 행보이며 결과적으로 한국의 에너지 위기를 가중시키는 결과로 작용할 것입니다.

이번 에너지 위기는 단순히 에너지 산업에만 영향을 미치지 않고 전체 산업과 모든 경제주체에 견디기 어려운 충격을 지속적으로 줄 수 있다는 사실이 증명되었습니다. 2021년 시작된 에너지 위기가 제일 먼저 영향을 준 것은 비료와 식품 밸류체인이었고 에너지 비용과 식품 가격의 상승은 역대급 인플레이션으로 연결되었습니다. 모든 것의 공급이 부족하고 가격이 올라간다는 분자 위기는 이미 전쟁 이전부터 시작되고 있었습니다. 2022년이 시작되면서 세계 각국의 시민들은 생계비 위기가 진행되고 있었으며 러시아의 우크라이나 침공은 위기를 더욱 심화시키는 요인이 되었습니다. 자원부국과 곡물 수출국은 자국의 자원 수출을 제한하거나 금지했으며 역대급 폭염과 함께 세계 경제를 끌어내리고 있었습니다. 임금상승이 물가상승에 턱없이 모자란 시민들은 2023년에도 거리에 나와 시위를 하고 있으며 급등한 에너지 요금과 탄소 가격으로 유럽의 공장은 제품 가격 상승에도 공장 문을 닫아야 했는데 누적된 위기가 온화한 겨울과 화석연료 가격 하락에도 해소되지 않았기 때문입니다. 한국에 요소수 대란이 일어났을 때 한 방송에선 싱하이밍 주한중국대사에게 중국이 요소수를 공급해 줄 수 있냐고 여러 차례 질의했는데 중국의 요소는 석탄과 천연가스가 원료이며 중국의 안정적 전력공급을 바탕으로 합니다. 싱하이밍 대사는 요소수 문제를 전혀 몰랐다고 했지만 한국의 요소수 부족의 원인이 된 중국의 비료품목 수출규제는 2021년 6월부터 있었습니다. 하지만 이것이 거대한 에너지 위기의 한 일부분이라는 사실을 지적하는 곳은 거의 없었고 그 시기가 한창 에너지 위기라고 말하는 전문가도 많지 않았습니다. 유럽이 에너지 위기에서도 천연가스 재고를 비축하고 표면적으로 잘 이겨내고 있는 이유는 기업들의 자의 반 타의 반 공장 가동 중단에 기인한다는 사실을 잊어선 안 됩니다. 이것이 장기화되면 유럽의 일자리는 점차 사라지게 되고 기업들은 높은 에너지 비용과 탄소 가격을 견디지 못하고 공장문을 닫거나 해외이전을 고려해야 합니다. 이는 유럽의 산업 경쟁력을 점차 갉아먹게 되는데 천연가스와 탄소 가격 차트엔 보이지 않는 현실입니다. 따라서 유럽의 탄소국경세는 비록 그것이 미국과 중국기업을 견제해 블록의 산업경쟁력을 보호하는 의도가 있다 하더라도 제일 먼저 자국 산업을 죽이는 결과로 자리매김하게 될 것이며 유럽에 있어 중요한 시장인 미국과 중국의 보복조치로 유럽기업에 또 다른 타격이 될 것입니다. 이런 자국 우선주의의 최대 피해자는 높은 에너지 비용과 물가상승으로 힘들어하는 유럽 시민들이 될 것이며 이를 견디지 못한 시민들은 정권교체로 화답할 것입니다. 문제는 그렇게 교체된 유럽 정권이 지금까지 친러세력이면서 극우정권이라는 사실입니다. 이는 좋게 보아도 중국과 러시아의 영향권이 유럽에 퍼지는 것이고 나쁘게 생각하면 포퓰리즘 정책으로 에너지와 경제사정이 더욱 악화될 가능성이 높아진다는 것입니다. 에너지 위기가 경제와 금융위기를 거쳐 정치와 민주주의의 위기로 연결될 수 있다는 점을 유럽이 몸소 보여주고 있는 것이죠. 에너지 위기가 단순히 전기와 난방을 잘 사용하지 못하는 것에서 끝나는 것이 아니기에 에너지의 공급을 늘리는 방안과 더불어 물가안정을 위한 통화와 재정정책·보조금의 균형점을 찾는 것이 필요하며 에너지 요금을 현실화하면서도 이것이 민심의 이탈로 이어지지 않도록 하는 초당적 협력으로 위기를 하루빨리 극복해야 하는 것이 무엇보다 중요합니다. 이 위기는 여야와 좌우를 가리지 않고 충격을 주기 때문입니다.

이번 위기는 에너지 믹스의 균형이 왜 필요한지를 역설적으로 보여주고 있습니다. 어느 한쪽에 치우친 에너지 믹스에 문제가 발생하면 이를 대체할 다른 에너지원의 부족으로 오히려 다른 국가보다 더 큰 위기를 맞이했습니다. 수력발전이 94%인 노르웨이는 역대급 가뭄으로 인한 저수량 부족으로 전력 가격이 5배가 올랐는데 유럽 지역의 저렴한 녹색 배터리가 되겠다는 국가 목표는 에너지 위기와 함께 산산조각이 났습니다.[216] 프랑스는 원전 발전비중이 70%임에도 후쿠시마 원전 사고 이후 탈원전을 진행하면서 원전 밸류체인이 붕괴한 결과 에너지 위기에서 유럽 지역 중 가장 전력 가격 상승 폭이 치솟은 국가가 되었고 기저발전을 보유하고 있었음에도 원전의 유지 보수가 제대로 되지 못해 잦은 고장·정지로 원전 전력생산량이 떨어지면서 주변국에서 전력을 수입하는 지경에 이르렀습니다. 더럽다는 석탄발전을 다수 보유하고 있던 독일은 에너지 위기에서 기꺼이 이산화탄소가 많이 배출되는 갈탄발전소를 돌려 프랑스보다 상대적으로 낮은 가격에 전력을 생산할 수 있었지만 경제침체와 물가상승을 막지는 못했습니다. 반면 한국은 원전과 석탄 천연가스의 균형 잡힌 비중과 유럽에 비해 상대적으로 낮은 재생에너지 비중으로 인해 유럽과 같은 위기를 넘길 수 있었지만 대부분의 연료를 수입해야 하기 때문에 원료가격이 급등해 에너지 비용과 물가상승까지 막지는 못했습니다. 기후변화가 문제라지만 이번 에너지 위기는 역설적으로 기후에 상대적으로 영향을 덜 받는 에너지원이 필요함을 보여주었습니다. 그것이 깨끗하냐 아니냐는 위기상황에서 별로 중요하지 않았습니다. 유럽은 석탄발전은 물론이고 쓰레기와 말똥까지 태우고 있었고 미국 역시 석탄은 물론이고 석유발전까지 가동해 위기를 넘겼습니다.

　다만 이번 위기는 우리만 균형 잡힌 에너지 믹스를 가지고 있다고 해서 위기에서 벗어날 수 있는 것이 아니란 점을 깨우쳐 줬다는 것입니다. 앞서 말씀드린 한국의 경우 유럽처럼 재생에너지 비중을 늘리고 원전과 석탄설비를 들어내지 않았음에도 연료의 대부분을 수입하다 보니 유럽의 에너지 부족으로 인한 에너지 비용 급등과 분자 위기의 타격이 시차를 두고 타격을 주었습니다. 한국이 균형 잡힌 에너지 믹스를 가져가고 에너지 요금을 현실화하고 국내의 왜곡된 시장요소를 내일 모두 해소한다고 하더라도 전기와 가스요금은 계속 올라갈 것입니다. 에너지 위기의 근본원인이 우리가 아닌 유럽과 서구 선진국들에게 있기 때문입니다. 에너지 위기는 영국과 스코틀랜드의 풍력발전이 멈추면서 시작되었고 에너지 부족을 화석연료로 메꾸면서 모든 것의 가격이 올라갔다는 점을 잊어서는 안 됩니다. 이들의 잘못된 에너지정책으로 개도국과 빈곤국들은 연료가 부족하고 감당하기 힘들 정도로 가격이 올라가자 발전소 운영 중단을 선택하게 됩니다. 이는 그들의 핵심산업 또한 타격을 받는다는 말과 같습니다. 또한 글로벌 물가상승의 영향도 그대로 받게 되는데 선진국들은 비싼 물가에 투덜거리는 정도지만 개도국과 빈곤국은 생존의 문제와 결부됩니다. 하지만 글로벌 에너지 위기를 해결하려는 유럽의 선택은 자원부국의 화석연료를 에너지 전환정책의 예외로 두면서 가져가면서도 이들에게 필요한 화석연료 프로젝트에 대한 자금지원은 꺼리고 있으며 자신들은 이 위기를 재생에너지 비중을 높여 해결하려 하고 있습니다. 이런 잘못된 에너지 정책이 지속되는 한 전 세계는 다시 2021년 9월의 위기를 한동안 반복하게 될 것입니다.

유럽과 선진국들이 어떤 에너지정책을 펼칠지 아직은 명확하게 알기 어렵습니다. 다만 이들이 위기에서 벗어나고 싶어한다는 점은 확실합니다. 그러나 이들은 에너지 믹스에 원전을 담으면서도 여전히 자신들의 넷제로 정책을 포기하지 않고 있습니다. 바이든 정권은 아직 미국은 최소 10년 정도 석유와 가스가 필요하다고 말했습니다. 그와 동시에 제조업 일자리 데이터를 강조하며 "미국의 1,300만 명 제조업 근로자는 2001년 1,700만 명에 비해 아직 적자"라고 지적했습니다.[217] 에너지 산업이 일자리와 밀접한 관련이 있다는 사실을 코로나 이후 전 세계가 명백히 보여주었는데 앞에서 살펴본 것처럼 화석연료산업에 더 많은 지원을 정책당국이 했기 때문입니다. 대니얼 예긴은 WSJ 칼럼에서 향후 화석연료에 의존하는 시대가 끝나더라도 미국의 석유와 가스 산업이 창출하는 1,000만 개 이상의 일자리를 대체하는 문제가 중요하다고 주장했는데 팬데믹 이전 기준 87조 달러(10경 2,000조 원)에 달하는 세계 경제의 84%를 화석연료가 떠받치고 있었기 때문입니다.[218] 코로나 이전과 이후 유일하게 똑같이 중요한 점은 경기침체를 대비한 양질의 일자리를 사수하는 것입니다. 그러나 화석연료와 재생에너지 산업에서 파생되는 일자리의 양과 질은 전자가 압도적입니다.

2009년 6월 대침체기가 막을 내리고 2019년이 되기 전까지, 석유와 천연가스 채굴에 대한 순 고정 투자는 미국 산업 분야에 대한 전체 투자액의 3분의 2 이상을 점했다. 또 다른 통계를 보면 대침체기가 끝난 후 석유와 천연가스의 생산증가는 미국 산업 생산의 누적 성장에서 절반 이상을 차지했다.

현실적으로 말하자면 이는 결국 급여 지급을 통해 돈이 미국 전역으로 흘러들었다는 뜻이기도 하다. **셰일 혁명을 통해 만들어진 일자리는 2019년 무렵에 이미 280만 개가 넘었다.** 석유와 천연가스 개발지는 물론이고 관련 설비와 차량, 수송관 등을 만드는 미국 중서부 제조업체들, 그리고 전산 작업을 처리하는 캘리포니아 등지에서 일자리가 만들어졌다. 그와 더불어 자동차 판매나 부동산 관련 등 개인의 늘어난 소득 혹은 지출과 연관된 일자리도 증가했다.

뉴욕주는 환경 운동가들과 정치가들이 힘을 합쳐 수압파쇄법 사용을 금지시켰고, 펜실베니아의 마셀러스에서 뉴잉글랜드로 값싼 천연가스를 들여올 수 있는 새 가스관의 건설도 막았다. 이런 뉴욕주였음에도 다른 주에서의 셰일 관련 사업을 지원하기 위한 일자리가 이곳에서만 5만 개 이상 만들어졌던 것이다.

대니얼 예긴, 『뉴맵』 – 「미국의 새로운 지도」

앞서 살펴본 재생에너지를 비롯한 전기차 산업 등 친환경 산업은 기본적으로 일자리가 줄어드는 것을 알 수 있습니다. 에너지 집약산업에 기존 공정 대신 수소나 전기화로 대체하는 것 역시 일자리를 줄이는 요소입니다. 결과적으로 에너지전환은 확실한 양질의 일자리를 불확실하고 소득이 일정치 않은 일자리로 대체하는 과정이며 기존 산업만큼 일자리가 늘지 않기 때문에 최소 절반 이상이 재생에너지 실업자로 전락하게 됩니다. 독일이 100% 전기차를 포기하고 내연기관차산업으로 돌아간 이유가 여기에 있는 것이죠. 에너지전환은 이렇듯 단순히 재생에너지 비중을 높이는 데서 끝나는 것이 아니라 불안정한 에너지 수급으로 인한 에너지 안보 약화, 분자 위기로 인한 물가불안과 국민들의 생계비 위기, 산업경쟁력 상실로 인한 경제침체와 일자리 감소와 같은 우리 삶에 떼려야 뗄 수 없는 현실의 고통까지 감수해야 한다는 말과 같습니다. 그리고 많은 선진국들은 기존 산업으로의 복귀로 답했습니다. 물론 이 과정에서 기후악당이라 비난하던 한국보다 몇 배는 더한 이산화탄소를 배출했고 머니게임으로 천연가스와 석탄을 긁어모았지만 그 누구도 이들을 기후악당으로 부르지 않았습니다. 재생에너지를 늘리다 다시 화석연료로 후퇴하면서 더 많은 이산화탄소를 배출하는 일을 반복하는 것이 아니라 모든 것의 탄소중립을 추구하는 것이 더 옳은 방법 아닐까요.

마지막으로 균등화 비용과 좌초자산에 대해 다시 생각해 볼 수 있는 기회가 되었다는 점입니다. 많은 전문가들이 재생에너지의 전력생산 가격이 화석연료와 동일하게 되는 지점을 이야기하며 경쟁력이 있다고 이야기하지만 이는 사실과 다릅니다. 재생에너지 전력생산 가격에는 예상치 못한 수요 급증을 충족하는 데 필요한 생태계 비용이 포함되며, 증가하는 재생에너지에 수반되는 백업화력발전, 저장 용량 및 새로운 송전망이 필요한 재생에너지 그리드 전체 비용을 통합하지 않기 때문에 실제 비용은 더 늘어나게 됩니다.[219] 앞서 살펴보았던 캘리포니아와 텍사스, 스웨덴의 정전을 보면 전력 부족으로 천연가스발전을 돌려야 했고 주변국에서 몇 배의 돈을 더 주고 비싼 전기를 수입해 와야 했습니다. 20~40유로의 도매전력 가격이 이번 에너지 위기에서 급등했고 수입 첨두부하 전력 가격은 1만 유로를 훌쩍 넘었습니다. 이 리스크 비용까지 합산할 경우 균등화 비용은커녕 엄청난 사회적 손실을 야기하게 됩니다. 때문에 JP모건에서는 재생에너지 비중이 높은 국가들의 전력요금이 높다는 것을 예로 들면서 균등화 비용의 무의미함을 역설했죠.

균등화 비용과 연관된 개념이 좌초자산이었습니다. 재생에너지가 보다 저렴한 전기를 생산할 수 있으니 기존 화석연료발전소는 좌초자산이 되기 때문에 여기에 투자하지 말고 재생에너지에 투자하는 것이 낫다는 것이죠. 그러나 균등화 비용이 실제 저렴하지도 안정적이지도 않은 전력공급으로 에너지 안보는 물론 경제와 국민들에 끼친 피해는 비용 비교가 무의미할 만큼 어마어마했습니다. 그나마 화석연료는 그들의 이론에 의하면 비싸더라도 안정적인 전력을 생산하는 자산인 반면 폭염과 한파와 같은 정말 국민들이 필요로 할 때 전력을 생산하지 못하며 오히려 대체에너지원의 전력생산마저 방해하는 실질 좌초자산이라는 점입니다. 전자의 경우 탄소저감설비와 기술개발로 저렴하면서 탄소중립에도 기여할 수 있는 기저발전원으로 활용할 수 있는 반면 재생에너지의 경우 백업 전원이 없을 경우 폭염과 한파에 전력생산에 기여하지 못하고 이로 인한 에너지 빈곤층의 사망에 즉시적이고 직접적인 타격을 가합니다. 이번 겨울이 추웠다면 유럽 지역의 노년층 사망은 10만 명에 달했을 것이라는 분석이 있었는데 이는 에너지 부족과 직접적 연관이 있습니다.

단순히 특정 에너지원의 비중을 줄이고 늘리는 것만으로 세상이 친환경으로 순조롭게 전환될 것이라는 꿈은 에너지 위기로 인해 처참하게 부서졌습니다. 아직 위기는 현재진행형이고 많은 전문가들은 10년의 위기라고 말하고 있습니다. 여기서 한국은 물론이고 전 세계가 교훈을 얻지 못한다면 이 위기는 반복될 것이고 점점 심각해질 것입니다. 재생에너지는 먼 미래에 중요한 에너지원으로 자리매김할 것입니다. 허나 지금과 같은 방법으로는 그 미래에 가보기도 전에 인류가 커다란 위험에 빠질 것이며 궁극적으로 많은 사람들이 재생에너지에 대한 환멸과 혐오에 빠질 것입니다. 이는 미래 에너지 산업에도 그들 자신에게도 좋지 않은 결과로 이어질 것입니다.

에너지전환은 필요하지만 가는 길은 우리 삶과 직접적으로 연관된 많은 부분들이 어떤 영향을 받는지 세심하게 살피고 피해를 최소화하는 방향으로 설계해야 합니다. 무모한 목표를 던지고 앞뒤 재지 않고 뛰어들어 속도전을 펼친 결과라기엔 지금 세계가 겪고 있는 위기가 너무 크고 날카롭습니다.

ESG – 선의로
포장된 지옥도

ESG 대세

ESG는 Environment(환경), Social(사회), Governance(지배구조)의 머리글자를 딴 단어로 기업 활동에 친환경, 사회적 책임 경영, 지배구조 개선 등 투명 경영을 고려해야 지속가능한 발전을 할 수 있다는 철학을 담고 있으며 기업 경영에서 지속가능성을 달성하기 위한 세 가지 핵심 요소라고 말하고 있습니다. 과거에는 기업을 평가함에 있어서 '얼마를 투자해서, 얼마를 벌었는가?' 중심으로 '재무적'인 정량 지표가 기준이었지만 기후변화 등 최근 기업이 사회에 미치는 영향력이 증가하며 '비재무적'인 지표가 기업의 실질적인 가치평가에 있어서 더 중요할 수 있다는 인식이 퍼짐에 따라 기업들도 사회적 책임을 중요시해야 한다는 것이죠. 그러나 실제 이를 기업에서 어떻게 적용해야 할지 현장에선 난감해했습니다. ESG 이전엔 지속가능경영이 화두였습니다. 기업이 경제적 성장과 더불어 사회에 공헌하고 환경문제에 기여하는 가치를 창출하여 다양한 이해관계자의 기대에 부응함으로써 기업가치와 기업경쟁력을 높여 지속적인 성장을 꾀하는 경영활동을 의미한다고 되어있는데 기본적인 개념은 크게 다르지 않지만 굳이 이들을 구분하자면 좀 더 엄격한 지침이라고 해야 하겠죠. ESG가 가장 강력한 무역제재 수단이 될 것이란 말에 흔들리지 않을 기업은 없습니다. 더구나 해외고객이 해당 기업의 협력업체까지 ESG 준수 여부를 확인한다면 어떻게 될까요. 2022년 2월 23일, EU 집행위는 지속가능성을 기업의 생산활동에 투영하기 위해 공급망 전반에 걸쳐 실사를 의무화하는 지침 초안(directive on corporate sustainability due diligence)을 발표했습니다. 공급망 실사는 기업이 전체 공급망에 연결된 납품·협력기업의 인권과 환경에 대한 침해 여부를 조사 후 문제 발견 시 시정하고 해당 내용을 공시하는 제도인데 서로 다른 기준으로 일원화해야 할 필요는 있지만 시행된다면 기업 매출에 비례한 과징금부터 더 엄격할 경우 고객사를 잃어버릴 수도 있다는 우려가 확산되기 시작했습니다.[220] 그런데 실제 업무에 적용해야 할 사람들은 ESG를 어려워했습니다. 정확히 말하면 머리로는 이해했는데 가슴으로는 그렇지 못했다는 표현이 더 적절할 것 같습니다. 환경, 사회, 지배구조라는 가치와 사명을 이행하기 위해서 기업은 추가적인 비용을 들여 이를 준수해야 합니다. 그러므로 이전보다 더 낮은 수익을 거둘 수밖에 없습니다. 그렇다면 '추가수익'은 어디서 메꿔야 할 것인지 궁금해했죠.

"기후변화에 제대로 대응하지 못하는 기업에는 투자하지 않겠다" 2020년 1월 세계 최대 자산운용사 블랙록의 래리 핑크 회장은 자신이 투자한 경영진들에게 이런 내용을 담은 편지를 보냅니다. 한발 더 나아가 ESG 경영실적을 공개하지 않으면 투자금도 회수할 수 있다고 언급하면서 '비재무적' ESG 경영을 사실상 압박하게 됩니다. 투자를 강제하는 사실상의 무역장벽으로만 읽힐 수 있다면 이해는 빠르게 되겠지만 기업들의 반발이 만만치 않을 것입니다. 여기엔 분명한 수익 인센티브도 같이 따라와야만 했습니다.

> 2020년 한 해 동안 더 나은 ESG(환경, 사회, 거버넌스) 프로파일을 지니고 목적을 가진 기업이 동종 여타 기업보다 얼마나 좋은 성과를 거둘 수 있는지 똑똑히 확인했습니다. 2020년에는 세계적으로 잘 알려진 지속가능성 지수 그룹의 81%가 각각의 상위(parent)벤치마크보다 높은 수익률을 거뒀습니다. 이와 같은 초과성과는 1분기의 경기후퇴 시기에 더욱 두드러졌습니다. 또한, 더 광범위하며 다양한 지속가능성 투자는 2020년에 목격한 것처럼 이 펀드들에 대한 투자자의 관심을 계속해서 끌어올릴 것입니다.
>
> 하지만 이것이 전부가 아닙니다. ESG 프로파일이 더 우수한 기업이 "지속가능성 프리미엄"을 누리며, 다른 기업보다 좋은 성과를 내고 있습니다.[221]

래리 핑크는 ESG를 사업목적에 분명히 하고 이를 실천하는 기업이 그렇지 않은 기업보다 더 좋은 성과를 거두고 있으며 특히 경기 후퇴 시에 더욱 두드러졌다고 주장했습니다. 여기에 더해 지속가능성 프리미엄까지 누릴 수 있다니 더 주저할 이유도 없었죠. 세계적인 자산운용사들이 모두 기업에 압박을 가하고 있지만 그것이 결국 기업의 수익으로 연결될 수 있다는 말에 하나둘 ESG 진영으로 넘어오기 시작했고 어느덧 작은 움직임은 넷제로와 같이 광풍이 되었습니다.

하지만 일부에서는 현실적인 접근이 필요하다는 의견도 나왔습니다.

감염병 대유행은 지구 온난화 이슈를 다시 한번 촉진시키는 계기가 되었습니다. 한편으로, 기업 공급망과 사회에서의 역할에 대한 이해가 높아짐에 따라 사람들은 이제 지속가능성이 곧 공급망 문제라는 것을 깨닫고 있습니다. 따라서 기업들이 얼마나 잘하고 있는지 판단하려면 전체 공급망을 점검해야 합니다.

친환경을 외치지만 사실 지속가능성을 명분으로 제품에 더 많은 돈을 지불하거나 생활 수준을 낮추려는 소비자는 사실 거의 없습니다. 결과적으로 기업은 비즈니스의 근본적인 변화에 투자할 수 없고 정부는 의미 있는 변화를 강요할 수 없습니다.[222]

요시 셰피 교수의 『밸런싱 그린』을 보면 지속가능성이 공급망 문제임과 동시에 이를 명분으로 제품에 더 많은 돈을 지불하거나 생활수준을 낮추려는 소비자는 없다고 말하고 있습니다. 에너지전환과 ESG 모두 공급자 관점에 치중해 설명하고 있지만 결국 이를 실천하고 기업에 수익을 안겨다 주는 경제주체는 소비자입니다. 아무리 기업이 ESG를 실천해도 소비자가 움직이지 않으면 목표달성이 어렵습니다. 한쪽에서는 기업이 더 많은 수익을 내고 있다고 하고 다른 쪽에서는 그럴 소비자는 없다고 주장하고 있는데 둘 중 한 명의 주장은 진실과 거리가 있다고 봐야 할 것입니다. 여기서는 공급망 문제를 먼저 살펴보기로 하겠습니다.

대기업이 ESG에 실패하는 이유 - ESG 보틀넥

요시 셰피 교수의 『밸런싱 그린』은 ESG를 비판하는 책이 아니라 환경의 지속가능성을 위한 대안을 만들기 위한 책입니다. 다만 그 길로 가는 길이 매우 험하다는 이야기를 하고 있는 것이죠. 그는 심층적 환경 기업은 꽤 성공적이었지만 세계 시장에서 상당한 점유율을 차지하고 있는 대기업은 단 한 곳도 없다면서 닥터 브로너스와 유니레버의 사례를 언급하고 있습니다.

닥터 브로너스는 연 350톤의 야자유를 생산하는 자매회사인 세렌디팜으로부터 지속가능한 야자유를 공급받고 있다. 이에 비해 세계 최대의 팜오일 구매자인 유니레버는 연간 150만 톤의 팜오일과 파생상품을 구매한다. 작은 기업 닥터 브로너스의 환경영향이 아무리 줄더라도 그 개선은 세계 야자유 시장에 거의 영향을 미치지 않을 것이다. 이와는 대조적으로 거인 유니레버가 팜유 지속가능성을 조금씩, 점진적으로 1%씩 개선하더라도 닥터 브로너스의 가장 큰 노력의 40배 이상의 효과를 가져올 수 있다(유니레버도 전 세계 팜오일 생산량의 3% 미만을 구매한다).[223]

반대로 이야기하면 유니레버가 팜유의 지속가능성을 개선하는 일이 40배 또는 그 이상으로 어렵다는 이야기가 됩니다. 열대우림 연합(Rainforest Alliance)은 인증된 지속가능한 팜오일 구매를 증가시키는 첫 번째 장벽으로 제한적인 공급을 언급했는데 이는 지속가능이 어느 수준에 가면 지속되기 어려운 지점에 이른다는 것을 의미합니다. 요시 셰피 교수는 델 컴퓨터와 스토니필드 농장 사례를 들어 이를 설명했는데 지속가능한 포장 원료를 찾던 델은 대나무 쿠션 기술을 이용한 포장재를 만들어 노트북 컴퓨터의 70%에 이를 적용했습니다. 이후 델이 아닌 다른 기업들도 포장재로 대나무를 이용하기 시작하자 가격은 델이 정당화할 수 없는 수준까지 올라가게 되었는데 이후 델은 추후 노트북 제품 포장을 대나무 쿠션에서 지속가능한 소싱 용지와 밀짚쿠션으로 대체했습니다. 일반적으론 대나무 가격 급등이 공급을 늘려 생산 원가를 낮출 것이라 생각하기 쉽지만 천연자원의 제약이나 산림 파괴 방지 정책과 같은 토지 이용 규제로 공급에 필요한 양이 제한될 수 있다는 사실을 알려준 계기가 되었습니다.

스토니 필드의 사례는 더 극적입니다. 유기농 우유를 만드는 이 기업은 유기농 수요가 올라가자 더 먼 거리에서 유기농 우유를 공급하기 시작했는데 이는 기존의 생산방식에서 유기농 전환이 길고 오래 걸려 급등하는 수요에 보조를 맞추지 못했기 때문입니다. 유기농 전환은 목초지에서 2~3년간 농약 사용을 중단하고, 1년 이상 고가의 유기농 사료를 소에게 먹이고 수의학 관행을 바꾸는 일이 전제가 되어야 했죠. 결국 유기농 우유를 충분히 공급할 수 없게 된 스토니 필드는 제품 라인 중 2개를 유기 우유에서 재래 우유로 전환해야만 했습니다. 이 기업은 국내공급을 보충하기 위해 뉴질랜드에서 선적된 유기농 분유 사용을 고려했지만 이걸 싣고 미국의 위스콘신으로 오는 기간 발생한 탄소발자국을 우려한 소비자들의 분노로 이 계획을 포기합니다.[224] 스토니 필드의 지분을 80% 소유했던 다논은 유기농 수요 급증으로 이익을 내고 있었음에도 미국 최대 두유 브랜드 실크를 소유한 화이트웨이브 인수 · 합병(M&A) 과정에서 이 계약이 유기농 업계의 시장 경쟁을 저해하는 결과를 가져오고, 미국 내 유기농 유제품 시장에 위험 요인이 될 수 있다는 업계의 요청으로 스토니 필드를 프랑스 낙농기업 경쟁사인 락탈리스에 8억 7,500만 달러에 매각하게 됩니다.[225] 공급망 제약의 또 다른 요소가 존재하고 있었던 것이죠.

ESG는 결국 공급망 전체를 친환경적 요소를 도입하려는 것이지만 실제 적용에 여러 가지 어려움으로 목표달성이 쉽지 않음을 알 수 있습니다. 유니레버는 네슬레, 크래프트, 카길과 함께 시나르마스(Sinarmas)라는 단일 가공공장에서 제품을 공급받고 시나르마스는 세계적으로 손꼽히는 기름야자 나무 농장을 운영하는 골든 아그리 리소시스(Golden

Agri-Resources Ltd.)로부터 팜 열매를 사들입니다. 따라서 유니레버와 경쟁사 그리고 팜유 재배와 가공업체가 모두 환경과 사회, 거버넌스를 지키며 제품을 만들고 수익을 내야 합니다. 하지만 GAR는 팜 열매를 수확하기 위해 막대한 열대우림을 파괴하면서 대규모 플랜테이션 농장을 만들고 있었습니다. 그러니 유니레버는 애초부터 ESG를 지키기 굉장히 어려운 환경 속에 있다는 것을 알 수 있습니다. 이 기업에 블랙록은 0.7%, 뱅가드는 1.3%의 지분을 보유하고 있었는데 열대우림 파괴에 대한 투자언급을 뱅가드는 거부했습니다.

재생에너지 비중이 늘어날수록 전력생산에 적합한 토지는 줄어들고 시설 확대에 필요한 원자재 수요 증가와 가격상승으로 비용이 늘어나고 수익이 줄어들면서 그린 보틀넥이 왔듯이 ESG 비중이 늘어날수록 천연자원의 제약이나 환경정책, 토지 이용 규제 등으로 공급이 제한되고 가격이 상승해 비용은 늘어나지만 수익이 줄어드는 ESG 보틀넥이 발생합니다. 유니레버의 탄소 발자국 중 62%는 소비자의 제품 사용에서 발생하기 때문에 유니레버가 자신과 공급망을 완전히 탄소중립으로 만들 수 있다고 해도 탄소 발자국을 절반으로 줄이겠다는 기업 목표를 달성하기는 매우 어렵습니다. 또한 가는 길이 단기간이 아닌 5년에서 10년 아니면 그 이상의 기간과 막대한 비용이 발생합니다. 또한 기존의 제품과 달리 높은 비용과 낮은 성능은 일부 고객들만을 끌어들이고 기업 규모의 경제를 낮추게 되며 성공하더라도 자사의 주력제품 매출을 갉아먹게 되는 현상이 발생합니다. 생산과 유통 판매 그리고 결과적으로 기업의 지속가능성에 문제가 발생하게 되는 것이죠.

결국 지속가능한 ESG는 친환경적으로 만들었지만 '기존 제품보다 더 비싸고 품질이 낮은 제품을 지속적으로 사용하는 소비자가 얼마나 많은가'에 달려있었습니다. 이는 마치 뜨거운 아이스 아메리카노를 요구하는 일처럼 보였습니다. 에너지전환과 유사한 두 번째 문제는 ESG가 저변에 확대될 때까지 기존 주력제품의 매출과 수익이 이들을 지원해야 한다는 점입니다. 재생에너지가 저렴한 에너지를 충분히 경쟁력 있게 생산하는 시기까지 기존의 화석연료에서 나오는 수익을 보조금 등에 이용하는 것처럼 말이죠. 그러나 재생에너지 비중이 늘수록 보조금은 늘어나게 되고 화석연료 투자는 줄어들게 되어 어느 순간 지속가능하지 않은 상황이 오게 되는 것처럼 ESG 역시 같은 단계를 밟아갈 것이었습니다. 그린 보틀넥이 전체 에너지전환의 10% 미만부터 발생했다는 점을 감안하면 ESG 역시 초기에 문제가 발생할 수 있습니다. ESG는 비재무적 가치를 요구하고 있지만 역설적으로 이것이 지속가능하기 위해선 재무적 수익성이 무척 중요하다는 사실을 알 수 있습니다.

문제는 바로 그 부분에서 시작되고 있었습니다.

다논의 역설

2021년 3월 7년간 회사를 이끌어온 다논의 CEO 에마뉘엘 파베르가 쫓겨납니다. 프랑스 최대 식품기업인 다논은 탄소배출을 줄이기 위한 각종 친환경 방침을 세우고, 기업의 사회적 책임과 공익 추구를 강조하는 등 'ESG 경영의 교본'으로 불리는 기업이었지만 2020년 이후 주가가 20% 넘게 하락하고, 매출이 7%가량 줄어드는 등 실적 부진이 이어지자 다논의 주요 주주인 행동주의펀드들이 그를 CEO 자리에서 내려오게 만든 것이죠. 《파이낸셜 타임즈》는 "CEO가 '사명'을 강조하는 데 너무 많은 시간을 소비하고, '사업'에 활력을 불어넣는 데는 너무 적은 시간을 쓴 탓"이라고 평가했습니다.[226] 블랙록이 강조했던 사업목적, 즉 사명과 사업은 대척점에 있었고 친환경을 강조하다 기업의 본질을 놓치게 된 것이죠. 이는 다논에서 끝나지 않았습니다. 유니레버의 CEO 엘런 조프는 "음식 쓰레기를 없애는 것, 그것이 헬만의 목표"라는 사업목적을 가진 브랜드로 헬만의 마요네즈를 제시했는데 유니레버 주가가 하락하자 대주주인 테리 스미스는 마요네즈 목적을 정의하려는 시도 자체가 이성을 잃은 것이라고 비난하면서 유니레버가 사업의 기본을 저버리고 지속가능성의 증거를 공개하는 데 집착하고 있다고 말했습니다.[227] 블루벨 캐피털 파트너스의 마르코 타리코 공동투자책임자는 "ESG가 저조한 성과를 정당화하기 수단으로 점점 더 많이 사용되고 있다는 점을 우려하며 주주가치 창출과 재무대상과 비금융대상의 적절한 균형 찾기가 우선돼야 한다"고 말했습니다.

ESG는 본질적으로 '더 많은 비용을 들여 덜 효과적인 제품을 비싸게 파는 행위'입니다. 그래서 ESG를 '충실히' 따르는 기업들은 모두 다논의 후예가 되는 것이죠. 이를 극복하려면 혁신을 통해 가격을 낮추던지 사명을 입혀 가격이 오른 제품을 기꺼이 소비자들이 구매해 줘야 합니다. 그러나 수익은 ESG를 따르지 않은 기업들이 챙겨가고 해당 기업은 지속가능성에 위협을 받는 사례가 지속적으로 도출되고 있었습니다. 당연히 주주들과 많은 투자기관들은 이런 기업을 좋아할 리 없었죠. 세계 최대 연기금인 일본 공적연금(GPIF)은 2017년 이후 ESG 관련 지수에 3조 5,000억 엔(약 35조 원)을 투자했지만 수익률은 일본 토픽스(TOPIX) 지수보다 저조했습니다. GPIF는 "환경이나 ESG라는 이름을 사려고 수익을 희생할 수는 없다"고 말했고 워런 버핏 버크셔해서웨이 회장도 'ESG 투자 정보를 공개하라'는 주주 제안에 ESG가 중요하다는 데는 이의가 없지만, 회사의 가장 큰 목표는 합법적 방법으로 수익률을 올리는 것이라고 말한 바 있습니다.[228] 수익성 확보는 ESG를 추구하는 기업들이 반드시 달성해야 할 목표가 되었지만 상황은 반대로 흐르고 있었습니다. 그렇다면 수익성 확보를 위한 다른 방법이 필요했죠.

포기할 수 없는 화석연료

블랙록의 래리 핑크 회장은 2020년 1월 연례서한에서 발전용 석탄과 같은 지속가능하지 않은 사업에는 투자를 종료하고 화석연료를 거르는 새로운 투자 상품도 공개할 것이며 이러한 문제를 관리하지 않는다면 이사회에 책임을 묻겠다며 의결권을 행사하겠다고 말했습니다. 블랙록의 친환경선언에 많은 기업들은 귀를 기울이지 않을 수 없었는데 이들이 운용하는 자금에 직간접적으로 수많은 기업들이 연결되어 있었기 때문에 자신들의 사업 포트폴리오를 어떤 방법으로든 친환경으로 만들어야 하는 과제가 주어진 것이었습니다. 그러나 이는 블랙록 자신들도 쉽지 않은 일이었습니다. 블랙록은 2020년 당시 약 7조 달러 (약 8,110조 원)에 달하는 자산을 운용하고 있었는데 이 중 대부분은 투자 판단을 하지 않는 ETF 운용 자산이며 액티브 투자 자산은 1조 8,000 억 달러에 불과했습니다. 새로운 ESG, ETF 상품을 개발하더라도 기 존 ETF 투자자금을 강제로 이동시킬 수는 없었는데 기존 자산엔 엑손 모빌 지분 6.7%, 셰브론 6.9%, 글렌코어 6%를 보유 중이며 수동적으 로 시장을 추종하는 자금이 많아 앞으로도 계속 유지할 것이라 블룸버 그는 분석한 바 있습니다. 100억 달러를 운용하고 있는 보스턴 트러스 트 월든의 티모시 스미스 ESG 담당자는 "블랙록의 수많은 과제 중 하 나는 지수 의존도가 높은데 어떻게 새로운 기후정책을 강조할 수 있느 냐"라고 말했죠.[229] 블랙록의 친환경선언은 엑손모빌과 셰브론, 글렌코 어에도 적용되어야 했지만, 화석연료와 관련된 기업들의 태도는 사뭇 달랐습니다.

지멘스는 2019년 발전과 송·변전을 포함한 에너지 부문을 분리 해 상장하고 디지털화와 스마트 인프라 사업투자를 늘리는 결정을 하 게 됩니다. 분사하는 사업부문은 풍력발전을 비롯한 재생에너지 사업 을 보유한 자회사 지멘스가메사와 함께 기존의 지멘스 대표사업이었던 가스터빈과 1997년 미국 웨스팅하우스로부터 인수한 발전부문이 포함 되어 있었습니다. 동시에 지멘스는 전기차, 스마트 빌딩, 에너지 저장 등에 투자를 진행하는데 2023년까지 22억 유로 규모의 지출을 줄이기 위해 대규모 감원을 진행하고 있었습니다.[230] 기존 매출의 정체를 새로운 먹거리에서 찾아보려는 시도였죠. 2018년 전력과 가스 부문의 매출은 193억 유로로 여전히 가장 큰 비중을 차지하고 있었지만 에너지전환으로 인해 기존 화석연료발전소에서 재생에너지 부문으로의 전 세계적 이동에 타격을 받고 있었습니다. 조 케저(Joe Kaeser) 지멘스 회장은 디지털 부문과 스마트 인프라 부문의 수익이 17%, 11%로 안전하며 안정적인 수익을 얻을 수 있는 반면 에너지 부문은 5%에 불과하고 변동성이 심해 투자 위험이 높다며 돈을 어디에 투자해야 하는지 반문했습니다. 당시 그의 판단은 합리적으로 보였죠.

그런데 다음 해인 2020년 자회사인 지멘스 에너지는 조 케저 회장의 발언과 정반대의 움직임을 보이고 있었습니다. 크리스티안 브루흐 지멘스 에너지 회장은 다른 기업들과 달리 에너지 시장의 전체 영역을 다루는 기업에 초점을 맞추고 있다고 하면서 전체 발전량의 40%에 이르는 석탄발전소의 문제를 해결하고 싶다는 이야기를 합니다. 브루흐 회장은 "우리는 석탄발전소가 없으면 더욱 행복하겠지만 문제는 우리의 기술이 석탄발전소를 더욱 효과적으로 만들어 이산화탄소를 줄이는 데 도움이 될 것인가입니다"라고 말하면서 아시아 지역에서 전력발전에 상당한 역할을 하고 있는 석탄발전에 관심을 나타냈습니다.[231]

1년 만에 이렇게 관점이 바뀐 이유 중 하나는 팬데믹 때문이었습니다.

주요 20개국(G20) 정부는 코로나19로 인한 경기침체를 극복하기 위해 2020년 화석연료에 1,508억 달러(약 181조 원)에 이르는 막대한 자금을 쏟아부었습니다. 국제지속가능개발연구소(IISD) 등 5개 글로벌 환경

단체와 미국 컬럼비아대는 지난주 G20이 코로나19에 따른 경기침체에 대응해 올 상반기 에너지 분야에 지원한 공적자금을 분석해 발표한 자료에 따르면 1,206억 달러(약 146조 원)는 기후변화 개선 노력 없이 그냥 받는 '무조건적인 화석연료 지원' 자금이었던 반면 반면 청정에너지 산업에 투자한 금액은 모두 합쳐도 886억 달러(106조 원)에 불과했습니다.[232] 코로나 발발 이후 대공황에 버금가는 실업과 경기침체가 벌어지자 세계 각국은 돈을 풀어 경기 회복에 나섰고 일자리를 사수해야 했습니다. 아직 세계는 화석연료 기반에 있었기 때문에 각국의 정부는 지원대상을 화석연료에 치중할 수밖에 없었던 것이죠. 대니얼 예긴은 팬데믹이 한창이던 2020년 10월 WSJ의 기고문을 통해 에너지전환의 주도권을 잡는 데 한창이지만 미국의 경우 석유와 가스산업이 창출하는 1,000만 개 이상에 달하는 일자리를 대체하는 문제도 중요하다고 설파했습니다. 그는 팬데믹 이전 기준으로 87조 달러(10경 2,000조 원)에 달하는 세계 경제에 주입되었던 거대하고 복잡한 에너지 시스템을 총제적으로 바꿔야 하는 일이지만 여전히 전체 에너지의 84%는 화석연료에 의존하고 있으며 역사는 에너지의 혁명적 전환이 급격히 이루어지지 않았다고 말했습니다.[233] 여기서 의문은 일자리를 화석연료에서만 구할 것이 아니라 에너지전환에 따라 재생에너지도 가능하지 않을까 하는 점입니다. 많은 전문가들이 에너지전환으로도 충분히 기존 에너지원을 대체하면서 양질의 일자리를 얻을 수 있는데 왜 세계는 그렇게 하지 않을까 하는 의문이 들 수밖에 없는 것이죠.

2020년 11월 《포춘》에 〈석유 파티는 끝났다〉란 기사를 보면 캐나다

앨버타에서 벌어지는 오일샌드 이야기에서 실마리를 얻을 수 있습니다. 입증된 석유 매장량만 1,654억 배럴을 보유한 이곳 노천 채굴장 같은 곳에선 많은 비용과 상당한 양의 탄소가 배출되기 때문에 환경 운동가들은 이곳과 관련된 프로젝트—키스톤XL송유관 건설을 포함해—들을 막기 위해 노력해 왔습니다. 하지만 이곳도 전 세계적으로 불어닥친 탄소중립의 물결을 피해가긴 어려웠고 앨버타 주의 업스트림 관련 일자리의 50%가 위협받고 있다는 분석결과가 나오기도 했습니다. 리암 힐데브란트(Lliam Hildebrand)는 석유산업에서 용접공으로 일하며 습득한 기술을 활용해 녹색 에너지전환을 돕고 싶어했지만 일자리를 구할 수 없었는데 그는 "석유 및 가스 출신의 근로자들이 재생에너지 분야에서 일하는 것을 꺼린다는 편견이 존재한다"고 말했지만 실상은 녹색 에너지 부문에서 신규 일자리가 없었다고 합니다.[234] 일자리가 없기도 하지만 화석연료 부문에서 일하던 사람에게 흔쾌히 양질의 일자리를 주지 않으려는 움직임도 있었습니다. 화석연료 부문과 친환경 에너지 부문이 나뉘어 있는 기업에서 이런 액션들이 자주 보였는데 친환경 에너지 부문이 인기가 없던 시절 고생해서 지금까지 왔는데 화석연료 부문에서 지금까지 잘나가다 이제 와서 자신들이 힘들게 일궈놓은 과실을 빼앗아 간다고 생각하는 것이죠. 하지만 이런 것들은 곁가지에 불과했습니다. 무엇보다 화석연료산업이 창출하는 일자리가 압도적으로 많기 때문에 당장의 경제적 고통을 경감하려면 여기에 기댈 수밖에 없었던 것이죠.

2009년 6월 대침체기가 막을 내리고 2019년이 되기 전까지, 석유와 천연가스 채굴에 대한 순 고정 투자는 미국 산업 분야에 대한 전체 투자액의 3분의 2 이상을 점했다. 또 다른 통계를 보면 대침체기가 끝난 후 석유와 천연가스의 생산증가는 미국 산업 생산의 누적 성장에서 절반 이상을 차지했다.

셰일 혁명을 통해 만들어진 일자리는 2019년 무렵에 이미 280만 개가 넘었다. 뉴욕주는 환경 운동가들과 정치가들이 힘을 합쳐 수압파쇄법 사용을 금지시켰고, 펜실베니아의 마셀러스에서 뉴잉글랜드로 값싼 천연가스를 들여올 수 있는 새 가스관의 건설도 막았다. 이런 뉴욕주였음에도 다른 주에서의 셰일 관련 사업을 지원하기 위한 일자리가 이곳에서만 5만 개 이상 만들어졌던 것이다.

대니얼 예긴, 『뉴맵』- 「1. 미국의 새로운 지도」

세계 각국이 화석연료를 포기할 수 없는 또 하나의 이유는 수익성이었습니다. 우드 매킨지의 분석에 따르면 온쇼어 석유의 수익성이 30%를 상회하는 반면 풍력과 태양광의 수익률은 한 자릿수에 불과합니다. 게다가 세계 각국의 재생에너지는 상당 부분 보조금이 수반되기 때문에 팬데믹 같이 예산이 많이 지출되는 시기엔 이중의 부담으로 작용합니다. 글로벌 금융위기 이후인 2009년 6월부터 2019년까지 석유와 천연가스에 대한 순 고정 투자는 미국 산업 분야에 대한 전체 투자액의 3분의 2 이상을 점했으며, 석유와 천연가스 생산증가는 미국 산업생산

누적 성장에서 절반 이상을 차지했다고 합니다. 이런 경제 활동의 증가를 통해 연방정부와 주 정부의 수입도 크게 늘어나 2012년부터 2025년까지 예상되는 세수의 총합은 1조 6,000억 달러에 달한다고 하죠.[235] 경제성장의 동력이면서 양질의 일자리를 늘리고 세수에도 도움이 되는 쪽이 현재까지 어디인지는 명백했습니다. 그렇다면 세계 각국이 코로나 때 취한 정책들은 일시적이더라도 합리적인 선택이었을 것입니다.

화석연료기업들 역시 자신들의 주력부문을 포기할 뜻이 없었습니다. 2020년 7월 텍사스 석유 가스협회에서 쉐브론의 CEO 마이클 워스는 청정에너지에 대한 세계적 요구가 석유와 가스의 종말을 의미하지 않는다며 석유와 가스를 효율적이고 환경적으로 양성화할 수 있는 방법을 찾을 것이라 말했습니다. 쉐브론은 그들의 미래를 풍력이나 태양광이 아닌 화석연료에 걸고 있었으며 자신들이 전문지식이 없고 수익률이 낮은 재생에너지 분야로 가기를 거부하고 있었습니다. 그들 자신이 20년 전에 실패했던 지열에너지 투자를 반복하기 싫어했던 면도 있었습니다.[236] 엑손모빌은 2020년 1~3분기에만 24억 달러(2조 6,200억 원)의 손실을 기록했고, 주가는 35% 떨어졌으며, 전체 임직원의 15%인 1만 4,000명을 구조조정 했지만 석유와 천연가스사업 구조에 투자를 이어가겠다는 뜻을 밝혔습니다. 이듬해인 2021년 7월 CEO 대런 우즈(Darren Woods)는 월가 애널리스트들과의 화상 회의에서 코로나 대유행과 이로 인한 봉쇄, 원유소비의 급감 등 지난 1년간 이어진 혼란에도 유가와 가스 가격의 반등에 힘입어 27억 달러의 이익을 올렸다며 이것이 자신들의 전략이 옳았다는 증거라고 말했죠.[237]

그린아웃의 수혜자

하지만 여기에서 그치지 않았습니다. 2021년 9월부터 시작된 유럽 발 에너지 위기로 화석연료 가격이 급등하자 그동안 에너지전환으로 숨죽이고 있던 화석연료기업들의 수익이 기록적으로 급등하기 시작했습니다. 엑손모빌은 2020년 수요 급감으로 224억 달러 손실을 봤지만 2021년 순이익이 230억 달러가 되었습니다. 특히 에너지 위기 국면이던 4분기엔 월가의 예상치 84억 원을 훌쩍 웃돈 89억 달러를 기록했으며 2022년엔 556억 달러의 기록적 수익을 달성하였습니다. 쉐브론은 2020년 55억 달러의 손실 이후 2021년 156억 달러의 수익을 달성했으며 2022년 수익은 370억 달러로 급등했습니다.[238]

2021년 150억 달러의 자사주 매입에 나선 엑손모빌은 2024년까지 500억 달러의 자사주를 추가 매입한다고 밝혔으며 배당금도 인상했고 셰브런 역시 150억 달러의 자사주 매입 계획을 밝혔습니다. 아모스 호흐슈타인 백악관 국제 에너지 조정관은 이 같은 행태를 두고 FT에 "비(非)미국적(Un-American)이라고 비난하면서 공급을 늘리고 가격을 낮추기 위해 더 많은 일을 해야 한다"고 지적했죠.[239] 하지만 우크라이나 전쟁 이후에도 석유 기업들은 증산에 회의적이었습니다. 우선 미국과 유럽의 정치인들은 에너지 위기로 인한 민심이반을 글로벌 석유 기업들에 대한 횡재세로 만회하려 했습니다. 자신들의 잘못된 정책 때문에 벌어진 일을 석유 기업에 떠넘긴 것이죠. 2014년 이후 에너지 위기 이전까지 저유가국면에서 정치인들은 석유 기업의 손실에 대해 어떤 발언도 하지 않았으며 오히려 석유 시대가 저물어 가고 있다는 증거라고 말했죠. 증산의 또 다른 걸림돌은 앞에서 설명했던 셰일 보틀넥입니다. 동일한 양을 퍼내기 위한 비용이 치솟았고 설비나 셰일샌드를 구하기도 어려워졌습니다. 증산의지가 있다 해도 빠르게 생산하기가 어려워졌죠. 정책당국과 언론들은 전시체제로 증산을 해야 한다면서도 이것이 셰일 시대로의 복귀는 아니라고 말했습니다.[240] 그러나 석유 기업에게 필요한 것은 높은 석유 가격이 아니라 고유가의 '기간'이었습니다. 석유 기업 관련 밸류체인에 있는 기업들이 요구하는 것도 고유가가 얼마나 지속될 것인가였습니다. 그래야 자신들도 증산에 뛰어들 수 있기 때문이죠. 높은 임금을 준다고 해도 퍼미안 분지를 떠난 노동력이 다시 돌아가려 하지 않는 이유 역시 여기에 기인합니다. 석유 기업에 대한 인센티브 없이 횡재세를 비롯한 화석연료 규제는 여전한데 당장 필요한 석유만 내놓으라 하니 굳이 많은 돈을 들여 증산을 할 이유가 없었던 것이죠.

다만 기업들은 이전보다는 더 적극적으로 자신들의 주력사업부문을 지속운영할 뜻을 내비쳤습니다. 앞서 살펴본 엑손모빌과 셰브런은 물론이고 글렌코어 역시 주주들의 친환경 전환 요구에도 불구하고 게리 네이글 최고경영자(CEO)는 "세계 여러 지역의 에너지전환 과정에서도 석탄 수요가 발생하며 석탄을 완전히 배제하는 것보다 향후 30년간 장기간에 걸쳐 생산량을 줄여나가는 게 더 나은 선택"이라고 말했습니다. 글렌코어는 석탄회사가 아니라 탈탄소 전환 기업이라고 강조하며 버틴 결과 2022년 상반기 영업이익만 전년동기대비 2배 이상 증가한 189억 달러를 기록합니다.[241] 많은 사람들이 저유가 시대 직전인

2013~2014년 석탄 수요가 정점에 다다를 것이라 말했지만 석탄소비는 현재도 지속적으로 상승하고 있습니다. 이제 엑손모빌, 쉐브론, 글렌코어 등 화석연료기업들은 세계가 쉽사리 자신들을 내치지 못할 것이라는 사실을 깨달았고 자신들의 주력사업 부문을 조금씩이나마 줄여가거나 친환경사업으로 급격히 전환할 필요가 없다는 사실도 알게 되었습니다. 게다가 넷제로와 탄소중립 정책이 심화될수록 에너지 위기는 심화되며 자신들의 캐내는 제품가격이 올라가 지속가능한 수익을 가져다준다는 사실도 깨달았습니다. 물론 인플레이션과 경제침체가 오겠지만 그것은 이들이 통제할 수 있는 범위 밖에 있는 것이죠. 재생에너지가 기대했던 전력을 생산하지 못하면서 발생한 그린아웃과 그린인플레이션의 최대 수혜자로 등극하는 순간이었습니다. 이들은 어쩌면 전 세계가 넷제로로 가길 바라고 있는지도 모르는 일이었습니다.

등 뒤에 숨긴 손

누구나 알고 있지만 미처 몰랐던 사실은 전 세계의 투자금은 제한되어 있고 한쪽의 비중이 커질수록 다른 쪽의 비중이 줄어든다는 데 있습니다. 넷제로의 시대에 재생에너지 분야는 버블을 염려할 정도로 투자자금이 몰렸고 자산취득에 많은 비용이 소요되었지만 화석연료 분야의 투자는 지속적으로 줄어들고 있었습니다. 투자자금이 몰리고 추가비용이 늘어날수록 수익은 줄어들게 마련이고 폭염과 한파에 전력생산을 하지 못하면서 관련 기업들의 매출과 수익은 지속적으로 하락하고 있었습니다.

이전까지만 해도 재생에너지 사업의 성과를 자축하고 화석연료 부문의 미래를 어둡게 전망하며 사업을 축소하거나 정리하려던 기업들은 에너지 위기와 우크라이나 전쟁 이후 정반대의 현상을 맞이하게 되었습니다. 바람의 세기가 약해지면서 풍력기업들은 자신들의 수익전망을 하향조정 해야 했습니다. 2021년 상반기 독일 RWE는 북유럽과 중부 유럽의 풍력량이 낮아 상반기 수익이 4억 5,900만 유로(5억 3,900만 달러)로 22% 감소했으며 덴마크 오스테드는 상반기 풍속저하로 20년 만에 최악의 3분기 수익률 저하로 2021년 전망치를 낮췄습니다.[242] 물론 여기엔 앞서 설명한 그린 인플레이션으로 인한 그린 보틀넥도 한몫 했죠. 지멘스 에너지는 2021년에만 3번의 매출과 수익전망을 수정한 이후 풍력발전 중심의 지멘스 가메사의 실적 부진이 석탄과 가스화력 부문의 견조한 성과를 가리고 있다고 밝혔습니다.[243] 물론 다시 바람이 불고 에너지전환을 포기하지 않는 국가들의 수요가 실적을 견인할 수 있겠지만 근본적인 문제는 기업의 매출과 수익이 기업들의 경쟁력이 아닌 날씨에 따라 좌우된다는 점입니다. 아무리 발전기 크기를 키우고 효율을 높여도 바람이 불지 않는다면 모든 노력이 무의미해지기 때문이죠.

투자기관들의 행동도 의심스러운 데가 많았습니다. 블랙록은 베트남과 인도네시아의 석탄화력발전소 신규투자 계획을 가지고 있는 한국전력에 우려를 표명하면서 석탄 프로젝트를 포기할 것을 종용했습니다.[244] 블랙록은 국민연금 700조 원의 자산 중 해외운용사가 담당하고 있는 200조 원의 상당 부분을 운용하고 있었죠. 래리 핑크는 연례서한에서 기후변화로 인해 우리 모두가 금융업의 근본적 변화에 직면해 있다고 생각한다면서 석탄을 사용해 얻은 매출이 25%가 넘는 기업의 채권과 주식을 2020년 중순까지 처분하겠다고 발표했습니다.[245] 그러나 화석연료기업들의 주식을 포기하는 것은 쉬운 일이 아니었습니다. 블랙록과 함께 탄소배출이 많은 기업을 투자 제외 블랙리스트에 올린 노르웨이 국부펀드(GPFG: Government Pension Fund Global)는 2020년 상반기에만 약 25조 원의 투자손실을 기록했는데 가장 손실이 많았던 부문이 석유와 가스주(-33.1%)였습니다.[246] 게다가 노르웨이는 유럽 최고의 자원부국인데 석유 수입이 GDP의 18%, 수출의 62%를 차지하며 2018년 기준 EU(유럽 연합)에서 수입하는 천연가스의 31%가 노르웨이산으로 경제의 동력이 화석연료 기반 그 자체입니다. 노르웨이는 원유 수익에 80%에 육박하는 높은 세금을 매겨, 이 돈으로 1조 달러 규모의 세계 최대 국부펀드를 운영해 왔는데 이 자금의 70%를 주식에 넣고 수익만 인출하는 방식입니다.[247] 노르웨이는 세계적인 에너지전환에도 불구하고 자신들의 석유를 포기할 생각이 없었는데 국부펀드 역시 마찬가지였습니다. 세계가 화석연료를 버리면 노르웨이의 미래는 매우 암울해질 것이었습니다. 블랙록을 비롯한 글로벌 투자기관들 역시 화석연료는 물론이고 그들의 넷제로 선언과 다른 투자를 지속하고 있다는 사실이 속속 밝혀지고 있었습니다. 블랙록은 팜유 공급 과정에서 환경을 파괴하고 농민의 땅을 약탈했다는 사실이 드러난 인도네시아의 팜유 생산기업 아스트라인터내셔널의 3대 주주로 밝혀져 ESG에 역행한 투자라는 비판을 받았으며 아스트라인터내셔널의 환경 기록 공개에 소극적인 태도를 보여 ESG 정보 공시의 투명성에 대한 의문도 불러일으켰습니다.[248] ESGU는 25일(현지 시간) 기준으로 순자산만 약 174억 달러(19조 4,336억 원)를 굴리는 미국 내 1위 ESG ETF인데 이들의 포트폴리오엔 엑손모빌 · 셰브론, 반독점법 위반 여부를 조사받고 있는 애플 · 아마존 등 엄격한 ESG 잣대를 들이댔다고 보긴 어려운 기업이 들어있었습니다.[249] 세계 최대 자산운용사 '블랙록'의 지속가능투자 부문 CIO(최고투자책임자)였던 타릭 팬시는 최근 USA투데이에 "(ESG 펀드의) 수익률을 높이려 환경오염을 유발하는 석유 기업, 패스트 패션 기업을 편입하는 일이 월가에서 벌어지고 있다"면서 "사회적 이익을 추구하는 것이 수익에도 좋다는 것은 희망 섞인 기대일 뿐"이라고 주장했는데 그의 말은 ESG를 외치는 투자기관들이 선언 이전에 패시브펀드에 화석연료기업이 들어있어 어쩔 수 없이 운용하는 게 아니라 적극적으로 이들을 편입하고 있다는 이야기가 됩니다.[250]

그러나 조금 더 자세한 자료가 나오자 이들의 진실이 하나둘 드러나기 시작했습니다. 2021년 11월에 열린 COP26 기후 정상 회담에서 글로벌 은행 중 103곳이 Net Zero Banking Alliance에 가입했는데 NZBA 회원들은 2050년까지 포트폴리오에서 순배출 제로에 도달하기로 약속했죠. 그러나 영국 연구 기관 ShareAction의 2월 14일 보고서에 따르면 2016년 이후 NZBA의 유럽 회원들은 생산을 확대할 계획이 있는 석유 및 가스 회사에 최소 4,000억 달러를 제공했으며 여기에는 NBZA가 2021년 4월에 설립된 이후 380억 달러가 포함됩니다. 이는 파리 협정에서 기후 목표를 달성하기 위해 새로운 유전 및 가스전을 열지 않아야 한다는 국제 에너지 기구의 주장한 것과 정면으로 배치되는 것이죠. 석탄 부문에서도 같은 일이 벌어지고 있었는데 독일 환경 비영리 단체인 우르게발트(Urgewald)의 보고서에 따르면 은행들은 2019년 1월부터 석탄을 채굴하거나 발전소에서 태우는 기업에 1조 5,000억 달러를 대출하거나 인수했다고 발표했습니다.[251] 이들은 자신들이 넷제로를 하겠다고 얼라이언스에 가입한 다음에도 '여전히' 화석연료기업에 대한 투자를 멈추지 않고 있었던 것입니다. 쿼츠(QUARTZ)는 2022년 2월 이 분석기사를 통해 자산운용사들이 향후 몇 달 안에 이들이 주식을 보유하고 있는 기업에서 수십 건의 기후 관련 결의안을 표결할 때 자신들의 입장을 바꿀 기회를 갖게 될 것이라 전망한 바 있고 이는 현실화됩니다. 자신들이 생존이고 미래라고 외쳤던 재생에너지 분야의 수익성이 여러 이유로 급락하고 있었던 반면 에너지 위기와 전쟁으로 화석연료기업들의 수익은 기록적으로 올라가고 있었기 때문이었습니다. 좀 더 정확히 말하면 이들은 화석연료기업과 친환경 기업에 모두 투자하고 있었던 것이죠. 화석연료에 여전히 투자하고 있는 금융기관과 넷제로를 외치며 화석연료기업에 미래가 없다고 말한 금융기관은 한 몸이었습니다.

위대한 화석연료기업

하지만 넷제로를 외치다 아무 이유 없이 바로 화석연료기업으로 돌아갈 수는 없었습니다. ESG 유행은 갑자기 생겨난 것이 아니었고 무려 20년간의 빌드업 과정을 거친 논리였습니다. 글로벌 채권운용사 핌코에 따르면 2005년 5월~2018년 5월 기업 실적발표(어닝콜)에서 ESG가 언급되는 비중은 1%가 안 됐지만 지구촌 이상기후, 코로나19 팬데믹 등으로 환경에 대한 관심이 커지면서 ESG는 주류로 올라섰으며 2021년 5월 기준 글로벌 기업 어닝콜의 약 20%가 ESG를 언급했다고 영국 《파이낸셜 타임즈》는 전했습니다.[252] 블랙록이 본격적으로 화석연료기업에 투자하지 않겠다고 선언했을 때 폭발적으로 늘어나기 시작해 삽시간에 전 세계로 퍼져나갔음을 알 수 있죠. 하지만 이제 노선을 갈아타야 할 시기가 다가오고 있었습니다. 선두는 블랙록이었습니다. 사실 블랙록은 과거에도 최대의 석탄 프로젝트 투자자였습니다. 블랙록은 2018년 기준 56개의 석탄발전 프로젝트에 110억 달러 가치의 주식과 채권을 보유하고 있었고 그 뒤를 이어 일본 공적연금이 73억 달러를 투자하고 있었으며 그 뒤를 이어 말레이시아의 카자나 나시오날(67억 달러), 미국 뱅가드(62억 달러), 한국 국민연금(45억 달러)이 뒤를 이었습니다.[253] 한국전력에 석탄발전소 건설에 우려를 보내고 있을 때도 이들은 여전히 화석연료에 투자하고 있었지만 넷제로와 ESG 마케팅 때문에 이를 드러내지는 않았죠. 하지만 이제 본색을 드러내야만 했습니다. 블랙록은 사우디 아람코의 천연가스 파이프라인 네트워크 인수입찰을 시도하기 한 달 전 래리 핑크 회장은 컨퍼런스 콜에서 신흥국들이 넷제로를 달성하기 위해 연간 1조 달러가 필요하다면서 화석연료기업의 공급제한으로(넷제로 목표달성이 가능하다고) 우리 스스로를 속이고 있지만 지금 보고 있듯이 에너지 비용만 증가시킬 뿐이며 에너지전환을 일으키지도 않는다고 말했습니다.

> "우리는 위대한 탄화수소 기업들과 협력을 가속화해야 합니다. 그들에 대항할 필요가 없습니다."[254]

　하지만 속인 건 전 세계 사람들이 아닌 블랙록과 국제 금융기관이었습니다. 여기에 블룸버그는 블랙록과 브룩필드의 아람코 입찰을 두고 국가들이 여전히 청정에너지로부터 멀리 떨어져 있는 상황에서 가장 기후변화에 진보적인 기업들조차 오염 산업을 완전히 버리는 것이 얼마나 어려운지를 보여준다고 포장을 했습니다.[255] 원래 속이려던 게 아니라 열심히 노력했지만 어려웠다는 것이죠. 제가 블룸버그 기자라면 '가장 기후변화에 진보적인 기업'이라는 말은 차마 부끄러워서 하지 못했을 것 같습니다. 브룩필드는 해당 입찰에 대한 논평을 거부했습니다. 아마도 입을 닫고 있는 것이 그나마 나은 선택이었을 것입니다. 만약 우리가 블랙록이나 브룩필드에 투자했거나 자산운용을 위탁했다면 이들은 우리에게 투자자에 대한 의무를 가지게 될 것이고 우리는 평소에 래리 핑크가 했던 말과 다른 말을 들었을 수도 있습니다. 자산운용사는 올바른 정보를 제공함으로써 투자자를 보호해야 할 의무가 있으니까 말이죠. 블랙록은 2022년이 되자마자 투자자들에게 서한을 통해 텍사스를 포함한 화석연료기업에 계속 투자하고 지원할 것이라고 밝혔습니다.[256] 2021년이란 오타가 있는 서한에서 블랙록은 에너지 회사를 보이콧하지 않았으며 앞으로도 그럴 것이라고 썼으며 엑손모빌, 코노코필립스, 킨더모건과 같은 텍사스 지역 기업들의 지분을 인용했습니다.[257] 어쩔 수 없이 보유했던 패시브펀드의 포트폴리오가 아니라는 사실을 만천하에 공개한 것이죠. 그들의 말에 의하면 탄화수소 기업은 문제가 아니라 솔루션의 일부입니다. 그들은 2020년 연례서한에서 발전용 석탄과 화석연료의 '문제'를 관리하지 않으면 이사회에 책임을 묻겠다고 했습니다. 그러나 정확히 2년 만에 갑자기 화석연료기업들은 '솔루션'이 되는 마법을 일으킵니다. 기업은 바뀐 적이 없는데 말이죠. 한술 더 떠 탄소집약기업들이 경제와 에너지전환에 중요한 역할을 할 것이기 때문에 해당 기업의 장기투자자가 될 것이라 밝혔습니다. 그들은 2년 전에 발전용 석탄과 같은 지속가능하지 않은 사업에는 투자를 종료하고 화석연료를 거르는 새로운 투자 상품도 공개할 것이라고 말했습니다. 그렇다면 갑자기 어떻게 이들이 솔루션이 되었는지도 설명해야 하지만 그럴 여유는 없어 보였습니다. 블랙록이 이렇게 급변한 이유는 텍사스주가 화석연료 불매 금융기업들의 리스트 작성을 요구했기 때문입니다. 이 기업들은 블랙록과 함께 약 25억 달러를 보유하고 있는 텍사스 교사 퇴직제도와 같은 주 연금 기금에서 제외될 수 있기 때문이죠. 한마디로 텍사스 화석연료에 ESG 등으로 손실을 끼친 기업들과 이제 거래를 끊겠다는 것입니다. 블랙록에게는 마른하늘에 날벼락 같은 소식이죠. 어떻게든 싹싹 빌어서 다시 텍사스의 화석연료 투자를 통해 돈을 벌어야 했으니까 말이죠.

이제 블랙록의 화석연료 사랑 고백은 눈물 없이는 볼 수 없는 지경에 이르게 됩니다. 이들은 고객들에게 기후변화 영향으로 석유와 가스를 포함한 산업에 상당한 투자 기회를 창출한다면서 넷제로는 수십 년이 걸리는 일이며 탄소 발자국을 줄이기 위해 노력하는 화석연료기업

에 투자하는 것은 '저평가된 기회(underappreciated opportunity)'라고 주
장하기 시작합니다.

> "문제는 더 이상 넷제로 전환 여부가 아니라 그것이 포트폴
> 리오에서 어떤 의미이고 무엇을 의미하는지다."[258]

앞서 살펴본 지멘스 에너지가 "석탄발전소가 없는 것이 문제가 아
니라 석탄발전소를 더 효율적으로 만들어 이산화탄소를 줄이는 데 도
움이 되는가가 문제"라고 말했던 것과 일맥상통합니다. 그리고 가보지
않은 길을 가겠다며 호기롭게 나갔다가 고픈 배를 움켜쥐고 다시 찾아
온 사람들의 변명이란 것도 잘 알 수 있죠. 문제라던 화석연료가 위대
한 기업으로, 석탄과 화석연료가 저평가된 기회가 되었으니 남은 것은
미래이자 생존이라던 ESG가 버려지는 일이었습니다. 2021년 12월 21
일 블랙록의 iShares ESG MSCI EM Leaders ETF(LDEM)는 8.03억
달러에서 6,900만 달러 수준으로 급감했는데 블룸버그에 따르면 이는
2021년 신흥국 관련 ETF(상장지수펀드)에서 이틀 기준 최대 규모 자금유
출이었죠. LDEM은 ESG 기준을 충족하는 신흥국 중대형주를 포함하
는 지수를 추종하는 ETF였는데 자금유출은 핀란드 헬싱키에 소재한
연금보험기업인 일마리넨(Ilmarinen)이었습니다. 일마리넨은 지난 2020
년 2월 LDEM이 출시될 당시 6억 달러를 투자한 바 있습니다.[259] 일
마리넨은 이머징 마켓 주식에 대한 익스포저를 줄이기로 결정한 이유

가 해당 지역의 위험이 증가하고 있다고 판단했기 때문이라 말했습니다.[260] 애초 ESG가 '착한 투자'라 불린 이유는 단기적 수익성을 보기보다는 사회에 미치는 영향까지 고려해 장기적으로 보는 '사회적 투자'에 가깝기 때문이었습니다. 그러나 일마리넨은 채 2년이 못되어 개도국 리스크라며 돈을 거의 모두 인출해 버렸습니다. 사회적 투자보다 수익성이 우선된다는 점이 증명된 순간이기도 했습니다. 애초 자금유출은 화석연료 프로젝트에 투자하는 기업들에게 대한 경고액션이었지만 이젠 ESG를 착실히 따른 기업에 내리는 경종이 되어버린 것이죠. ESG를 열심히 실천한 기업들은 모두 매출과 수익이 줄어들었습니다. 프랑스의 다논이 그랬고 영국의 유니레버가 뒤를 이었습니다. 한국전력은 해외석탄사업을 포기하면서 해외사업 매출이 4조 원에서 1조 원으로 급락했습니다. 이는 많은 기업들에게 ESG를 진지하게 하면 안 된다는 시그널을 주고 있었습니다.

ESG 워싱과 ESG 신기루

진지하게 ESG를 실행하는 대신 많은 기업들은 선언만 하거나 기업 내부에 그럴듯한 기구를 만드는 것으로 대신했습니다. 2020년 142% 급등한 S&P 글로벌 청정에너지 지수는 2021년 들어 23% 하락했지만 시장 변동에도 불구하고 돈은 계속 들어오고 있었습니다. 원래 S&P 글로벌 청정에너지 지수에는 30개의 주식이 있었지만 수가 점차 늘어나 81개가 되었고 100개까지 늘어날 것이었습니다. 새로운 종목 추가로 지수의 다양성과 유동성이 강화되었지만 청정에너지가 아닌 기업도 포함되었습니다. 지수 제공자들은 녹색의 순수성을 일부 '희생'하여 리스크를 완화할 수밖에 없었다고 말하지만 이는 명백한 그린 워싱이었습니다. 에너지 위기가 시작된 가운데 너도나도 ESG를 사용하며 시장을 혼탁하게 만들고 있었고 앨 고어의 360억 달러 펀드는 석유 자금을 구걸하고 있었으며 미국 석탄 가격은 최고치를 기록하고 있었습니다. 자금은 몰려들었지만 수익이 나지않으니 화석연료기업들을 편입하기 시작한 것이죠.[261]

친환경이라고 내놓은 제품들도 겉만 그럴싸할 뿐 실제로는 거리가 먼 것들이 많았습니다. 스타벅스는 50주년을 기념하면서 음료를 마시는 사람들에게 리유저블 컵(다회용 컵)을 증정했는데 재활용 컵을 많이 쓰게 해 환경오염을 줄이겠다는 목표였죠. 하지만 스타벅스는 소비자들에게 컵의 소재가 PP(폴리프로필렌) 소재, 즉 플라스틱이므로 재사용 횟수는 20회로 권장한다고 말했습니다. 결국 미끼 상품으로 소비를 유도했다는 '그린 워싱 논란'으로 이어졌습니다.[262] 네슬레는 커피 캡슐을 만들면서 연간 8,000톤에 달하는 알루미늄을 썼지만 1톤의 알루미늄을 만들기 위해 2인 가구가 5년 이상 쓸 수 있는 전기가 필요하고 8톤의 이산화탄소가 배출된다는 사실은 말하지 않았죠.

> 20년에 걸쳐 재활용 비율을 늘려왔는데도 불구하고 선진국에서조차 재활용되는 플라스틱 쓰레기는 3분의 1에 미치지 못한다. "독일은 여전히 재활용 쓰레기를 아시아와 아프리카로 보내버려요"

1980년대와 1990년대 사이 미국 각 도시에서 재활용 시스템을 갖추기 시작했을 때 벌어진 일은 우리에게 여전히 시사하는 바가 크다. 쓰레기를 모으고 수거하는 시스템을 갖추고 운영해 보니, 이전처럼 재활용을 하지 않고 쓰레기를 버릴 때에 비해 쓰레기 1톤당 14배까지 비용이 늘어났던 것이다.

가난한 나라는 우선순위가 다르다. 상하수도, 홍수, 에너지 관리 기반시설을 갖추는 일이 플라스틱 쓰레기 수거 처리보다 훨씬 높은 순위를 차지할 수밖에 없다.[263]

패스트패션 기업 H&M도 "플라스틱으로 옷을 만든다"며 친환경 이미지를 만들었고 안심한 소비자들은 빠르게 옷을 사고 버리면서 의류 쓰레기들을 만들었습니다.[264] 문제는 기업들이 이미지를 만드는 사이 현실에선 환경이 더 악화되었다는 것입니다. 패스트패션 기업의 의류는 기부라는 이름으로 개도국과 빈곤국에 유입되지만 중고시장에 들어온 헌 옷의 40%는 쓰레기가 됩니다.[265]

ESG 버블에 대한 경고도 나오기 시작했습니다. 모닝스타에 따르면 ESG 투자를 위해 모인 글로벌 펀드 운용액은 2020년 3,500억 달러(388조 원)에 달했고 이 기간 동안 추가로 505개의 ESG 펀드가 새로 출시되었으며, 2020년 4분기 유럽 자금유입은 전 세계 자금유입의 80%를 차지했다고 합니다. 투자기관 소셜 캐피털 설립자인 차마스 팔리하

피티야(Chamath Palihapitiya)는 "JP모건이 기후변화 정책을 말함으로써, ECB(유럽중앙은행)로부터 마이너스 금리로 수십억 달러를 빌릴 수 있을 것"이라며 "ESG 투자는 완전한 사기(complete fraud)"라고 CNBC 인터뷰에서 밝히기도 했습니다.[266] 그는 "ESG 등급은 결국 기업의 진정한 환경적 영향력을 흐리게 할 수 있다며 정말 기후변화를 믿는다면 공급망을 제대로 살피고 기업의 실제 영향을 측정해서 탄소 상쇄량을 파악한 후 이를 실제로 거래할 수 있어야 한다"고 주장했는데 다수의 기업들은 실제 행동이 아닌 등급에만 신경을 쓰고 있었습니다.

2021년 12월 10일 유럽이 2차 에너지 위기 국면에 접어들고 있을 때 블룸버그 비즈니스위크는 장문의 기사로 ESG 신기루에 대해 다루고 있었는데 여기엔 ESG가 실제와 정반대의 기능을 하고 있다는 내용이 담겨있었습니다.

기업의 '환경, 사회 및 지배구조(ESG)' 관행에 대한 평점을 매기는 MSCI 만큼 월가의 새로운 수익 엔진에 진심인 기업은 없다. 블랙록과 투자가들은 주식·채권 펀드의 '지속가능한' 라벨을 정당화하기 위해 이러한 ESG 등급을 사용한다. 상당수의 투자자에게 이는 강력한 매력이다.

그러나 MSCI의 '더 나은 세상' 마케팅과 방법론 사이에는 사실 아무런 연관이 없다. 등급은 기업이 지구와 사회에 미치는 영향을 측정하지 않기 때문이다. 그들은 정반대로 세상이 회사와 주주에 미치는 잠재적 영향(기업 수익성)을 측정한다.

이 시스템의 가장 두드러진 특징은 기후변화에 대한 기업의 기록이 ESG 사다리를 올라가는 데 방해가 되는 경우가 거의 없거나 심지어 전혀 고려하지 않는다는 것이다. 세계 최대 쇠고기 구매자 중 하나인 맥도날드는 공급망 때문에 2019년, 포르투갈이나 헝가리보다 더 많은 온실가스를 배출했다. 맥도날드는 그 해 5,400만 톤의 배출량을 배출했는데 이는 4년 만에 약 7% 증가한 수치다.

그러나 4월 23일 MSCI는 맥도날드의 환경 관행을 인용하며 맥도날드의 등급을 상향 조정했다. MSCI는 맥도날드 등급 계산 시 고려 사항에서 탄소배출량을 전혀 고려하지 않고 평점을 매겼는데 MSCI는 기후변화가 기업의 수익에 위험을 초래하지도 않고 기회도 제공하지도 않는다고 판단했기 때문이다.

MSCI는 맥도날드의 환경 점수를 계산해 '포장재 및 폐기물과 관련된 위험' 완화에 대한 공로를 인정했는데 여기에는 맥도날드가 프랑스와 영국의 불특정 다수의 장소에 재활용 쓰레기통을 설치하는 것도 포함되어 있다. 다른 모든 평가에서와 마찬가지로 MSCI는 환경 문제가 회사에 해를 끼칠 가능성이 있는지 여부만 검토하고 있었다. 맥도날드는 MSCI의 ESG 등급에 대한 언급을 거부했다.[267]

맥도날드의 ESG 등급 상향조정에 재활용 쓰레기통 설치가 포함되어 있지만 정작 소고기 구매로 이산화탄소는 더 늘어났습니다. MSCI (Morgan Stanley Capital International index)가 만든 ESG 등급은 친환경이 아니라 기업의 수익성만을 고려하고 있다는 것이라 기사는 말하고 있습니다. 그렇다면 다논과 유니레버가 왜 돈을 벌지 못했는지 블랙록의 개도국 ESG펀드에서 지역 리스크를 이유로 거의 모든 돈을 인출했는지 이해할 수 있습니다. ESG를 향한 의문의 퍼즐이 점점 맞춰지고 있는 것이죠. 블룸버그가 분석한 기업 절반이 방법론 변경, 가중치 재조정 외에는 아무것도 하지 않고 업그레이드를 받았습니다. 헨리 페르난데스(Henry Fernandez)가 1980년대 2명의 비정규직 자금 관리자에서 아이디어를 받은 ESG로 수조 달러를 끌어모았고 이를 도입한 2019년 이후 주가가 4배 이상 증가했으며 ESG 비즈니스에서 만든 최초의 억만장자가 되었습니다. 비로소 ESG로 많은 돈을 번 사람을 만나게 된 것이죠. 물론 부자가 된 곳은 또 있었습니다. 블랙록의 ESG Aware 수수료는 S&P 500 펀드 수수료의 5배이며 248억 달러를 보유하고 있던 ESG 펀드는 한 달에 약 10억 달러씩 성장하고 있었습니다. ESG 펀드는 MSCI 덕분에 '지속가능한' 꼬리표가 붙었고 실제 S&P 500보다 12개의 화석연료 주식에 더 많은 비중을 두고 있었는데 이와 관련해 블랙록은 이 펀드가 투자자들에게 ESG 점수 상위 기업을 제공하도록 설계되지 않았으며 S&P 500과 비교되어서도 안 된다고 말했습니다.[268]

헤르난데스는 많은 초기 ESG 옹호자들을 극단주의자라고 부르며 회사 내부에서 그들의 견해에 반대한다고 말했다. "나는 '아니요, **우리의 임무는 ESG를 투자의 주류로 만드는 것이지, 너무 많은 마찰과 논쟁을 일으켜 주변부로 가는 것이 아니다**'라고 말했습니다"[269]

MSCI가 만든 ESG는 돈을 버는 것에 초점을 맞추고 있었으며 진지하게 친환경에 임하는 것이 아니라고 헤르난데스는 말했습니다. ESG의 실체가 커튼을 열어젖히고 본 모습을 드러낸 순간이었습니다.

블랙록의 전 지속가능 투자 최고 투자 책임자인 타릭 팬시(Tariq Fancy)는 2021년 녹색 금융 상품에 반대하는 1인 캠페인을 시작했습니다. "본질적으로 월스트리트는 경제 시스템을 그린 워싱으로 만들고 있으며 그 과정에서 치명적인 혼란을 일으키고 있다. 내가 그 중심에 있었기 때문에 잘 알고 있다"고 《USA 투데이》의 기고문에서 말했는데 그는 ESG가 오히려 기후 위기와 빈부 격차 확대를 포함하여 문제를 해결하는 데 필요한 조치를 지연시키고 있다고 주장했습니다.[270] 그린 버블과 그린 인플레이션이 그린 보틀넥을 일으킨 것과 마찬가지로 ESG 버블과 ESG 인플레이션이 친환경과 에너지전환문제를 악화시키는 ESG 보틀넥으로 가고 있었던 것입니다. ESG 평가 회사인 MSCI는 애당초 기업이 세상에 미치는 환경적 영향을 평가하려는 게 아니라 기업의 수익성을 고려한 평가등급을 매겨주고 대가를 받고 있었던 것입니다.

ESG 사망선고

독일 연방경찰은 2022년 5월 자산운용사 DWS와 그 대주주인 도이체방크 사무실을 압수수색 했는데 그린 워싱 혐의에 대한 수사 일환이었습니다. 2020년 연말 결산보고서에서 DWS가 ESG 투자를 호도하고 있다며 내부고발을 한 데지레 픽슬러는 ESG가 마케팅 담당자들에 장악당했고 의미 없는 수준으로 전락했다고 주장했습니다. 유럽 각국은 이미 2021년 9월 에너지 위기 이후 화석연료로 후퇴하면서 자신들이 세운 환경 목표를 포기하고 있었고 우크라이나 전쟁으로 위기가 심화되면서 ESG에 대한 근본적인 의문들이 고개를 들기 시작했습니다. 스위스 프라이빗뱅크 롬바르 오디에의 후버트 켈러는 ESG 투자가 무엇인지, 진짜로 작동하는지, 그리고 우리가 ESG를 할 여력이 되는지에 대한 질문을 던져봐야 한다고 말했죠.[271] 독일 경찰이 그린 워싱에 대한 수사는 결국 ESG가 마케팅용이었고 수익을 위해 그린으로 잘 포장되기만 했다는 혐의를 확인하기 위한 것이었습니다.

이제 방송과 기사엔 ESG가 미래이고 생존이란 내용 대신 ESG의 해악에 대한 고발이 늘어가기 시작했습니다. IMF와 세계은행 등 서방 선진국들은 채무자인 스리랑카에 ESG를 권고했고 스리랑카 정부는 유기농법을 도입하겠다며 화학비료 수입을 전면 금지했습니다. 그러나 질소계 비료를 대체할 것이 없었기 때문에 쌀 생산량은 급감해 식량 위기까지 치달았습니다. ESG 점수는 높아졌지만, 국가 경제는 몰락했습니다.[272] 이를 방송한 SBS는 스리랑카를 망친 ESG가 사기라는 제목을 달았습니다. 스리랑카의 100% 유기농 선언은 7개월 만에 번복되었는데 화학비료와 농약수입금지로 인해 식량 생산에 차질이 빚어졌기 때문이었습니다. 스리랑카 국립과학재단은 유기농 전환 전면화 시 기존 농업 대비 쌀 30~35%, 차 50%, 감자 30~50%, 옥수수 50%씩 수

확량이 감소하리라 전망했습니다.[273]

굶주린 시민들은 정치인과 언론인을 구타했는데 이를 막아야 할 경찰들은 시위군중들의 기세에 눌려 멀찍이 쳐다보기만 했고 오히려 시민들이 나서서 말릴 정도였습니다. 스리랑카 시민들은 석유나 가스, 약품도 없고 하루에 한 끼만 먹을 정도로 식량난에 빠져있었고 SNS에서는 나이지리아와 케냐인들이 자신들의 대륙에도 벌어질 일이라며 스리랑카 관련 시위영상들을 공유했습니다. 수천 명의 시위대가 스리랑카 수도 콜롬보에 몰려와 고타바야 라자팍사 대통령의 집과 사무실을 습격하며 그의 사임을 요구했는데 이미 인플레이션은 70%까지 치솟을 것으로 우려되고 있었으며 ESG를 권유한 IMF와 30억 달러의 구제금융을 논의하고 있었습니다.[274] 결국 라닐 위크레마싱헤 총리는 물론이고 고타바야 라자팍사 스리랑카 대통령도 사임하게 되었습니다. 생존과 미래가 있다던 ESG가 나라를 백척간두의 위기로 몰아넣었고 여기에 국제기구들이 거들고 있었던 것이죠. 그러나 IMF와 세계은행은 일말의 사태에 유감표명조차 내놓지 않았습니다. 여기에 한술 더 떠 UN의 구테흐스 사무총장은 석유·가스 회사들이 가장 가난한 사람들과 공동체들의 등 뒤에서 이번 에너지 위기로부터 기록적인 이익을 챙기는 것은 부도덕한 일이라며 횡재세를 주장했고 전 세계 82개국에서 3억 4,500만 명이 심각한 식량 불안정 상태에 놓일 수 있다고 말했습니다.[275] 적어도 국제기구는 비료가 화석연료 기반으로 만들어지며 그 비료가 없어 식량난이 심화되었다는 사실을 전혀 모르고 있는 것이 분명했습니다. IEA 역시 허황된 계획을 내놓는 건 마찬가지였습니다. IEA는 러시아의 우크라이나 침공으로 촉발된 에너지 위기상황으로 인해 국가들이 에너지 안보를 확보하기 위해 풍력이나 태양광 등 신재생에너지를 도입하게 되면서 수요가 전례 없이 치솟고 있다고 주장했는데 이는 현실에서 화석연료를 찾아 헤매는 것과 동떨어진 이야기였습니다.[276] 왜냐하면 COP27에서 인도와 함께 모든 연료의 단계적 감축에 반대한 블록은 유럽이었기 때문입니다. 불과 1년 만에 화석연료 감축에 정반대의견을 낸 이유는 다름 아닌 화석연료가 필요했기 때문입니다.

물론 탄소중립의 기치를 쉽사리 내칠 수 없는 유럽을 비롯한 국가들은 원래 계획에 따라 재생에너지 비중을 늘리려 하겠지만 재생에너지 비중이 높아질수록 비용이 증가해 에너지전환의 속도가 늦어지는 그린 보틀넥을 피할 수 없는 데다 전쟁으로 인해 원자재 가격이 더 올라간 점을 고려해야 합니다. 여기에 재생에너지에 들어갈 보조금은 에너지 비용 급등으로 인해 보조금이 인플레이션과 금리인상 우려로 축소되고 있음을 감안하면 무작정 늘리기 힘들 것이고 이것 또한 그린 보틀넥으로 다가올 것입니다. 무엇보다 폭염과 한파에 제 기능을 못 하는 재생에너지가 늘어날수록 더 많은 화석연료가 필요하게 되고 가뜩이나 타이트한 화석연료 시장을 더욱 악화시킬 수 있으며 지난해와 올해의 따뜻한 겨울로 완화된 에너지 요금을 다시 밀어 올려 인플레를 장기화할 우려도 염두에 두어야 합니다.

ESG가 사망선고를 받는 데는 채 2년이 걸리지 않았습니다. 지금은 모두가 알게 된 사실이지만 ESG 유행을 퍼트린 사람들은 기업 수익성이 펀드에도 수익을 가져다준다는 당연한 사실을 잘 알고 있었습니다. 때문에 환경에 '진심인' 기업들이 아닌 '진심인 척' 하는 기업들을 편입한 것이죠. 다논의 CEO처럼 환경에 진심이면 회사는 손실을 입게 되니 말이죠. 우크라이나 전쟁 이후 ESG는 또 다른 방향을 모색하려 했는데 리걸&제너럴 투자운용 LGIM의 최고운용책임자인 소냐 로는 우크라이나 전쟁을 ESG를 진화시키는 기회로 삼아야 한다며 방산과 에너지, 국가 리스크를 거론했습니다. 방산은 ESG 투자자들이 침략국에 맞선 주권국가에 무기를 공급할 수 있도록 해야 한다는 논리였고 에너지는 러시아 공급 차질로 에너지 안보를 강조하기 위해 나온 주장이었는데 이런 발언이 나온 이후 방산기업과 함께 석유와 가스 기업 주가가 올라가기 시작했습니다. 물론 여기에 뱅가드와 블랙록 등이 신규 석유와 가스 생산 투자 금지에 반대하겠다며 화답했죠.[277]

ESG가 무기를 만들고 석유와 천연가스를 캐내야 한다는 논리를 뒷받침하게 된 것은 무엇보다 친환경 분야로 자금이 대거 유입된 반면 수익을 내기가 어려워졌기 때문입니다. 방산기업과 화석연료기업의 주가가 오른 이유 역시 에너지 위기와 전쟁 이후 이들이 수익을 낼 것이라는 기대감이었습니다. 생존이 화두가 된 이후 ESG에 대한 관심은 빠르게 식어가기 시작했습니다. 한국 ESG 채권시장은 빠르게 축소되기 시작했고 기업들은 경기도 좋지 않은데 자금조달에 어려움을 겪으면서 ESG에 대한 관심을 거뒀습니다. 그러나 에너지 위기 이후 친환경 에너지에 대한 회의론이 부각되며 ESG에 대한 공감대가 약화되기 시작한 것이 보다 근본적인 원인이었습니다.[278]

이제 ESG에서 더 이상 기대할 것이 없게 되자 세계 자산운용사들은 발 빠르게 ESG를 버리기 시작했습니다. 주요 석유 기업들이 역대급

실적을 내고 S&P500 에너지업종 주당 순이익 증가율이 2022년 1분기 245.7%로 기록적 성장세를 보이자 명분으로만 남아있던 친환경의 허울을 벗어던지고 본격적으로 화석연료기업들로 갈아탈 준비를 하게됩니다. 약 7조 1,000억 달러의 자산을 보유한 세계 2위 자산운용사인 뱅가드는 2022년 12월 '상당한 기간의 검토' 끝에 넷제로 자산운용을 종료한다고 발표하면서 넷제로 목표와 양립되는 방식으로 투자 모델을 축소하는 것이 더 이상 실현 가능하지 않다고 주장했습니다.[279] ESG로는 돈을 벌 수 없고 자신들은 그걸 포기할 수 없다는 선언과도 같은 것이죠. 그러나 진실은 앞서 살펴본 것처럼 애초에 이들은 화석연료기업들을 버린 적이 없었습니다. 세계 30대 자산운용사는 2022년에도 주요 석유·가스 기업에 4,680억 달러를, 146개 석탄 기업에 825억 달러를 투자하고 있었는데 여기엔 블랙록과 뱅가드, 스테이트 스트리트, 아문디, JP모건 등 유수의 자산운용사들이 대거 포함됐고 이들 모두는 NZAM(Net Zero Asset Managers)의 회원입니다. 블룸버그는 "기후 위기에도 펀드매니저는 화석연료 투자를 고수하고 있다"며 "세계 최대 자산운용사 중 누구도 화석연료기업에 새로운 석유 및 가스 프로젝트 개발을 중단할 것을 확실히 요구하지 않았다"고 지적했습니다.[280] 그러니 탈퇴를 하건 하지 않건 달라지는 것은 별로 없었습니다. 다만 ESG가 더 이상 생명력을 가지기 힘들다는 것만이 확실해지고 있었습니다. 왜냐하면 ESG엔 근본적인 한계가 있기 때문입니다.

더 많은 ESG, 더 많은 화석연료

투자은행인 래저드 브러더스(Lazard Brothers)와 파이낸셜 타임스, 이코노미스트에서 일했던 에드워드 챈슬러(Edward Chancellor)는 로이터와의 인터뷰에서 ESG를 위해서는 더 많은 석유가 필요하다는 주장을 펼쳤습니다. 그동안 저유가와 팬데믹 국면으로 2013년 연간 8,000억 달러에 달하던 석유와 가스 투자는 2021년 3,500억 달러로 줄었지만 여전히 세계는 그들을 필요로 하며 대체에너지전환엔 13~14조 달러가 필요한데 이는 재생에너지 비중을 높이기 위해 더 많은 석유가 필요하다는 것을 의미한다고 말했습니다. 풍력발전을 건설해 에너지를 얻기까지는 4년 정도가 필요한데 투자금 회수와 공급을 위한 더 많은 에너지가 필요하기 때문에 ESG를 하기 위해서라도 유정에서 더 많은 석유와 천연가스를 캐내야 한다는 것이죠.[281] 풍력과 태양광 생산과 운송, 유지 보수를 위해선 화석연료의 도움이 필요했습니다. 에드워드는 그뿐만 아니라 에너지공급과 투자금 회수에도 화석연료가 필요함을 말하고 있는 것이죠. 노르웨이 국부펀드가 수익을 내기 위해서는 그들이 투자한 기업들의 주가가 올라야 하겠지만 근본적으로는 그 주식에 투자할 자금을 자신들의 석유를 캐내서 만들어야 합니다. 그들이 아무리 탈탄소에 진심이라 하더라도 자신들의 석유를 포기하지는 않을 것이고 여러 차례 그런 입장을 밝혔습니다. 노르웨이 전기차 보조금 역시 화석연료에서 나오고 있는데 만약 그들이 보조금을 끊는다면 전기차 판매는 급락할 것이고 실제로 2017년 보조금 제도를 중단하겠다고 선언한 덴마크의 경우 같은 해 1분기 전기차 판매량이 무려 60% 급감했습니다. 그러나 보다 중요한 것은 전기차 비중이 늘어갈수록 내연기관차의 세입이 줄어든다는 것인데 2013년 507억 크로네(약 6조 7,562억 원)에서 2018년 248억 크로네(약 3조 3,048억 원)로 무려 절반 이상 급감했습니다.[282] 보조금의 원천이 줄어드는데 이를 줄이면 전기차 보급이 떨어지게 되니 남는 선택은 더 많은 석유를 캐내야 한다는 결론에 다다르게 됩니다. 에드워드의 말이 현실화되는 것이죠.

일반적으로 재생에너지와 ESG는 화석연료와 '단절'하는 수단으로 알려져 있지만 이들은 실제로 단단히 '연결'되어 있다는 사실을 전문가들도 명확히 알지 못하고 있었습니다. 1992년 『황금의 샘』 이후 『뉴 맵』에 이르기까지 베스트 셀러를 보유하고 있으며 세계에서 가장 영향력 있는 에너지와 국제관계 전문가인 대니얼 예긴 역시 여기에서 자유롭지 못했습니다. 그는 2022년 3월 《뉴욕타임스》 에즈라 클라인(EZRA KLEIN) 팟캐스트에서 우크라이나 전쟁 이후 세계 에너지 시장에 대한 전망을 밝혔는데 유럽이 러시아 천연가스와 단절하는 것이 길고 어려운 일이 되겠지만 그렇게 할 것이며 푸틴은 이런 유럽을 오판하고 여전히 자신들의 화석연료에 의존할 것이라 생각해 전쟁을 벌였지만 결과적으로 에너지 슈퍼파워의 지위를 잃어 중국의 에너지 속국으로 전락할 것이란 주장을 했습니다. 그는 또한 미국의 LNG가 경제적, 에너지 가치를 넘어 지정학적 자산으로 변했다고 했는데 이는 피터 자이한의 생각과는 배치되는 것이었죠. 그러나 대니얼 예긴은 유럽이 한동안 석탄에 의존하겠지만 러시아 에너지 의존도에서 벗어나기 위해 천연가스보다 풍력발전에 의존할 것이며 재생에너지는 기후변화뿐만 아니라 에너지 안보에 관한 것이라 역설했습니다. 재생에너지 비중이 높아지면 천연가스가 그다지 많이 필요 없을 것이라고도 했죠.[283] 이는 두 에너지원의 '단절'을 주장하는 것이었고 현실과 많이 동떨어져 있었습니다. 하지만 그가 이야기했던 에너지 안보로서의 재생에너지는 적어도 1970년대 오일 쇼크 시대에는 맞는 이야기였습니다. 하지만 지금은 에너지 안보를 해치는 존재가 되었고 전 세계는 탄소중립보다 에너지 안보를 외치며 화석연료를 찾고 있다는 점이 그때와 다른 것이죠. 그러나 그는 4개월 후 또 다른 포럼에서 에너지 위기가 전쟁 이전부터 시작되었고 신재생에너지전환 목표가 과도하게 설정되면서 기존 화석 에너지 투자가 급격히 줄어들었던 점을 원인으로 지목하며 전환 목표를 다소 낮출 필요가 있다고 관점을 바꿉니다.[284] 게다가 신재생에너지전환 정책이 다른 원자재 가격의 폭등으로 이어질 수 있다는 점도 지적했는데 이는 그동안 많은 전문가들이 지적했던 그린 인플레이션과 분자 위기의 그것과 일치하는 것이었죠. 그가 ESG와 화석연료의 '연결'을 정확히 인지하고 있는지는 알 수 없습니다. 그러나 그가 이점을 이해한다면 더 많은 사람들에게 에너지 위기와 전 세계가 나아가야 할 방향을 더 잘 제시해 줄 수 있을 것이라 생각합니다.

연극이 끝나고 난 뒤

2023년이 되자 블랙록의 래리 핑크는 2건의 사임 요구서를 받아들었는데 노스캐롤라이나 주정부가 블랙록의 ESG 투자 기조가 수익 추구 의무와는 거리가 멀다며 공개적으로 해임을 요청했고 행동주의 헤지펀드 블루벨 캐피털이 블랙록이 ESG를 외치면서도 화석연료에 대한 투자를 계속하며 회사 신뢰도를 훼손하고 있다며 CEO 교체를 요구합니다.[285] ESG를 찬성하는 곳과 반대하는 양쪽에서 모두 래리 핑크를 끌어내리려 한 것이죠. 이미 텍사스 주가 자신들을 먹여 살리는 화석연료산업에 해를 끼쳤다고 판단해 블랙록을 블랙리스트에 올린 이후 노스캐롤라이나는 물론이고 플로리다, 루이지애나, 켄터키 등 블랙록을 포함해 ESG에 몸담았던 기업들을 보이콧하는 주가 늘어나기 시작했습니다.

켄터키 주는 블랙록, 시티뱅크, JP모건, BNP Paribas, HSBC 등 에너지 기업 보이콧 명단을 발표하면서 노동력의 약 7.8%가 에너지 부문에서 나오는 중요한 산업임에도 지난 ESG 운동으로 타격을 받아왔기 때문에 납세자의 돈으로 우리에게 해를 끼치는 이념을 지지하는 데 사용하지 않을 것이라며 '만약 그들이 화석연료산업을 보이콧한다면, 우리는 당신과 비즈니스를 하고 싶지 않다'는 법안을 통과시켰습니다.[286] 켄터키의 보이콧 목록에 있는 많은 금융 기관은 GFANZ(Glasgow Financial Alliance for Net Zero), NZBA(Net Zero Banking Alliance)와 같은 국제 클럽의 회원인데 앞서 살펴본 바와 같이 이들은 넷제로 동맹에서 탈퇴하고 있었습니다. 중요한 고객을 잃어버릴 수는 없으니까 말이죠.

이미 블랙록은 2021년 11월 화석연료기업 입찰에 들어가면서 이들의 공급제한은 비용만 상승시킬 뿐 에너지전환을 일으키지도 않는다면서 위대한 화석연료기업과 함께해야 한다고 ESG를 부정했고, 2022년 투자자 레터에서 과거에도, 현재도, 미래도 화석연료의 최대 투자자가 될 것이라며 탄소집약적 기업이 에너지전환에서 중요한 역할을 한다고 ESG를 두 번째 부정했습니다. 그리고 그해 10월 영국의회에 출석한 블랙록은 자신들의 역할이 실물경제에서 탈탄소화를 설계하는 것이 아니라며 화석연료에 신규투자가 필요 없다는 넷제로 시나리오를 지지하는가라는 물음에 아니라고 답변하면서 반ESG의 동이 트기도 전에 자신들이 내세운 ESG와 넷제로를 세 번째 부정하게 됩니다.[287] 12월 열린 텍사스 청문회에서는 스테이트 스트리트와 함께 자신들이 주식을 소유한 기업들에게 ESG 의제를 강요하기보다는 기후 문제를 다른 회원들과 논의하기 위해 NZBA와 같은 클럽들에 가입했을 뿐이라고 증언했습니다. 블룸버그가 극찬했던 가장 기후변화에 진보적인 기업의 완벽한 배신이었습니다. 만약 블랙록이나 브룩필드에 투자했거나 자산운용을 위탁했다면 이들은 우리에게 투자자에 대한 의무를 가지게 될 것입니다. 그리고 우리는 평소에 래리 핑크가 했던 말과 다른 말을 듣게 되겠죠.

> "자산운용사는 올바른 정보를 제공함으로써
> 투자자를 보호해야 할 의무가 있다"

ESG 마케팅에 편승하던 기업들 역시 침묵으로 일관하기 시작했습니다. 샤넬은 2030년까지 탄소배출량 10% 감축 목표를 달성하지 못하면 수백만 유로를 추가로 더 내겠다는 조건으로 6억 유로(8,200억 원) 규모의 'ESG 채권'을 발행했지만 이미 목표를 달성한 사실을 숨기고 친환경 명분으로 채권을 발행해 낮은 금리로 자금을 조달했다고 비판받았는데 외신들은 이 같은 샤넬의 행동을 과거에 친환경으로 홍보했던 내용을 슬그머니 감추거나 더는 관련 정책을 발표하지 않고 입을 다무는 경우인 '그린 허싱(green hushing)'이라고 꼬집었습니다. 그린 워싱이 들키자 녹색 침묵을 택했다는 것이죠. 친환경 의류 라인이 다른 옷을 만들 때보다 물을 20%가량 적게 소비하고 화학 섬유를 덜 쓰는 제품이라 홍보한 스웨덴 패스트 패션 회사 H&M은 친환경이 아니라는 사실이 밝혀지자 해당 제품을 매장에서 뺐습니다.[288]

좋게 봐도 ESG는 선의에 기초한 캠페인이었습니다. 사람들이 친환경에 관심을 가지고 기꺼이 더 비싼 제품을 구매하면 그것이 기업의 이익으로 연결되고 더 많은 기업이 친환경에 참여하면서 세상이 바뀔 것이라는 기대감에서 출발했으며 블랙록 등 다수의 투자기관이 ESG를 활용해 자금을 끌어모았습니다. 그러나 소비자들은 몇 차례 친환경 제품을 구매할 수는 있어도 이를 지속할 유인이 떨어진다는 사실을 간과했습니다. 더 비싸면서 질이 낮은 제품을 '왜' 구매해야 하는지에 대한 기업의 대답은 에너지전환과 같이 당위에 불과했기 때문입니다. 그곳에 미래와 생존이 있다는 모호한 구호로 사람들의 지갑을 열게 하기는 턱없이 부족했고 이는 ESG에 진심이었던 다논과 유니레버 같은 기업의 매출과 수익저하로 이어졌습니다. 친환경을 추구한다던 ESG 펀드에서 지속적으로 친환경과 거리가 먼 화석연료기업은 물론 패스트패션 기업이나 환경에 문제를 일으키는 기업들이 발견되었고 해당 펀드를 판매하는 블랙록 등의 금융기관은 그때마다 입을 닫고 관련 자료 제출을 거부했습니다.

무엇보다 이들은 재생에너지와 마찬가지로 ESG가 화석연료와 밀접한 관련을 맺고 있다는 사실을 숨겼습니다. 때문에 ESG 평가기법은 진정한 친환경과는 거리가 멀고 기업의 수익성과 밀접한 관련이 있는 평가항목으로 구성되었으며 기업은 친환경 이미지를 위해 기꺼이 MSCI에 평가비용을 지불하며 상부상조했던 것이죠. 만약 에너지 위기가 아니었다면 ESG의 생명력은 좀 더 길었겠지만 에너지와 다른 모든 것들이 부족하며 가격이 급등하자 이들 기관은 재빠르게 말을 바꿔 타면서 화석연료기업들의 위대함을 칭송하기 시작했고 ESG 펀드에서 자금을 인출했습니다. 조금 더 자세히 들여다보면 투자기관과 은행들은 애초부터 고수익을 내고 있던 화석연료기업들을 투자에서 배제할 생각이 전혀 없었지만 ESG 마케팅에 잠시 올라탔을 뿐이었습니다. 하지만 ESG로 향하는 자금유입규모가 거대해질수록 친환경 분야의 비용은 상승하고 수익은 저하되기 시작했습니다. 심지어 S&P 글로벌 청정에너지 지수에서 가장 큰 상장 펀드인 블랙록의 IShares Global Clean Energy는 ETF 투자손실이 났음에도 2021년 초부터 28억 달러 이상 자금이 유입되었습니다. 따라서 수익을 낼 수 있는 더 많은 기업들을 유치해야 했으며 이는 친환경과 거리가 먼 기업들에게 ESG 명패를 붙여주는 행동으로 연결되기 시작했죠. 앨 고어(Al Gore)의 360억 달러 투자 펀드는 석유 자금을 구걸하고 있었고 비슷한 시기 그린 워싱에 대한 단속은 ESG 단어를 사용한 판매를 더 신중하게 만들고 있었습니다.[289] 그러니 시간이 갈수록 선한 의도와는 정반대로 ESG는 가고 있었던 것입니다.

현재의 재생에너지는 여전히 화석연료에 지나친 의존을 한다는 점에서 순수한 그린보다는 블랙그린(blackgreen)으로 불려야 합니다. 수소경제가 그레이수소에서 블루와 그린을 통해 점차 친환경으로 전환하듯이 재생에너지 역시 화석연료 의존도를 점차 낮추는 노력을 통해 블랙그린에서 블루그린, 그리고 진정한 친환경 에너지로 변화해야 '그린'을 붙일 수 있게 해야 합니다. 태양과 바람이 친환경일 뿐 그것을 에너지로 전환하는 거의 모든 프로세스는 화석연료에 기반하기 때문에 아무런 노력이 없다면 ESG를 비롯한 에너지전환정책은 또 하나의 화석연료산업이라 불려도 손색이 없습니다. 오히려 친환경마케팅으로 화석연료에 대한 투자를 줄이기 때문에 전 세계는 에너지 부족으로 신음하고 있습니다. 그리고 아무 의심 없이 ESG를 한국에 소개하며 여기에 미래와 생존이 걸려있다고 부화뇌동한 전문가들 역시 책임에서 자유로울 수 없습니다. 그들의 주장과 다르게 선진국들과 투자기관들은 에너지 위기에서 화석연료를 찾아다녔고 사회적 장기투자라던 ESG에서 1년 만에 투자금을 인출하며 화석연료기업들을 칭송하고 있습니다. 언론들 역시 의심하기보다는 '대세'라는 이름으로 ESG 마케팅에 편승했고 지금까지 언론사 홈페이지에 비중 있게 ESG를 소개하고 있습니다.

향후 ESG는 어떤 길을 가게 될까요. 최악의 시나리오는 선진국들과 글로벌 투자기관들은 모두 발을 빼는데 한국만 꿋꿋이 ESG의 길을 가는 것입니다. 이미 선진국들은 팬데믹 이후로 화석연료산업의 투자를 늘렸고 일자리 감소 등 여러 이유로 기존 구경제로 복귀하는 데다 투자기관들 역시 넷제로에서 이탈했습니다. 반면 한국의 많은 기업들과 전문가들은 여전히 여기에 미래가 있다고 믿고 있습니다. 이 불일치가 한국에 어떤 리스크가 될지는 앞에서 이미 설명했기 때문에 덧붙일 필요는 없을 것 같습니다. 앞서 살펴본 것처럼 일본 공적연금은 환경이나 ESG라는 이름을 사기 위해 수익을 희생할 수 없다고 말했고 워런 버핏 역시 기업의 가장 큰 목표는 합법적으로 수익을 올리는 것이라 말했습니다. 바꿔말하면 합법적으로도 수익을 올리지 못하는 기업들이 세상엔 부지기수란 말과 같습니다. 투자기관들 역시 ESG 워싱을 하면서 이를 몸소 증명했죠. 그러나 ESG는 사라지지 않을 것입니다. 정확히 말하면 친환경으로 가는 다양한 방법들이 비즈니스모델과 결합해 선의로 사람들을 다시 유혹할 것입니다. 지속가능개발의 선구자로 370억 파운드 자산을 운용하는 임팩스자산운용의 창업자이자 CEO인 이언 심은 ESG라는 용어는 이제 모든 이에게 모든 것을 의미하게 됐다, 퇴출이 가까워졌다며 ESG 대신 더 좋은 이름표를 찾아야 한다고 말했습니다.[290] 지속가능경영이 ESG로 변화했듯이 앞으로도 ESG를 대체하는 많은 캠페인이 생겨나고 없어질 것입니다. 중요한 것은 캠페인의 본질을 파악하고 이를 실행할 경우 경제주체와 국가에 어떤 변화가 일어날지 알아내는 것입니다. 이제 더 이상 무분별한 친환경마케팅에 나라의 미래를 덜컥 맡기려는 행동을 해서는 안 됩니다.

안보화폐 – 닫힌 세계에서 필요한 것

안보화폐

2022년 8월 《월스트리트저널(WSJ)》은 시진핑 주석의 사우디아라비아 방문이 '페트로 달러 체제'를 흔들 수 있다고 보도했습니다. 페트로 달러 체제란 석유는 반드시 달러로 사야 한다는 시스템으로, 미국과 사우디가 1970년대 비밀협약을 맺어 현재까지 이어져 오는 제도이며 협약 내용은 사우디와 OPEC(석유수출국기구)은 석유 거래를 달러로만 결제함으로써 미국의 달러 패권을 유지해 주고, 미국은 그 대가로 사우드 왕가에 안보 우산을 제공한다는 밀약입니다.[291] '페트로 달러(petro dollar)'는 금본위제를 탈피한 달러가 기축통화 지위를 유지할 수 있게 만들어 준 핵심축이었는데 원유의 위안화 결제는 달러 패권이라는 견고한 댐에 금이 가기 시작한다는 걸 의미합니다. 미국이 달러 중심 국제 금융 결제망인 스위프트(SWIFT(국제은행 간 통신협정))에서 러시아를 퇴출하는 등 강력한 금융 제재에 나서자, 러시아를 비롯해 미국과 가깝지 않은 국가를 중심으로 달러 생태계에서 벗어나려는 노력이 가시화된 것이라는 분석도 있었고 실제로 미 연방준비제도(Fed)의 제롬 파월 의장도 지난 3월 초 의회 청문회에서 "2개 이상의 기축통화를 보유할 수도 있다"며 위기감을 나타냈습니다.[292] 이미 러시아는 우크라이나 전쟁 이후 유럽을 비롯한 자국의 천연가스 구매자들에게 루블화 결제를 요구했고 상당 기간 루블화는 강세를 띠었음을 앞서 설명한 바 있습니다. 런던금속거래소(LME)에서 거래되는 주요 광물 중 리튬, 게르마늄, 몰리브덴, 바나듐, 셀레늄 등의 가격은 모두 중국 위안화로 표시되는데 이 같은 위안화 표시 광물들의 공통점은 바로 중국의 시장 장악력이 압도적으로 높다는 공통점이 있습니다.[293] 그러니 페트로 달러에만 초점을 맞추고 있는 사이 석유가 아닌 다른 화석연료와 핵심광물이 다른 통화로 표시되거나 결제되면서 균열이 가고 있었습니다. 그리고 에너지 안보의 중요성이 확대되면서 이들이 화폐와 유사한 지위를 얻게 되는데 이것이 바로 안보화폐(security currency/money)입니다. 원유를 안정적으로 도입하기 위해 페트로 달러라는 기축통화가 필요하듯 에너지 안보를 확보할 수 있는 모든 분자(molecule)는 이론적으로 안보화폐가 될 수 있습니다. 여기엔 셰일을 비롯한 화석연료부터 니켈, 코발트, 희토류를 포함하는 핵심광물과 배터리, 반도체 등의 미래첨단산업도 포함될 수 있습니다. 안보화폐는 기본적으로 '부족과 희소함'에서 기인합니다. 따라서 어떤 이유로 이들의 공급이 늘어나고 희소함이 사라지면 자연스럽게 안보화폐의 가치는 떨어집니다. 페트로 달러가 '달러'에 초점이 맞춰져 있다면 안보화폐는 '상품'에 초점이 맞춰져 있다는 차이가 있습니다.

> 사우디의 원유를 안정적으로 도입하기 위해 미국이 페트로 달러(petrodollar)를 만들었다면, 이제는 미국의 에너지를 수출하기 위해 '시큐리티 달러(security dollar)'를 만들 수 있다. 미국의 안보는 에너지 공급과잉 시대의 외환 보유고가 될 수도 있다. 미국의 안보에 의존하는 국가들은 새로운 외환 보유고를 쌓기 위해 미국의 에너지 수입을 늘려야 할 수도 있을 것이다.[294]

미국의 안보화폐

미국의 시큐리티 달러는 의심할 바 없이 '셰일'입니다. 피터 자이한은 그의 저서 『21세기 미국의 패권과 지정학』에서 미국이 브레튼우즈 체제를 통해 국제무역과 세계질서를 유지 시켰던 이유는 미국의 에너지 안보 문제가 있었는데 셰일의 발견으로 그럴 필요가 없어졌다고 주장했습니다. 게다가 미국의 셰일은 에너지의 생산지와 소비지가 일치해 운송비용을 크게 줄일 수 있는 등의 특징으로 수십 년간 탄화수소의 가격이 유럽의 절반 이하, 일본의 3분의 1 이하인 수준으로 머물러 있을 것이라 전망했습니다. 미국을 에너지 독립국으로 만들어 준 셰일은 유럽의 에너지 위기에 LNG의 형태로 수출되면서 유럽의 안보 보유고를 채워주는 데도 일등공신의 역할을 수행했습니다. 게다가 안보 보유고는 실제 외환 보유고로 전환되기까지 할 수 있는데 한국이 바로 이런 케이스였습니다.

> 셰일 혁명 덕분에 미국은 아시아 지역에서 새롭게 '존재감'을 드러냈다. 많은 아시아 국가들에게 도움이 됨과 동시에 전략적으로도 중요한 존재가 된 것이다. 미국이 새롭게 등장하면서 LNG 수입에 대한 선택지와 그 밖의 수입 시장이 다양해졌고 중동 지역과 호르무즈 해협(Strait of Hormuz)에 대한 의존도가 약화되었다.
>
> 현재 한국은 이미 미국 LNG의 최대 수입국이다. 게다가 어느 한국 고위 관료의 말처럼 미국의 천연가스는 "지금까지 거래해 온 다른 국가들과 새롭게 협상을 벌이는 데 도움을 주고 있다" 또한 한국 정부가 공공연히 지적하듯, 미국으로부터 천연가스를 더 많이 사들일수록 대미 무역흑자의 규모도 줄어든다.[295]

안보화폐가 작동하는 방식은 이렇습니다. 한국은 미국의 시큐리티 달러를 구매하여 안보 보유고를 쌓는 대신 외환 보유고가 줄어들게 됩니다. 그러나 한국은 시큐리티 달러를 지렛대 삼아 다른 천연가스 공급국들을 상대로 더 나은 계약조건을 요구할 수 있습니다. 이 과정에서 줄어든 외환 보유고를 복구하거나 심지어 더 많은 외환 보유고를 쌓을 수 있습니다. 결과적으로 한국은 외환 보유고엔 큰 변화가 없지만 미국의 안보 보유고를 높이는 과정에서 중동의존도를 줄이는 효과까지 거두게 됩니다. 미국은 자국의 한국에 대한 영향력을 높이면서 무역 적자도 줄이게 됩니다. 반면 중동은 자신들의 고객이 미국으로 빠져나감에 따라 외환 보유고는 물론 미국의 셰일 독립으로 안보에도 영향을 미치게 됩니다. 그리고 실제로 사우디의 경우 페트로 달러가 유지되고 있었음에도 저유가국면에서 경제에 치명타를 입게 됩니다. 이런 선순환을 과잉의 시대에 한국이 러시아 천연가스 구매로는 얻을 수 없습니다. 파이프라인은 중국에서 막혀있고, 북극해로 운송할 LNG는 계산기를 다시 두드려 봐야 합니다. 결정적으로 미국의 셰일을 포기하며 러시아의 천연가스를 구매하게 되면 안보 보유고를 쌓을 수도 없고 대미무역흑자로 인한 압력은 거세지겠죠. 그리고 러시아의 영향력이 커질수록 그들이 다른 마음을 먹는 것을 알고 있는 한국으로서는 크게 메리트가 없습니다.

『기후변화와 에너지산업의 미래』에서 이야기했던 안보화폐 개념엔 화석연료 과잉공급 국면에서 에너지 수입을 통한 안보강화라는 측면에서만 설명했었다면 현재는 수입국의 실질적 에너지 안보강화를 위한 액션이라는 점이 추가되었습니다. 물론 안보화폐를 수출하는 국가의 영향력은 과거 '과잉의 시대'보다 더 높아지고 가치는 상승하게 됩니다. 에너지 위기로 인한 '부족의 시대'가 우크라이나 전쟁을 만나 악화되는 가운데 러시아 화석연료와 곡물, 핵심광물에서 벗어나려는 서구 사회의 노력이 가시화될수록 안보화폐의 영향력과 가치는 더욱 상승할 것입니다. 특히 안보화폐가 기존의 화폐와 다른 점은 현재 에너지 위기가 '돈으로 해결할 수 없는' 특징이 있기 때문입니다. 우크라이나 전쟁으로 유럽의 천연가스 공급이 불투명할 때 러시아는 자국의 인기 없는 루블화를 천연가스라는 안보화폐(시큐리티 루블)와 연결해 실질통화가치 상승을 이끌어 냈습니다. 2021년 두 차례의 에너지 위기 국면에서 유럽은 머니게임을 통해 부족한 천연가스를 수입했지만 재생에너지가 기대했던 전력을 반복적으로 생산하지 못하면서 수요가 상승함에도 공급제한이 발생했습니다. 여기서 머니게임에 실패하게 되면 돈이 있어도 부족한 에너지를 채울 수 없는 경우가 발생하게 되는데 이는 유럽의 에너지 안보 위험이라는 실존적 문제로 연결됩니다. 이때 미국이나 아프리카 등 대안이 충분치 못할 경우 에너지공급 부족으로 취약계층의 사망률이 상승하고 경제에 막대한 피해를 야기하게 됩니다. 이코노미스트는 자신들의 모델링으로 분석한 결과 정상적인 겨울에 실질 에너지 가격이 10% 상승하면 사망자가 0.6% 증가한다는 사실을 알아냈는데 이는 에너지 위기로 인해 유럽 전역에서 10만 명 이상의 노년층 추가 사망이 발생할 수 있다는 이야기가 됩니다. 푸틴의 에너지 무기는 포, 미사일, 드론으로 우크라이나를 직접 타격하는 것보다 우크라이나 밖에서 더 많은 생명을 앗아갈 수 있다는 것이죠.[296]

중국의 안보화폐

미국의 안보화폐가 셰일이라면 중국의 안보화폐(시큐리티 위안)는 태양광과 풍력발전, 배터리와 전기차에 필요한 핵심광물과 희토류 산업이라고 할 수 있습니다. 우선 태양광의 경우 중국의 비중이 막대합니다. 글로벌 시장에서 폴리실리콘의 중국생산 비중은 2023년 80%를 넘어설 것으로 예상되고 있으며 웨이퍼는 2022년 기준 97%로 중국 없이는 태양전지 생산이 불가능한 상황입니다. 미국이 인플레이션 감축법(IRA: Inflation Reduction Act)을 통과시켜 태양광 공급망 구축에 나설 예정이지만 웨이퍼 공급 문제를 해결은 가장 어려운 과제라 해도 과언이 아닙니다.[297] 태양전지 85.5%, 모듈도 80.6%를 차지하고 있는 등 태양광 산업은 중국의 강력한 안보화폐 중 하나입니다. 세계 각국이 에너지전환을 위해 태양광을 늘리려 한다면 자국의 밸류체인으로는 불가능하며 중국의 안보화폐를 어떤 방식으로든 받아들여야 하는데 이는 중국의 영향력, 즉 시큐리티 위안의 가치가 상승하게 되며 수입국으로서는 중국의존도가 높아지게 됩니다. 풍력발전의 경우 태양광만큼 압도적이진 않지만 2020년 기준 글로벌 나셀시장의 57.9%, 블레이드 생산기업의 59%, 발전기 생산기업의 39%를 기록하고 있으며 풍력터빈 글로벌 상위 10개사 중 6개사가 중국기업이고 해상풍력의 경우 2021년 거의 대부분의 터빈을 중국이 공급했습니다.[298] 리튬배터리의 경우 글로벌 생산용량의 79.5%를 점유하고 있으며 리튬배터리 시장점유율은 CATL(34%), BYD(12%) 2개사가 절반에 육박할 정도입니다. 하지만 핵심광물과 정제산업으로 가면 중국의 안보화폐 가치는 더욱 올라갑니다. 중국은 해외 광물을 수입해 정제하는 공급망을 탄탄히 구축해 전 세계 리튬의 60%, 코발트의 80%를 가공해 수출하고 있는데 무역협회에 따르면 한국도 수산화리튬의 84%를 중국에서 수입했습니다.[299] 원재료인 리튬을 전기차 배터리로 활용하려면 정제·가공이 필수적이기 때문에 아무리 리튬생산량을 확보해도 정제하지 않는다면 아무 소용이 없습니다. 희토류의 경우 중국은 세계 희토류 생산의 90%를 차지하고 있는데 미국은 희토류 수입의 약 80%를 중국에 의존하고 있으며, EU가 발표한 30개 핵심광물자원의 EU의 중국의존도는 2012~2016년 기간 동안 44%, 희토류의 중국의존도는 98% 이상입니다.[300] 재생에너지와 배터리, 핵심광물 분야에서 중국을 제외하고 산업을 영위하기란 불가능에 가깝다는 점에서 중국 안보화폐의 위치는 에너지 기축통화라고 해도 과언이 아닙니다.

시큐리티 위안을 만드는 과정 또한 글로벌 세계는 주의 깊게 보아야 합니다. 중국은 자신들이 미흡하다고 생각되는 부문에 대한 전방위적 투자를 진행했는데 이 대상이 유럽이었습니다. 2008~2015년 동안 중국의 유럽 에너지 부문 총 투자규모는 282억 달러를 기록했는데 국영기업을 중심으로 유럽 에너지 기업 지분 인수, 에너지 관련 건설 및 계약, 유럽 에너지 회사의 직접 인수 등을 통해 유럽 국가의 전력망은 물론 전통 에너지 생산 인프라, 재생에너지 기업, 원전까지 유럽 에너지 시장의 모든 부문에 투자를 진행합니다.[301] 이러한 중국의 투자전략으로 유럽은 자신들의 최첨단기술 분야 경쟁력에 타격을 받을 수 있다는 점을 우려했지만 금융위기로 휘청이던 EU에게 중국의 투자는 거부할 수 없는 제안이었습니다. 시진핑 주석은 2019년 프랑스를 방문하고 에어버스의 항공기 300대, 350억 달러(40조 원)어치를 구매했으며 이탈리아에선 최대 200억 유로(25조 6,500억 원) 규모의 MOU를 체결했습니다.[302] 헝가리에선 발칸반도를 잇는 고속철도 건설 자금 18억 5,500만 달러(약

2조 3,000억 원)의 차관협정을 체결했는데 이는 '일대일로(一帶一路: 육상·해상 실크로드)' 계획의 일환이었습니다.[303] 이후에는 자신들의 장점을 최대한 살리게 되는데 그것은 자신들의 막대한 자금으로 기술의 시간적 단축을, 거대한 내수시장을 통해 기술의 공간적 단축을 빠르게 진행하게 됩니다. 여기엔 저렴한 에너지원과 낮은 인건비, 그리고 정부의 보조금이 동원됩니다. 이렇게 갖춘 규모의 경제가 상상을 초월합니다. 글로벌 태양광 설치규모는 2018년 100GW를 넘긴 이후 2022년 240GW로 늘어날 전망인 데 비해 중국의 공급규모는 2019년 204GW에서 2025년 500GW 이상으로 늘어날 전망입니다.[304] 규모의 경제는 매출과 영업이익 비교로도 알 수 있는데 중국 1위 기업인 징코사의 2020년 매출은 585조 원, 영업이익은 30조 원에 육박합니다. OCI의 2020년 매출은 2조 원대로 징코사 영업이익의 15분의 1에 불과한데 규모의 차이가 이래서는 직접경쟁은 불가능합니다.[305] OCI의 군산공장 가동 중단과 말레이시아 생산용량 증대 또한 중국과의 직접경쟁이 한국에서는 어렵기 때문에 내린 결정이었죠. 이렇게 경쟁자들을 물리친 이후 중국 태양광은 에너지전환에 있어 강력한 안보화폐로 자리매김하게 됩니다.

전기차 배터리 역시 마찬가지입니다. 독일은 2000년대 초 중국의 전략으로 태양광 부문의 선두에 서기 전까지 가장 큰 태양전지 생산국이었습니다. 따라서 같은 실수를 반복하지 않기 위해 독일과 프랑스를 중심으로 한 유럽은 배터리산업에 드라이브를 걸었는데 2017년 10월 마로스 셉쵸비치(Maros Sefcovic) EU 집행위원회 부위원장은 80개 이상의 기업·연구소 등이 대거 참여하는 EU 배터리연합(EU Battery

Alliance)의 출범을 선언하고 배터리산업 육성을 위해 EU 차원의 산업 정책을 수립할 계획임을 천명합니다. 이외에도 빌 게이츠와 투자자들이 만든 1억 유로 규모의 Breakthrough Energy Ventures 펀드와 푸조, 지멘스 등 EU 내 260개 기업들이 연합해 에너지 저장장치 생산 역량을 구축하기 위해 연합전선을 펼칩니다. 그러나 중국의 생산능력을 뒤쫓아 가기엔 너무나 격차가 컸죠. 유럽이 성공적으로 배터리산업을 키운다 해도 2025년 1,211GW 규모로 예상되는 생산용량의 63%는 여전히 중국이 차지하고 있으며 2019년 4%에 불과한 유럽의 그것은 2025년 11%로 증가하는 데 그칩니다.[306] 당시 블룸버그 분석엔 그린 인플레이션과 그린 보틀넥 그리고 주요 핵심광물의 생산과 가공의 접근성은 고려하지 않았습니다. 따라서 유럽이 공격적인 에너지전환과 넷제로 전략을 구사할수록 중국 안보화폐의 가치는 더욱 상승할 것이며 중국의존도는 심화될 것입니다.

사우디의 안보화폐 - 페트로도 달러도 위험하다

앞서 살펴본 바와 같이 페트로 달러는 사우디와 미국 모두에게 좋은 일이었습니다. 미국은 금본위제 폐지 이후 사우디의 석유를 통해 달러 패권을 유지했고 사우디는 미국의 안보망에서 자국의 국방을 지킬 수 있었습니다. 그러나 셰일이 발견된 이후 미국은 에너지 독립국이 되었을 뿐만 아니라 사우디를 제치고 세계 최대 석유수출국으로 발돋움하면서 중동의 중요성이 이전보다 떨어지게 됩니다. 2014년 이후 저유가국면은 장기화되었고 미국은 자국의 셰일을 과잉의 시대 안보화폐로 사용하면서 사우디가 가진 석유의 가치는 급속도로 하락하기 시작했죠. 게다가 2018년 12월 20일 시리아 주둔 미군의 전면 철수를 선언한 도널드 트럼프 미국 대통령은 이라크의 알아사드 미군 공군기지를 방문한 자리에서 "미국은 세계의 경찰 역할을 할 수 없으며, 미국은 세계의 호구가 아니다"라고 선언하게 되는데 이는 미국이 세계 질서 유지에서 손을 뗀다는 말과 크게 다르지 않았습니다.[307] 사우디에게 있어 미국의 셰일은 석유는 물론 안보에도 악영향을 주고 있었습니다. 미국은 페트로 달러의 필요성이 줄었고 사우디는 페트로 달러에서 아무런 이익을 얻지 못하면서 사우디 경제는 급속도로 식어가기 시작했습니다.

사우디 경제성장률은 2011년 10.3%에서 2017년 0.1%로 급감했고 국가부채는 2014년 443억 달러에서 2017년 4,327억 달러로 급증했으며 청년실업률은 36.2%를 기록했습니다. 석유 부문은 사우디 정부 세입(歲入)의 87%, 수출의 90%, 국내총생산(GDP)의 42%를 차지하기 때문에 저유가가 지속되면 사우디 경제는 근본부터 흔들릴 수밖에 없죠.[308] 사우디의 첫 번째 미션은 석유 이외의 먹거리 개발로 원유 의존도를 탈피하는 것이 아니라 원유를 안정적으로 구매해 줄 수입국들을 붙들어 두는 것이었습니다. 특히 중동산 원유에 맞춰 설비를 갖춘 한국 같은 나라가 미국의 셰일로 급격히 이동하는 것을 막아야 했습니다. 2019년 사우디의 빈 살만 왕세자 방한으로 10조 원에 달하는 경제협력 MOU에서 아람코는 자신이 최대주주와 2대 주주로 있는 에쓰오일과 현대오일뱅크를 통한 석유 부문 장기투자를 단행한 이유도 여기에 기인합니다. 페트로 달러에서 자국의 안보와 경제성장을 기대할 수 없는 사우디는 중국과 러시아와의 협력을 타진하기 시작했습니다.

2019년 8월 《프로젝트 신디케이트》는 〈왜 중동은 중국에 베팅하고 있는가〉란 기사에서 정치개혁이나 체제 변동 없이 역동적이고 빠르게 성장하는 경제성장과 발전을 통해 정통성을 강화할 수 있는 중국 모델에 매력을 느꼈다고 분석했습니다.[309] 중국 역시 자신들의 일대일로 사업과 사우디의 비전 2030이 만나는 지점에서 협력할 것들이 많이 있었습니다. 사우디는 판진 정유·석유화학 복합단지 투자 계약에 100억 달러를 썼고 아람코는 저장(浙江)석유화공유한공사 대주주와 양해각서 (MOU)를 체결해 저장석유화공 정유·석유화학 복합단지 지분을 사기로 합의했는데 이는 중국 지역에서 정유와 판매, 윤활유, 석유화학 제품으로 영역을 확대하는 다운스트림 전략을 추진함과 동시에 협력사업을 통해 사우디 원유 공급을 늘리려는 것이었습니다.[310] 이는 규모의 차이만 있을 뿐 한국에서 추진했던 전략과 결이 같았습니다. 미국이 주지 못하는 기회를 중국은 충분히 줄 수 있었습니다.

사우디의 또 다른 파트너는 러시아입니다. 트럼프가 2018년 철군을 선언했던 2019년 10월 터키군의 쿠르드족 공격으로 시리아 북동부에 전운이 감돌던 때 세계의 경찰 미국을 대신해 해결사로 나선 건 러시아였습니다. 이는 시리아를 비롯해 이라크, 레바논 등과 같이 이슬람교 시아파 인구 비율이 높고 정세가 불안정한 이른바 '시아벨트 지역'에서 막강한 정치·안보 영향력을 발휘해온 시아파 종주국 이란도 터키와 쿠르드족의 갈등을 해결 혹은 중재하지 못했던 것이었습니다. 중동에서 새로운 벨트를 구축하고 있던 러시아는 시리아를 중심으로 터키, 이스라엘은 물론 리비아, UAE와 함께 사우디아라비아로 확장하려 했습니다.[311] 러시아는 2019년 10월 푸틴 대통령이 사우디를 방문해 20억 달러(약 2조 3,810억 원) 이상에 달하는 포괄적인 사업 계약을 체결하면서 동시에 OPEC+ 감산 정책에 대해서도 논의했습니다. 민주주의 전통이나 인권 개념이 약한 중동 국가가 민주화와 인권을 강조하는 미국과 달리, 상호 이익만 일치한다면 러시아는 얼마든지 광범위한 협력이 가능하다는 분석도 있지만 그보다는 저유가로 인한 경제침체를 막고 사회의 불만을 누르기 위해 자신들의 안보화폐 가치를 높일 수 있는 일은 무엇이든지 해야 하는 처지에 몰렸다는 것이 더 적절해 보입니다.

러시아의 안보화폐 - 유럽이 가져다준 행운

러시아 역시 사정은 사우디를 비롯한 중동과 크게 다르지 않았습니다. 2014년 우크라이나를 침공하여 크림반도와 동부 돈바스 지역을 병합한 사건과 2016년 미국 대선 개입, 시리아 내전 지원으로 서방세계 제재를 받은 이후 저성장의 늪에서 좀처럼 빠져나오지 못했고 에너지공급과잉과 팬데믹 국면에서 마이너스 성장의 늪에 빠져있었습니다.[312] 러시아가 자국의 시큐리티 루블 가능성을 확인한 것은 유럽이 에너지 위기를 겪은 2021년 9월 이후였습니다. 재생에너지가 기대했던 전력을 생산하지 못하고 이를 천연가스로 대체하다 재고 부족으로 천연가스 가격이 급등하면서 유럽은 일대 혼란에 빠져들기 시작했습니

다. 단순한 천연가스 부족인 줄만 알았던 유럽은 이것이 비료와 이산화탄소 부족과 만나 식품 밸류체인에 문제가 발생하고 급등한 에너지 비용과 탄소 가격으로 블록의 에너지집약 산업생산에 차질을 빚게 되면서 공급감소와 가격 급등이 지속되며 기록적 인플레이션으로 연결되었습니다. 러시아는 현물 라인의 반복적 가동 중단을 통해 유럽이 자국의 화석연료 의존도를 줄일 수 있는지 확인했고 이것이 어렵다는 판단을 내린 이후 우크라이나를 침공했습니다. 이후에도 유럽은 좀처럼 러시아 화석연료를 줄이지 못했고 인도와 중국을 거친 러시아 제품을 사용하거나 러시아 LNG수입은 급증했습니다. 반면 화석연료 공급은 크게 늘어날 기미를 전혀 보이고 있지 않았는데 일본 경산성 회의에 참석한 미쓰비시 상사의 니시자와 준 천연가스 부문 임원은 중국의 수요회복과 유럽의 러시아 화석연료 탈피, LNG 프로젝트 투자 제약으로 현물시장의 고공행진이 "수년은커녕 2030년 이후까지 계속될 가능성도 우려된다"고 지적한 바 있습니다. 경산성 자료에 기재된 에너지·금속광물자원기구(エネルギー·金属鉱物資源機構, JOGMAC) 데이터에 의하면 가장 수급이 타이트한 2025년 1월 일본과 유럽 전체의 수입량의 한 달 분이 조금 넘는 760만 톤의 공급이 부족할 것으로 예상하고 있습니다.[313] LNG가 대안이 될 수 있다는 이야기가 있지만 미국 프리포트 화재처럼 공급국의 사고나 아프리카 지역의 지정학적 불안으로 인한 공급리스크는 상존하고 있으며 파이프라인에 비해 톤마일이 급격히 늘어나는 단점이 있고 무엇보다 LNG는 PNG에 비해 너무 비쌉니다. 2021년 12월 27일과 28일 유럽 가스 가격 지표인 네덜란드 TTF 선물가격은 1,000㎥당 2,600달러 수준이었는데 그해 가스프롬의 장기계약 평

균 가스 공급 가격은 1,000㎥당 280달러로 10분의 1 수준에 불과했습니다.[314] 이미 전쟁 이전부터 러시아의 천연가스를 비롯한 화석연료가 시큐리티 루블 자격을 획득했고 향후에도 이 지위가 지속될 가능성이 커졌습니다.

유럽이 러시아 의존도에서 쉽사리 탈피하지 못하는 사이 러시아는 공급루트를 다변화했습니다. 시베리아의 힘(Power of Siberia)이라고 불리는 신규 파이프라인은 러시아의 유럽 가스 시장 의존도를 줄이고 빠르게 성장하는 아시아 경제를 활용하려는 블라디미르 푸틴 러시아 대통령의 계획의 일환으로 2014년 중국 국영 에너지 기업인 중국석유천연가스집단 유한공사(CNPC)에 30년 동안 매년 380억 입방미터의 가스를 공급하기 위해 4,000억 달러 규모의 계약을 체결했는데 이는 러시아 회사의 최대 계약이었습니다. 공급 가격은 가즈프롬이 독일과 맺은 계약에 근접한 1,000㎥당 약 360달러로 책정됐습니다.[315] 유럽이 장기 공급계약을 줄이고 현물 비중을 늘리다 에너지 위기와 전쟁으로 신음하고 있는 사이 중국은 러시아의 저렴한 장기공급 파이프라인이 추가되었고 할인된 러시아 우랄 원유를 공급받고 있습니다. 미국의 셰일이 한국에 끼친 영향을 러시아를 통해 중국도 향유하고 있는 것이죠.

러시아의 또 다른 시큐리티 루블은 원전입니다. 과거 원전 강국으로 군림했던 미국 웨스팅하우스와 프랑스 아레바가 재정적 어려움을 겪으면서 회복 불능에 빠졌고, 일본이 2011년 후쿠시마 사고로 타격을 받던 10년 사이 로사톰이 세계 최대 원전 건설사로 올라섰죠. 로사톰 원전수출은 전력난을 겪는 신흥 국가와 전략적 관계를 공고히 하기 위한 수단이며 로사톰이 원전을 수출한 국가는 설계 수명인 60년 동안 러시아와 관계를 맺을 수밖에 없습니다.[316] 에너지 위기 이후 원전에 대한 관심이 높아지고 EU 역시 택소노미로 원전을 그린 에너지로 인정하면서 세계 각국은 원전 건설을 타진하고 있습니다. 러시아는 수주 잔고가 2019년 1,335억 달러에서 2022년 2,000억 달러로 대폭 늘어났습니다.[317] 러시아의 안보화폐는 자국의 노력도 있었겠지만 상당 부분 유럽의 잘못된 에너지정책의 산물이라는 점에서 운도 작용했습니다. 유럽의 에너지 정책이 변화하지 않는다면 러시아의 안보화폐 가치는 상당 기간 유지될 가능성이 큽니다.

유럽의 안보화폐 - 신뢰를 잃어버린 그린 코인

유럽은 유일하게 안보화폐와 상품이 연결되지 않았으며 의도적으로 안보화폐를 만들기 위해 노력한 블록입니다. 유럽은 미국이나 중동처럼 화석연료가 풍부하지도 않고 중국처럼 재생에너지 분야의 핵심 광물과 시스템을 확보하지도 못했습니다. 대신 이들은 그린 뉴딜 정책과 탄소중립 시스템을 구축해 글로벌 에너지전환정책의 선두주자가 되기로 마음먹었습니다. 기준을 만들고 제도를 확립해 전 세계를 이끌게 되면 이를 바탕으로 한 미래산업에서 주도권을 획득할 수 있을 것이었기 때문입니다. 그리고 이 계획은 에너지 위기 이전까지 순조롭게 진행되고 있었습니다.

"기후변화의 영향이라고 걱정하는 것 중 다수는 실제로는 관리 부실과 저개발 때문에 생겨난 증상이다" 하지만 여러 유럽 국가 출신 대표자들은 보고서 경제 개발이 아닌 탄소배출 감소에 초점을 맞추기를 원했다. "기후변화정부간협의체는 어떤 면에서 보면 과학 단체지만 또 어떤 면에서는 정치 단체이기도 하다" 톨은 당시 상황을 이렇게 설명했다. "정치 단체로서 기후변화정부간협의체가 해야 할 일은 온실가스 배출 감소를 정당화하는 것이다"

기후변화정부간협의체가 '정책 결정자를 위한 요약'에서 기후변화의 영향력을 과장한 것은 처음 있는 일이 아니었다. 2010년 기후변화정부간협의체는 2035년이 되면 히말라야의 빙하가 모두 녹아버릴 것이라고 했지만 이는 잘못된 요약이었다. 그 빙하에 식수와 농업용수를 의존하는 사람들은 총 8억 명에 이른다. 기후변화정부간협의체는 환경양치기들의 말에 따라 그 사람들에게 잘못된 경고를 보냈던 것이다.[318]

마이클 쉘런버거는 그의 저서 『지구를 위한다는 착각』에서 기후변화정부간협의체가 과학적 엄밀성을 희생해가며 연구를 과장하고 있으며 잘못된 정보가 담겨있다는 사실을 지적한 검토자들에게도 조작된 답변을 보내며 허위 사실을 보고서에 집어넣었다고 주장하고 있습니다. 그리고 보고서 작성에 참여한 사람들이 해수면 상승이 "관리 불가능해진다"라거나 "다수의 곡창 지대가 동시에 위기에 처할 수 있다"라는 주장에 힘을 실어주고 여기에 언론인들이 한술 더 뜨면서 시스템 자체가 과장 쪽으로 기울어 버렸다고 말했습니다. 이와 같은 주장은 주목을 받지 못했을 뿐 계속해서 나오고 있었습니다. 패트릭 무어는 그의 저서 『종말론적 환경주의』를 통해 그린피스를 비롯한 많은 환경단체들이 말하는 종말론적 주장들(북극곰 멸종, 대형산불의 원인, 바다 쓰레기, 지구온난화 등)이 모두 사실이 아니며 거짓선동의 결과라고 주장했습니다. 가장 최근에는 오바마 행정부에서 에너지부 과학차관을 지내며 기후 연구 프로그램과 에너지 기술 전략을 담당한 스티븐 E. 쿠닌이 『지구를 구한다는 거짓말』이란 책을 통해 현재의 기후과학 수준으로는 미래의 기후 위기 자체를 예측할 수 없다고 말하면서 기후 상태를 과학적으로 요약하고 평가하는 연구자료와 정부 보고서 '모두' 현재 미국 폭염이 1900년도와 비교해 더 자주 발생하지도 않고, 최고 기온도 지난 50년 동안 상승하지 않았다고 분명히 밝히고 있다고 말하고 있죠. 그의 주장을 그대로 옮기면 "기후모델 설정을 위해 동일한 시뮬레이션을 가로세로 100km 격자망에 실행하면 두 달이 걸리지만 10km 격자망에 실행하면 100년 넘게 걸릴 수 있으며 현재보다 1,000배 빠른 슈퍼컴퓨터를 사용할 경우 처리 시간을 두 달로 유지할 수 있지만 그런 컴퓨터는 향후 20~30년 후에나 만나볼 수 있다"입니다.[319]

물론 여기서 넷제로와 탄소중립이 거짓말이냐 아니냐를 따지고 싶은 마음은 없고 그럴 필요도 없습니다. 중요한 점은 유럽 사람들이 진실 여부를 떠나 에너지 정책을 주도적으로 만들었으며 그렇게 탄생한 넷제로와 탄소중립 정책에 EU는 GDP의 15%인 330조 원을 매년 투자할 계획이라고 선언했다는 것입니다.[320] 그리고 에너지 위기 이후 자신들이 만든 정책과 시스템이 제대로 돌아가지 않자 다시 화석연료를 찾기 시작했습니다.

유럽의 에너지전환정책과 시스템에 중대한 결함이 있고 이를 수정하지 않는다면 에너지 위기에서 벗어날 수 없으며 대안이 그들이 벗어나고자 한 원전과 화석연료라는 사실은 기후변화가 진실이냐 아니냐를 떠나 변하지 않는 사실이 되었습니다. 영국의 멸종저항 활동가들이 어느 지하철역에 모여 기관사가 차량을 운행하지 못하게 만들고 승객들이 대피했으며 폭력사태를 야기한 점에 문제를 제기하자 그는 기후변화가 파탄을 낳을 것이라며 교통만이 아니라 전기와 식량 공급도 중단될 것이고 슈퍼마켓은 텅 빌 것이며 스위치를 켜도 전기가 들어오지 않아 대중교통이 마비될 것이라 말했습니다.[321] 그러나 멸종저항 활동가들뿐만 아니라 전 세계 모든 사람들은 그의 말이 모두 현실화되었음을 뼈저리게 느끼고 있습니다. 다만 활동가들이 몰랐던 점은 이 모든 일들이 바로 재생에너지가 기대했던 전력을 공급하지 못해 발생했다는 점이겠죠.

하지만 유럽이 여기서 자신들의 에너지정책을 수정하기보다는 그대로 밀고 갈 것이라는 점이 더 우려스러운 포인트입니다. 자신들의 잘못을 인정하고 다시 화석연료 공급을 늘리는 정책을 취하기도 어렵고 재생에너지와 탄소국경세를 포기하기도 마찬가지로 어렵습니다. 천연가스를 비롯한 화석연료는 한동안 부족할 것이고 원전은 지금부터 지어도 최소 10년은 걸리는 데다 SMR이나 수소경제는 아직 기존 에너지원을 대체하기엔 미성숙한 기술입니다. 그 사이 폭염과 한파에 재생에너지가 반복적으로 전력을 생산하지 못하면 그 간극을 계속 석탄과 천연가스가 메꿔야 합니다.

유럽의 안보화폐는 채 꽃이 피기도 전에 끝없이 추락하게 되었습니다. 게다가 그들의 시큐리티 유로는 근본적인 문제가 있었습니다.

석탄 본위제

미국 정부는 2021년 6월 중국의 신장(新疆) 위구르족 인권탄압과 관련 됐다는 이유로 호신실리콘산업, 신장생산건설병단(XPCC), 신장 다코뉴 에너지, 신장 이스트호프(東方希望) 비철금속, 신장 GCL 뉴에너지머티리 얼 등 5개 중국기업을 미국 기업의 수출 제한 대상 목록에 올렸습니다. 또한 호신실리콘산업이 생산한 태양광 패널의 핵심 재료 폴리실리콘을 미국 기업이 수입하지 못하는 제재도 부과했죠. 태양광 패널과 반도체 에 들어가는 재료인 폴리실리콘 세계 공급량의 45%가 중국 신장지역에 서, 35%가 중국의 다른 지역에서 나오기 때문에 관련 업계는 긴장의 끈 을 놓지 않았습니다.[322] 많은 사람들은 중국의 인권탄압에 신경을 곤두 세웠지만 이들이 무엇을 연료원으로 삼는지는 관심을 두지 않았습니다.

중국이 폴리실리콘 시장을 장악하게 된 것은 폴리실리콘 제조 과정이 대량의 에너지를 필요로 하기 때문이다. 중국 업체들은 신장(新疆) 지역 을 중심으로 석탄화력발전에서 나오는 저렴한 전기로 만든 값싼 폴리실 리콘을 쏟아냈다. 이 때문에 2008년 1kg당 400달러대였던 폴리실리콘 가격은 지난해 6달러까지 폭락했고, 유럽과 미국의 제조업체들은 중국 의 저가 공세를 버티지 못하고 생산을 포기했다.[323]

기술혁신으로 인해 태양광 가격이 일부 낮아질 수 있지만 상당 부분은 저렴한 노동력과 함께 전체 비용의 30%에 해당하는 값싼 전기요금의 혜택을 받았다는 것을 부인할 수는 없습니다. 그리고 여기에 중국의 석탄발전이 기여하고 있다는 사실을 알 수 있죠. 풍력발전에 사용되는 파운데이션, 타워, 송전망에 사용되는 시멘트, 철강, 구리 등 주요 구성품 역시 석탄이 원료와 연료로 사용됩니다. 전기차 배터리에 필요한 니켈, 코발트 등 핵심광물과 희토류 정제 역시 대량의 에너지를 필요로 합니다.

마그네슘은 알루미늄 합금을 생산에 필요한 재료로 자동차 차체, 차량용 시트 프레임, 항공기 등 부품 경량화 작업에 없어서는 안 되는 원료인데 전 세계 마그네슘 85%를 공급하는 곳이 중국입니다. 1톤의 마그네슘을 생산하는 데 35~40MW의 전력이 필요한데 중국의 탄소중립 정책과 전력난이 겹치면서 마그네슘 생산에 차질이 발생한 적이 있었죠. 전력공급 부족으로 생산량이 정상 생산량의 40%로 제한되었고 석탄 가격 상승에 따른 전기료 인상으로 인한 원가 상승과 생산량 감소로 마그네슘 가격도 급등했습니다.[324] 이뿐만이 아니었습니다. 중국의 이중통제로 인해 2021년 3분기부터 심각한 전력 부족 사태가 발생하면서 전력공급제한 조치가 발동되자 제조업 중심지인 장쑤성 전기차 배터리 양극재 핵심 소재인 니켈 제련 공장 가동률이 70%까지 하락했고 광둥성에서도 양극재 금속 중 하나인 알루미늄 제련 및 생산설비가 가동 중단을 반복, 사실상 감산에 들어갔었죠. 배터리 4대 핵심 소재의 세계 시장점유율이 50%가 넘는 중국에서 공급이 막히자 가격이 급등했습니다.[325] 전력난은 금속규소의 값을 2021년 8월 이후 300%

로 밀어 올렸는데 이는 태양전지 기판을 만드는 원재료 폴리실리콘 생산에 필요한 소재로 폴리실리콘 가격은 태양광 설비 수요가 증가하면서 2020년 6월 이후 400%가 넘게 올랐죠.[326] 중국의 석탄발전은 기존 경제에 동력을 제공하고 있었을 뿐만 아니라 전 세계 에너지전환과 탄소중립 정책의 근간으로 역할을 하고 있었던 것입니다. 따라서 중국이 에너지전환에 '진지하게' 임하는 순간 중국의 전력 부족이 에너지전환과 탄소중립에 필요한 원자재 가격을 상승시키고 그것이 에너지전환 수요와 만나 그린 인플레이션으로 연결되면서 결국 에너지전환을 늦추는 그린 보틀넥과 만나고 있었던 것이죠. 기존 경제도 원자재 가격 상승으로 인한 제품과 서비스 가격을 올릴 수밖에 없기 때문에 물가상승과 생활비 위기를 가져오고 있었고 근본원인은 에너지 부족으로 인한 가격 급등이었습니다. 만약 중국이 석탄이 아닌 다른 에너지원으로 중국의 공장을 운영한다면 전 세계는 그 가격을 감당하기도 어렵고 가뜩이나 에너지 부족 국면에서 수급에 어려움을 겪게 될 것입니다. 글로벌 경제는 중국의 저렴한 에너지원이 만든 상품도 필요하지만 투자자로서의 중국과 소비자로서의 중국도 필요합니다. 따라서 중국의 공장이 제대로 돌아가지 않아 경기침체가 발생하게 되면 역설적으로 전 세계 경제 또한 악영향을 받게 됩니다. 게다가 자신들이 만드는 그린 상품의 가격도 급등한 에너지 비용을 반영하다 보면 수요가 급감하는 악순환이 지속되는 것이죠. 한국수출입은행 해외경제연구소의 분석에 따르면 kg당 20달러를 넘어서는 폴리실리콘 가격은 글로벌 태양광 수요에도 부정적이라고 했지만 2021년 7월에 28달러였고 9월 말엔 36달러를 넘어가고 있었습니다.

에너지전환과 탄소중립의 관점에서는 전 세계는 보다 친환경적이고 탄소를 줄이는 방향으로 가는 것이 합리적인 것처럼 보였지만 안보화폐의 관점에서 보면 이는 전 세계 에너지 부족을 야기해 안보 리스크를 가중시키고 있었으며 실물경제에도 악영향을 미치고 있었습니다. 게다가 에너지전환과 탄소중립을 위해선 중국의 역할이 절대적인데 여기에 사용되는 연료와 원료가 석탄이며 이를 다른 에너지원으로 대체하는 순간 급등하는 가격과 공급 부족으로 오히려 그린 에너지전환을 늦추는 결과를 만들게 된다는 것이죠. 미국과 중국, 러시아가 각자 자신의 상품을 본위제로 하고 있다면 유럽의 안보화폐는 중국의 석탄본위제 하에서 움직이고 있었습니다. 게다가 중국의 투자금과 중국 소비자들의 구매력이 뒷받침되지 않으면 가치를 유지하기도 어렵다는 것이 그들이 가진 안보화폐의 근본적인 결함입니다. 에너지전환과 ESG가 그랬던 것처럼 지속가능한 세계를 만들기 위한 동력이 지속가능하지 않은 것이죠. 독일은 2017년에서 2021년 사이 유럽시장 자동차 판매는 반 토막이 났지만 중국은 견조한 판매량을 유지하면서 중국의존도는 62.2%로 치솟았습니다.[327] 중국이 아프면 유럽의 에너지정책도 위기에 봉착하게 됩니다.

천연가스 본위제

게다가 앞에서 살펴본 것처럼 유럽은 러시아의 저렴한 파이프라인 천연가스가 안정적으로 공급된다는 가정하에 자신들의 에너지정책을 추진했습니다. 유럽의 안보화폐 두 기둥이 시큐리티 위안과 시큐리티 루블이었던 것이죠. 천연가스 가격이 급등하자 탄소 가격이 급등한 나머지 가스발전소를 돌리면 손실이 발생하고 석탄발전소를 가동해야 이익이 나기 때문에 유럽 각국은 석탄발전소를 가동할 수밖에 없었습니다. 에너지 부족으로 인해 에너지 가격의 변동성이 극심해지고 유럽의 전력기업들은 반복되는 추가증거금 납부가 누적되자 파산을 신청하거나 정책당국에 구제금융을 요청하게 되었죠. 에너지 요금 급등으로 많은 가정들이 요금을 내지 못하고 물가급등으로 생활비 위기에 몰리자 보조금을 지원했는데 이는 인플레이션으로 금리를 올리는 통화정책과 충돌하고 있었습니다. 공장들은 에너지 부족으로 천연가스 사용 자제 1순위가 되면서 공장감산과 셧다운 또는 유럽 지역 사업의 영구축소를 불러왔고 이는 공급 부족을 야기해 다시 제품 가격을 밀어 올리는 역할을 했습니다.

많은 전문가들이 여기서 두 가지 실수를 범하게 되는데 러시아 천연가스를 LNG로 대체하면 된다는 것과 공급선을 다변화해야 한다는 주장을 한다는 것입니다. 그러나 이는 사실과 다릅니다. LNG는 여러 이유로 러시아의 파이프라인 가스보다 안정적 공급이 어렵습니다. 수출국의 화재나 사고에 취약하고 별도의 인프라를 구축해야 하며 배로 실어나르다 보니 운송비용 상승과 길어진 운송기간을 면밀히 고려해야 합니다. 하지만 무엇보다 가격이 너무 비쌉니다. 아직 러시아 천연가스에서 제대로 탈피하지도 않았는데 유럽 각국은 급등한 에너지 비용을 이기지 못하고 시민들이 거리에 나와 시위를 하며 에너지 요금 청구서를 불태우고 있는 실정입니다. 그렇다고 에너지가 풍부한 것도 아닙니다. 여전히 국민들은 에너지 절약을 강요받고 있고 제대로 사용조차 하지 못하고 있죠.

가장 중요한 점은 유럽 각국이 내심 LNG로의 대체를 원하지 않고 있다는 점입니다. LNG 계약은 최소 5년에서 10년이 넘는 장기계약이지만 전쟁이 그만큼 장기화할 것이라 예상하지는 않고 있습니다. 따라서 진심으로 LNG로 전환했는데 전쟁이 예상보다 빨리 끝나고 다른 국가들은 다시 저렴한 러시아의 파이프라인 가스를 사용한다면 LNG로 전환한 국가만 엄청난 손실을 보게 됩니다. 마치 홀로 ESG에 진심이었다가 매출과 수익이 하락한 다논이나 유니레버처럼 말이죠. 실제로 유럽은 천연가스 거래를 현물거래 중심으로 전환하고자 러시아 등과의 장기계약을 거절한 바 있으며 우크라이나 전쟁 이후 유럽의 천연가스 위기가 고조되자 11개 주요 천연가스 수출국으로 구성된 가스수출국포럼(GECF: Gas Exporting Countries Forum)이 호주, 미국 등의 천연가스로 러시아산 천연가스 공급을 대체하기 어려울 것이라고 지적하면서 장기 공급계약을 압박하기도 했지만 별 반응이 없었습니다.[328] 유럽이 LNG 전환을 비롯한 공급선 다변화의 비용은 크지만 러시아의 PNG로 다변화하지 않는 이익이 그동안 압도적으로 높았기 때문에 2000년 이후 여러 번 러시아의 파이프라인이 잠겼음에도 러시아 천연가스 의존도는 오히려 늘어왔던 것이죠. 게다가 지속적으로 화석연료 투자가 줄어드는 등 공급제약 요인으로 추가 LNG 계약도 어려운 실정입니다. 전쟁이 장기화될 경우 이번 겨울은 러시아산 천연가스가 전혀 없는 상태에서 재고를 비축해야 다시 겨울을 날 수 있지만 공급 여력은 매우 부족한 상황입니다. 무엇보다 유럽의 에너지정책이 순조롭게 이루어지려면 러시아 천연가스가 필요하며 이를 대체하려면 그것만큼이나 저렴하고 안정적 공급이 가능한 다른 루트가 있어야 합니다. 하지만 이것이 단시일 내 이루어지기는 불가능하며 러시아산 천연가스를 기반으로 유럽의 가스허브로 발돋움하려는 독일의 꿈은 산산조각이 나게 되니 쉽게 대체라인을 찾으려 하지도 않을 것입니다. 안보화폐 측면에서 시큐리티 유로는 중국은 물론이고 러시아와 강력하게 연결되어 있습니다. 때문에 이를 대체하기는 에너지정책 자체를 재구성하지 않는 한 어려운 일이 될 것입니다.

한국의 안보화폐

에너지를 거의 모두 수입해야 하는 한국이지만 안보화폐 측면에서 매우 강력한 아이템들을 다수 보유하고 있습니다. 현재까지 밝혀진 시큐리티 원은 원전 밸류체인, 반도체와 배터리산업, 새롭게 떠오르는 방산과 석탄 밸류체인입니다. 최근 원전의 경우 에너지 위기로 인해 세계 각국의 관심을 받으면서 다양한 국가들이 한국에 원전 건설을 타진하고 있습니다. 체코와 폴란드를 필두로 영국, 튀르키예, 필리핀, 사우디, 2차 계통(터빈, 발전기 관련 설비) 건설 관련 이집트와 삼중수소제거설비TRF 건설사업을 진행하고 있는 루마니아까지 포함하면 한국의 원전산업은 건설사업부터 기자재 설비, O&M(운영 정비)까지 다양한 영역에서 협력을 확대해 나가려 하고 있습니다. 한국 원전의 우수성은 가격과 기술에서 다른 국가보다 압도적입니다. 한국이 독자 개발한 3세대 가압경수로 APR1400이 미국에서 최종 설계인증을 받았는데 다른 국가가 개발한 원전이 미국의 인증을 받은 것은 최초입니다. APR1400은 2017년 유럽 수출형 모델인 EU-APR이 유럽사업자요건(EUR) 인증도 받아 세계 양대 인증을 모두 취득한 유일한 국가가 됩니다.[329] 일본 미쓰비시와 프랑스 아레바도 2007년 각각 NRC 인증 작업에 도전했지만 사실상 본심사를 포기할 정도로 미국 원자력 규제기관의 심사는 까다로웠는데 한국이 여기에 통과하면서 기술력을 인정받은 것이죠.[330] 프랑스 일간지 르몽드가 입수한 기밀문서에 따르면, 프랑스 정부가 유럽형 3세대 원전(EPR) 6기 건설을 확정·추진할 경우, 6기 건설에 최소 460억 유로(약 59조 원), 1기당 약 10조 원이 소요될 것으로 추정됐습니다. 블룸버그 분석에 따르면 1kW당 건설비용으로 한국이 3,717달러로 가장 저렴했으며 중국이 4,364달러, 러시아가 5,271~6,250달러, 프랑스가 7,809달러, 미국이 1만 1,638달러에 달했습니다.[331] 그러나 한국을 제외한 다른 국가는 기술력 미흡이나 공기지연 등으로 인한 추가 비용이 막대하게 드는 점을 감안하면 정확한 공기와 예산에 맞춘 납기준수가 한국이 가진 가장 강력한 무기라고 할 수 있습니다. 또한 안보화폐를 자국의 영향력 확대에 무리하게 이용하려는 중국과 러시아의 행보로 인해 이들에게 원전을 맡기려는 국가가 줄어들고 있습니다. 체코는 듀코바니(Dukovany) 5호기 입찰을 앞둔 2020년 중국과 러시아 기업이 자국 안보를 위협할 수 있다는 우려가 제기되자 프로젝트 입찰을 1년 연기했으며 2021년 중국기업을 배제하기로 여야 정당대표가 합의했으며[332] 러시아도 주체코러시아대사관이 연루된

스파이 사건까지 벌어지면서 반러시아 감정이 커지자 체코전력공사가 2021년 6월 체코 두코바니 신규원전사업을 위한 안보평가 안내 서한을 한수원과 미국 웨스팅하우스, 프랑스 전력공사(EDF) 등 3곳에만 보내며 러시아도 배제합니다. 파벨 피셰르 체코 상원 외교안보위원장은 공개적으로 "적국의 입찰 신청을 미리 배제해야"한다고 주장해 왔는데 여기서 적국은 러시아와 중국을 의미합니다. 체코 보안정보국은 연례 보고서를 통해 러시아가 체코에서 정보활동을 진행하며 사회를 불안정하게 만들고 분열시키는 활동을 펼치고 있다고 우려한 바 있습니다.[333] 중국은 체코 정부단의 대만파견을 반대하며 압력을 높이면서 갈등이 확산되었습니다. 중국은 이런 전략으로 세계 각국에 자국의 영향력을 높이려는 노력을 전방위로 추진했는데 이런 것들이 해당 국가의 반발을 사고 있죠. 영국 정부 역시 2015년 데이비드 캐머런 영국 총리와 시진핑 중국 주석의 원전 협정을 뒤집고 향후 모든 원자력발전소 건설사업에서 중국 국영기업인 중국광핵전력(CGN)을 제외하는 방안을 모색한 이유도 중국의 안보위협·기술탈취 등을 우려한 미국의 요구가 한몫했습니다.[334] 실제로 영국 보수당 의원들은 영국 주요 인프라 시설과 케임브리지 대학 등 주요 교육 기관에 중국이 점점 더 많이 관여하는 것에 대해 거듭 우려를 표명했었고[335] 중국 공산당에 충성 맹세를 했던 중국 학자들이 항공우주공학, 화학 등 잠재적으로 민감한 연구 분야의 영국 대학에 다녔으며 영국계 은행 HSBC와 스탠다드차타드와 같은 금융기관은 물론 화이자와 아스트라제네카, 에어버스, 보잉, 롤스로이스 등 제약과 방위산업에도 각각 수백 명의 공산당원이 고용되어 있었습니다.[336] 중국이 경제적으로 영국에 투자해 경제성장과 일자리 창출에 도움이 되는 측면도 있겠지만 영국의 안보와 첨단산업에 중국의 핵심인재들이 참여해 기술을 배움과 동시에 탈취한다는 의심을 하기 시작한 것이죠. 실제 이런 의심은 단지 영국뿐만 아니라 미국을 비롯한 다양한 나라에서 지속적으로 제기되어 온 것이기도 합니다. 최근에 한국에서도 중국의 비밀경찰 기지로 한 중국집을 지목했는데 이는 스페인에 본부를 둔 아시아 중심 인권단체 '세이프가드 디펜더스'가 중국이 해외 53개국에 102개가 넘는 비밀경찰 조직을 운영하고 있다고 폭로한 이후에 나온 사건입니다.[337] 헝가리 역시 부다페스트에 건설되는 푸단대 분교의 일대일로식 건설방식, 즉 차관을 제공한 후 중국기업과 노동자만 이용하는 행태와 헝가리 1년 교육예산을 웃도는 비용에 분노한 바 있습니다. 또한 대학에서 중국의 인권탄압과 폭력을 정당화할 것이라는 우려도 키웠죠.[338] 때문에 서구사회는 물론이고 동·중부유럽까지도 중국과 러시아를 제외하고 자국 안보에 영향을 주지 않는 한국을 파트너로 삼으려 하는 것입니다.

반도체와 배터리산업 역시 한국의 시큐리티 원이 되기 충분합니다. 최근 공급망 위기와 미·중 무역분쟁으로 야기된 첨단산업에서의 중국 배제와 의존도 탈피가 진지하게 이뤄지면서 한국의 반도체와 배터리산업이 주목받고 있습니다. 미국 바이든 정부는 공급망과 관련된 국가전략을 세우면서 반도체와 함께 전기차용 배터리, 희토류, 의료품을 중심으로 공급망을 동맹국과의 협력으로 강화할 뜻을 비쳤습니다.[339] 반도체는 한국과 대만, 희토류는 호주와 아시아 각국, 배터리는 한국과 일본과 협력하게 되겠죠. 장기적으로는 미국인과 미국 기업이 밸류체인을 구축해 자급하는 방안을 마련하려 하겠지만 현재 상황으로는 불가능하기 때문에 해당 분야에 강점이 있는 동맹국들에 인센티브를 주면서 자국생산을 유도하는 방향으로 가고 있습니다.

마지막으로 석탄 밸류체인은 아직까지 안보화폐의 지위를 획득한 것은 아니지만 잠재력이 있는 분야인데 현재 에너지전환의 결과로 개도국과 빈곤국은 석탄 이외에 선택의 여지가 없기 때문입니다. 천연가스는 위기 이전부터 비싼 에너지원이었고 재생에너지는 위기의 원인인 데다 원전은 대규모 자금과 기간이 필요해 당장의 대안이 되기 어렵습니다. 게다가 석탄발전을 건설해 줄 국가는 중국을 비롯해 다수의 제작사까지 있기 때문에 한국만이 강점을 가진 분야는 아닙니다. 다만 한국의 경우 다른 국가의 제작사 부품교체 방식과 다르게 인력 중심의 유지 보수 시스템이 존재해 해당 국가의 노후석탄부터 신규석탄발전까지 운영과 보수의 인력양성 시스템을 수출할 수 있어 매력을 느낄 수 있고 한국으로서도 원전과 함께 국산화 이후 수출산업으로 진입했기 때문에 향후 수요가 늘어나면 발전공기업의 새로운 성장동력이 될 수 있습니다.[340] 세계은행은 2019년 석유와 가스에 대한 업스트림 투자 자금조달을 중단했지만, '경제적으로 가능한 에너지 솔루션에 대한 조언'으로 '자원 의존형 개발도상국'을 계속 지원한다는 성명을 발표한 바 있고[341] 석탄화력 최상위기술인 USC를 적용한 석탄발전은 OECD에서도 인정한 용량에 관계없이 수출금융지원이 가능하며 빈곤국의 경우는 300MW급에선 기술과 상관없이 금융이 지원됩니다.[342] 다만 이전까지는 이런 제도가 있어도 실제로 프로젝트화되기 어려웠다면 이제는 분위기가 많이 달라졌다는 차이가 있습니다.

미국의 공급망 전략

원자력은 본질적으로 국가 안보와 연결되어 있다. 미국은 원전 분야 세계 1위 자리를 국영기업, 특히 러시아와 중국에 내줬고, 다른 경쟁 국가들도 미국을 추월하기 위해 공격적으로 움직이고 있다.

우리는 미국의 원자력 신뢰를 회복하고 시장에서 경쟁하며 책임 있는 원자력 파트너로 재포지셔닝하겠다는 미국의 의지를 보여줄 것이다. 의회는 미국 원자력에 대해 초당적이고 광범위한 지원을 제공할 것이다.

미국의 원자력 산업 기반을 붕괴 직전으로 되돌리고 원자력 기술의 글로벌 리더로서의 위치를 회복하여 강력한 국가 안보 지위를 보장하고 세대에 걸쳐 경제력을 뒷받침하는 것은 우리의 힘 안에 있다.

한 국가가 원자력을 결정할 때 파트너 선택은 매우 중요하다. 원전 인프라 구축은 향후 100년 동안 구매국과 기술 제공국 사이의 대규모 경제 협력, 안보 및 지정학적 관계를 포함한다.

원전산업 홀대로 원자력 국제경쟁에서 미국의 리더십을 포기함으로써 러시아와 중국은 여러 국가들과 장기적 관계를 구축할 수 있게 되었으며 이는 미국의 국익에 해가 되고 있다. 여기에는 NATO 동맹국과 전략적 지정학적 중요성을 지닌 여러 국가가 포함된다. 오늘날 많은 동유럽과 아프리카 국가들이 러시아 및 중국과 협력하기 위해 움직이고 있다.[343]

미국 에너지부는 2020년 「RESTORING AMERICA'S COMPE-
TITIVE NUCLEAR ENERGY ADVANTAGE」란 보고서를 내면서
미국의 붕괴된 원전 밸류체인을 회복하고 원전 기술의 글로벌 리더자
리를 회복하고자 하는 의지를 드러내기 시작했습니다. 미국은 2000
년 이후 스스로 원전을 포기하면서 강력한 안보화폐를 버린 것이나 마
찬가지가 되었습니다. 그 결과 미국의 빈자리를 중국과 러시아가 차지
했고 이들의 영향력이 나토를 비롯해 전략적으로 미국에 중요한 나라
들에 퍼져나갔습니다. 여기엔 오랜 맹방인 사우디와 이스라엘까지 포
함되어 있습니다. 피터 자이한의 조언이 반쪽인 이유가 여기에 있습니
다. 셰일의 발견으로 미국이 자급자족이 가능해지자 중동이나 동맹국
에 관심을 끊어도 된다는 주장은 미국의 영향력을 스스로 축소시키고
미국과 적대적인 중국과 러시아의 영향력을 확장시켜 주는 것은 물론
동맹국과 전략적으로 중요한 국가들이 미국과 소원해지는 결과를 만
들어 내고 있었던 것입니다. 오히려 미국은 셰일을 자국의 안보화폐로
삼아 이를 바탕으로 유럽과 전략국의 영향력을 높여야 했습니다. 이것
이 에너지 과잉의 시대엔 먹히지 않았지만 에너지 위기로 인한 부족의
시대라면 상당한 기간 시큐리티 달러로 자리매김할 수 있습니다.

반면 원전의 경우 스스로가 인정했듯이 밸류체인이 붕괴한 상황이
라 이를 다시 복구하는데도 수십 년이 걸릴 것입니다. 최근 폴란드 원
전을 수주한 원천기술 보유기업인 웨스팅하우스와 탑 티어 글로벌 엔
지니어링 기업인 벡셀이 서로 책임시공을 미루고 있습니다.[344] 미국은
1979년 펜실베이니아주 스리마일 원전사고로 34년간 신규 원전 건설

을 중단하면서 원전산업 생태계 붕괴와 독자적 건설 능력 상실을 경험했고 벡텔은 2000년 이후 조지아주의 보글 3, 4호기 건설이 유일한데 웨스팅하우스와 같이 건설 중인 이곳이 건설비가 추가로 투입되면서 보글 프로젝트 때문에 웨스팅하우스를 매각하고 싶다고 할 정도가 되었습니다.[345] 따라서 향후 폴란드를 비롯해 다른 국가의 원전을 수주해도 적기에 완공할 수 있을지 지극히 불투명합니다. 이는 반도체와 배터리산업은 물론이고 희토류를 비롯한 핵심광물 확보도 마찬가지죠. 따라서 중국을 제외한 첨단기술 공급망 확보엔 전혀 다른 차원의 접근 방법이 필요합니다.

웬디 커틀러 전 미국 무역대표부 부대표는 한미 양국의 기업들이 코로나19 초기에 발이 묶이면서 자신들이 중국 공급망에 지나치게 의존하고 있음을 깨달았다고 말했다. 이에 따라 한미 양국은 동맹국과 함께 신뢰할 수 있는 공급망을 개발하는 데서 중요한 역할을 수행할 수 있다.

중국을 제외하고 첨단기술 공급망을 재구축하는 것은 한국 및 기타 동북아의 주요 경제국가들에게 쉽지 않은 과제다. 중국은 여전히 희토류 공급을 장악하고 있으며 이는 글로벌 첨단기술 공급망에 민감한 요소가 될 것이다.

바이든 행정부는 기타 일반 무역 및 투자 부문에서 중국을 글로벌 가치 사슬에서 배제시킬 의도가 없다. 그러나 정보통신 기술(ICT) 부문은 경제적 함의뿐 아니라 정치적, 군사적 함의도 내포하고 있다. 이런 측면에서 볼 때 바이든 행정부는 미국의 동맹국과 파트너 국가가 디지털 부문에서 중국에 얽매이지 않게 하는 데 초점을 맞출 것으로 예상된다. 중국이 5G 인프라를 중남미, 아프리카, 유럽 중부 및 동유럽으로 수출하려 하고 있기 때문이다.

따라서 미국은 한국과 ICT 동맹을 맺고 차세대 반도체, AI, 양자컴퓨팅 등 미래의 미·중 ICT 경쟁에 영향을 미칠 기술을 개발하는 데 관심을 보일 여지가 있다.[346]

현재 시큐리티 위안의 상당 부분은 미국과 유럽이 반환경적이라는 이유로 중국에 아웃소싱했거나 투자를 받고 기술을 전수해 준 것들입니다. 당시로서는 매우 합리적인 의사결정이었지만 수십년 후 자신들의 목줄을 조일 안보화폐가 될 줄은 몰랐을 것입니다. 현재 개별국가가 중국의 시큐리티 위안에 맞서 자신들의 약점을 보완할 수 있는 시기는 지나갔으며 각개격파는 궤멸을 불러올 뿐입니다. 중국의 태양광에 대적할 국가는 없으며 배터리산업도 절반 이상, 풍력도 상당 부분 중국이 점유율을 가지고 있습니다. 에너지전환과 미래산업에 필요한 핵심광물의 생산은 물론 정제산업을 중국이 좌지우지하고 있습니다. 유럽은 투자자와 생산자 그리고 소비자로서 중국의존도가 갈수록 높아지고 있고 에너지 부문에선 러시아 의존도에서 벗어나기 어려운 상태에 있습니다. 미국 역시 첨단산업을 제외하면 오히려 중국 공급망에 의존해야 하는 상황입니다. 하지만 값싼 제품이나 만들라는 미국의 요구를 중국이 순순히 받아들일 리 없겠죠.

　때문에 웬디 커틀러의 말처럼 '신뢰할 수 있는 공급망'을 만드는 데 미국의 역량이 우선적으로 발휘되어야 합니다. 이 일은 단시일 내 이루어질 수 있는 일이 아니고 수십 년이 걸려도 여전히 모자랄 수 있습니다. 각국이 상실한 안보화폐를 복구하는 과정이 포함되어 있는 데다 중국이라는 골리앗과 맞서야 하기 때문입니다. 따라서 미국의 공급망 전략에서 가장 피해야 할 전략이 자국우선주의입니다. 하지만 미국은 IRA(Inflation Reduction Act)를 통해 미국이나 미국과 FTA한 국가의 원자재만을 사용해야 보조금을 제공받을 수 있다고 선언하면서 자국우선주의를 사용하는 실수를 범했습니다. 이는 동맹국의 불이익을 극대화하고 손실을 끼치면서 강행되는 것이라 신뢰할 수 있는 공급망 수립과 정반대의 길을 가는 것이기 때문입니다.[347] 유럽도 미국의 인플레이션 감축법(IRA)에 대응해 자신들의 '녹색기술'과 '메이드 인 유럽' 전략을 가속화해야 한다면서 미국의 IRA가 에너지전환을 한다는 명분으로 유럽 산업을 해체하는 방향으로 가고 있다고 비난했습니다.[348] 이 결과는 유럽의 친환경, 탈(脫)탄소 산업을 집중 육성하는 탄소중립산업법(Net-Zero Industry Act)과 EU반도체법으로 이어졌는데 이는 유럽의 친환경공급망 투자확대로 미국에 대응하며 반도체 시장점유율을 끌어올리기 위해 430억 유로를 투입하는 것 등을 주요 내용으로 하고 있습니다.[349] 겉으로 보면 공급망 강화를 위해 서로가 노력하는 것처럼 보이지만 사실은 자국우선주의로 인한 분열로 중복투자를 야기하고 있으며 중국에 맞서 신뢰할 수 있는 공급망을 구축하기는커녕 중국에 각개격파 당하기 좋은 먹잇감이 될 것입니다. 그리고 이런 두 블록의 공급망 강화는 모두 중국과 러시아 의존도를 더 높이는 결과로 작용할 것입니다.

글로벌 공급망 강화전략

따라서 글로벌 공급망 구축은 단순한 협력 이상의 세밀하면서 장기적인 관계설정이 필요합니다. 에너지전환과 탄소중립을 위해선 중국과 러시아에 의존해야 한다는 사실을 깨달을 필요가 있습니다. 에너지 위기로 인해 원전에 대한 관심이 높아지고 있지만 우라늄의 절반 가까이가 러시아와 그들의 영향력이 미치는 국가에 포진되어 있습니다. 유럽의 에너지전환정책엔 저렴한 러시아 천연가스가 안정적으로 공급된다는 가정하에 세워졌으며 반도체산업엔 대량의 에너지와 물이 필요한데 유럽은 2022년 폭염과 가뭄으로 인해 원전과 석탄발전은 물론이고 라인강 내륙운송에도 어려움을 겪은 바 있습니다. 앞서 살펴본 것처럼 유럽의 에너지집약산업은 몇 배나 급등한 에너지와 탄소비용으로 인해 공장 가동을 포기하거나 감산했고 에너지 요금이 저렴한 미국 등으로 기업 이전을 추진하는 곳도 있었는데 탄소중립산업법은 에너지 위기와 기업이탈을 가속화하는 동력으로 작동할 것입니다. 미국 역시 자국우선주의로 당장은 미국 내 일부 기업이 이익을 볼지 모르지만 중국은 유럽뿐 아니라 미국에게도 투자자와 생산자, 동시에 소비자로서 역할을 하고 있습니다.

중국의 친환경 산업은 성장하고 있다. 따라서 미국의 접근방식도 성숙해져야 한다. 보호주의는 특히 청정에너지에 큰 문제가 된다. 이 산업이 태동기부터 다른 대부분 섹터들보다 더 세계화됐기 때문이다. 연 매출 17억 달러를 올리는 미국 최대 태양광 패널 제조사 중 한 곳인 선파워(SunPower)는 새너제이에 본사를 두고 있다.

하지만 최대주주는 프랑스 석유 대기업 토탈이며, 중국을 포함한 아시아에서 제품을 다수 생산하고 있다. 제너럴모터스(GM)는 '2023년까지 최대 20종류의 전기차 모델을 판매할 계획'이라고 밝혔다. 회사는 한국 LG화학에서 전기차 셰비 볼트(Chevy Bolt)의 배터리와 부품을 공급받고 있다. 또한 중국을 주요 전기차 시장으로 보고 있다.

미국의 주요 청정에너지 제품 판매업체들은 중국 공급업체와 투자자, 고객 중 한두 가지나 세 가지 모두와 얽혀있다.[350]

바이든은 후보 시절 재생에너지 중심의 공약을 내걸면서 2조 달러 이상 청정에너지에 투자해 새로운 에너지 메이저 업체를 만들 것이라 말했지만 태양광 모듈 수요가 100GW를 넘어서도 당시 미국 내 기업이 만들 수 있는 태양광 모듈 제조능력은 연간 약 4.7GW에 불과합니다.[351] 미국 기업을 우선하려면 에너지전환속도가 줄어들 것이고 이를 높인다면 대부분의 과실을 중국이 가져가며 중국의존도가 심화되는 모순에 부딪히게 됩니다. 미국의 IRA와 유럽의 탄소중립산업법 역시 마찬가지 결과에 직면할 것입니다. 이를 방지하기 위해선 동맹국과 전략

국가의 안보화폐에 해가 되는 방법이 아니라 서로가 이익을 볼 수 있는 세밀한 정책수립과 조율이 필요합니다. 예를 들면 폴란드 원전 수주와 관련해 웨스팅하우스가 한수원에 원천기술 관련 소송을 거는 것은 글로벌 공급망 구축에 도움이 되기는커녕 해가 되는 일입니다. 폴란드의 원전 건설로 에너지 안보를 지원하면서도 한국의 경쟁력 강화와 미국의 원전 밸류체인 복구가 만나는 상호이익의 지점을 발굴해 공유하는 것은 어려운 일이지만 신뢰할 수 있는 공급망을 만드는 데 중요합니다. 한국 역시 단독으로 많은 국가의 원전 건설을 하기는 어렵습니다. 해당국 역시 원전이라는 큰 이벤트를 단순히 원전 건설로 끝내려 하지 않고 자국의 공급망 강화를 위한 기회로 삼을 것이기 때문에 다양한 패키지를 원전 건설과 함께 요구하고 있습니다. 많은 이해관계가 에너지 안보를 구축하는 곳에서 만날 수 있지만 이를 잘 풀어낸다면 중국의존도에서 점차 벗어날 수 있는 신뢰할 만한 공급망 구축의 기회로 삼을 수 있습니다.

반면 중국과 러시아 측에서는 자신들의 안보화폐 가치를 유지하기 위해 서구사회 블록의 분열을 부추기는 방법을 선택할 것입니다. IRA에는 유럽과 탄소중립산업법은 미국과 보조를 함께할 수 있고 이들의 에너지전환과 탄소중립을 더욱 가속화하도록 독려한다면 자신들에 대한 의존도를 더욱 높일 수 있습니다. 중국전력기업연합회(China Electricity Council)에 따르면 중국은 2022년 40GW의 석탄발전을 건설했지만 2023년 이를 70GW로 늘릴 계획입니다.[352] 2021년 이중통제로 발생한 대규모 정전을 겪은 이후 중국 역시 에너지 안보를 최우선 순위로 두었기 때문입니다. 게다가 중국은 최근 장기 LNG 계약의 40%를 차지할 정도로 에너지 부족을 겪지 않기 위해 노력 중입니다.[353] 이러한 중국의 에너지 안보정책은 유럽의 탄소중립산업법과 정면으로 충돌하는 데다 천연가스 부족 국면에서 유럽의 에너지 위기를 더욱 심화시킬 수 있는 요인으로 작동할 것입니다. 이것이 폭염이나 가뭄 등 기후변화로 인한 에너지 부족과 만나게 되면 유럽은 더욱 분열할 수 있습니다.

국제 안보화폐 체제

세계 각국의 공급망 강화전략은 에너지전환 측면에서 보면 반환경적입니다. 희토류 정제나 반도체, 재생에너지, 전기차의 핵심광물 생산은 오염물질 배출이 많고 에너지집약적이며 대량의 물을 필요로 합니다. 이를 자국에서 생산하겠다는 것은 기꺼이 반환경적인 측면을 받아들이겠다는 것이지만 중국의 저렴한 에너지와 인건비, 그리고 규모의 경제를 넘어설 수 있는가는 또 다른 문제입니다. 예를 들어 지금 태양광 부문에서 중국과의 경쟁은 사실상 불가능합니다. 전기차의 배터리 부문 역시 중국 시장 비중이 압도적이고 핵심광물과 희토류 정제 역시 마찬가지입니다. 중국과 경쟁하겠다고 자국에 이를 유치하는 것이 반환경적인 것을 제외해도 인프라를 유치하고 더 비싼 에너지 비용과 인건비를 감수해 만들어 봐야 현재로선 상대가 되지 않습니다. 서구사회는 여기서 두 가지 선택을 할 수 있습니다. 우선 자신들과 동맹·우호국들의 안보화폐 가치를 높이는 일과 중국·러시아의 안보화폐 가치를 낮추는 일입니다. 이런 의사결정은 기존의 에너지전환과 ESG 관점으로는 생각하기 어려운 인사이트를 제공합니다. 태양광의 경우 중국과의 경쟁이 사실상 불가능하고 미국을 비롯한 동맹·우호국들이 중국보다 가격경쟁력에서 앞선 제품을 만들기 어려운 현 상황에선 안보화폐 관점에서 중국의 태양광을 글로벌 에너지전환의 주요 도구로 사용할지 여부를 결정해야 하는 것이죠.

반면 대만과 한국의 안보화폐 중 하나인 반도체의 경우 이들의 경쟁력을 더욱 끌어올릴 수 있도록 우호적 환경을 조성하면서 중국과 러시아의 접근을 차단해 안보화폐의 가치를 끌어올림과 동시에 미국 등의 지역으로 반도체 공장을 분산해 혹여 발생할 수 있는 공급 차질을 예방하는 전략을 구사할 수 있습니다. 현재 미국이 주도하는 반도체 칩4(Chip4)의 경우가 여기에 해당됩니다. 안보화폐 측면에선 기존의 에너지전환과 넷제로는 에너지 안보를 해치게 되므로 의사결정의 우선순위가 될 수 없으며 따라서 해당 산업이 반환경적인지는 그리 중요하지 않습니다. 설사 중국의 태양광이 친환경적이라 가정해도 안보화폐 측면에서 미국을 비롯한 민주주의 진영의 영향력이 축소되는 결과를 야기한다면 글로벌 에너지전환에서 태양광 비중을 키워서는 안 되며 상대적으로 중국의 영향력이 낮은 분야의 신재생에너지를 집중적으로 양성해야 합니다. 이 과정에서 반도체 칩4처럼 해당 첨단기술의 중국과 러시아 접근을 막는 조치도 필요합니다.

반대로 중국과 러시아 입장에선 자국의 안보화폐 가치가 떨어지

는 것을 막기 위한 우호세력 결집에 노력해야 합니다. 특히 유럽은 중
국 · 러시아는 물론 미국과도 생산자, 투자자, 소비자로 강하게 얽혀있
습니다. 또한 유럽의 에너지전환은 중국과 러시아의 원자재와 저렴한
천연가스를 비롯한 화석연료 기반으로 해야 합니다. 현재 재생에너지
와 전기차 등의 핵심광물의 주도권은 시큐리티 위안이 압도적으로 우
세하며 유럽은 러시아의 천연가스 의존도를 탈피했다고 말하고 있지만
현실의 움직임과는 큰 간격이 있습니다. 사우디를 비롯한 중동 국가와
도 이해관계를 맞출 수 있는 공간은 충분하고 전략적 이해관계가 맞아
떨어지는 분야도 다양합니다. 최근 반중 움직임이 늘어나고 있지만 일
대일로의 영향권은 멀리 아프리카까지 미치고 있습니다. 반도체 동맹
이 굳건하리란 보장도 없습니다. 현재 일본과 함께 네덜란드의 반도체
장비기업들이 미국과 함께 중국의 반도체 장비 수출에 동참하기로 했
지만 지난해까지만 해도 네덜란드는 국가안보를 지키는 것도 중요하지
만 경제적 이익을 지키는 것 역시 중요하다면서 미국이 요구하는 대중
국 반도체 수출규제에 동참하지 않을 수도 있다는 뜻을 거듭 내비친 바
있습니다. 리셰 스레이네마허 네덜란드 대외무역 · 개발협력 장관은 네
덜란드가 미국의 대중국 반도체 수출규제를 조건 없이 따르지는 않을
것이란 입장을 밝히기도 했습니다.[354] 따라서 중국은 반드시 미국의 우
호 · 동맹국의 분열을 이용해야 합니다. 미국이 주도하는 반도체 동맹
이 견고할수록 중국은 GDP의 39.8%를 차지하는 디지털 경제는 물론
이고 무인 자동차부터 고속 컴퓨팅과 인공지능 AI에 이르기까지 여러
산업이 막대한 피해를 입게 되고 이것이 중국경제에 악영향을 끼칠 것
이기 때문입니다. 대만 반도체산업 컨설턴트 레슬리 우는 미국 · 네덜

란드·일본 간 합의로 중국 반도체산업이 지난 2년간 생존을 위해 의존해 온 비(非)미국산 장비를 향한 문은 공식적으로 닫혀버렸다며 외국 기술이 없다면 중국의 반도체산업이 잃어버린 입지를 되찾고 현재의 기술적 격차를 좁히는 데는 최소 20년이 걸릴 것이라고 전망했습니다.[355]

미국이 글로벌 공급망을 주도하는 과정에서 동맹·우호국들에게 어떤 이익을 줄 수 있는지 여부는 매우 중요합니다. 각국이 가진 안보화폐의 가치를 높여주는 방향으로 공급망을 형성한다면 협조를 이끌어내기 수월할 것이나 매출의 상당 부분을 차지했던 중국이나 저렴한 화석연료를 제공하는 러시아를 제외한 채 장기간 미국주도의 공급망에 참여하는 것이 쉽지 않습니다. 또 하나의 문제점은 자국주도의 안보화폐를 복구하는 과정에서 상대방이 가진 강점을 흡수하려는 시도가 빈번하게 일어날 것이라는 점입니다. 원자력의 경우 미국과 프랑스, 일본의 밸류체인은 상당 부분 무너졌는데 이를 자국의 힘으로 다시 복구하려면 상당한 시간과 비용이 들어갈 것입니다. 반도체와 배터리 분야 역시 미국과 유럽이 자체생산을 위해 노력하고 있지만 한국과 대만이 보유한 생산 노하우 축적이 생각만큼 쉽지 않습니다. 대만반도체제조회사(TSMC) 창업자인 모리스 창(張忠謀)은 미국이 반도체 공급망을 완전히 재건하는 것은 불가능할 것이라며 수천억 달러를 지출한 후에도 여전히 공급망이 불완전하다는 것과 지금보다 훨씬 더 많은 비용이 소요된다는 것을 알게 될 것이라 말했습니다.[356] 따라서 안보화폐 보유국과의 장기간 협력관계가 필수적입니다. 해외원전 건설의 경우 미국은 안보를 바탕으로 많은 원전 건설기회를 가져올 수 있지만 적기시공이 어려운 반면 한국은 가격경쟁력과 적기시공이 가능하지만 자력으로 막대한 자금조달이 어렵습니다. 그리고 이 부분을 일본이 메꿔줄 수 있습니다. 한국의 원전을 원하는 국가들 역시 단순히 한국이 원전을 지어주는 것에서 그치지 않고 자신들을 허브기지로 주변국에 원전수출을 공동제안하고 있습니다. 이들이 한국에 원하는 것은 명확합니다. 팀코리아를 넘어선 다자간 협력사업에서 우리의 경쟁력을 지키면서도 상대방이 요구하는 것들을 어떻게 수용하면서 파이를 키워나갈지에 대해 다차원의 고민이 필요할 수밖에 없는 지점입니다. 단순히 한국의 적기시공과 가격경쟁력이 전 세계에 먹힐 것이라는 생각으로는 해외원전수출이 쉽지 않을 것이고 타국이 수주한 기회를 단순시공만 해서는 고부가가치와 다양한 비즈니스 기회를 만들기 어려울 것입니다.

때문에 이 공급망 전쟁은 필연적으로 지난한 시간이 필요하며 미국 주도의 공급망 내에서도 여러 국가의 이익이 충돌하는 결코 쉽지 않은 여정이 될 것입니다. 각국의 안보화폐 가치는 독보적이지만 일방적일 수 없고 홀로 이익을 거두기도 어렵습니다. 다자간 협력이 공동의 이익을 향유하는 방식으로 진화한다면 공급망 싸움에서 우위를 확보하겠지만 설익은 열매를 독차지 하기 위해 분열한다면 공급망 동맹은 와해될 것입니다. 따라서 브레튼우즈체제의 안보화폐 버전과 같은 새로운 질서를 수립하는 것도 필요해 보입니다. 이를 서구세계의 인사이드 머니(금융, 채권, 신용, 달러, 유로 등의 내부화폐)와 동방의 아웃사이드 머니(석유, 금 등의 원자재 기반 통화)의 싸움으로 새로운 세계(화폐) 질서가 유로달러 시스템을 약화시키고 서방의 인플레이션에 기여할 것이라 보는 시각도 있지만[357] 안보화폐는 보다 넓은 시각에서의 다층적인 공급망 전쟁을 의미하며 싸움의 양상도 국가의 이해관계에 따라 방향이 바뀔 수 있음을 역설하고 있습니다.

아직 이 싸움의 방향이나 결과를 예단하기는 어렵습니다. 미국주도 공급망 동맹의 협력이 순조롭게 이루어진다면 중국의 안보화폐 가치는 평가절하될 것입니다. 에너지 안보의 우선순위가 장기간 지속되거나 경쟁력 있는 새로운 에너지 시스템이 출현하는 것 역시 가치에 영향을 미칠 것입니다. 공급망 협력의 강도에 따라 그 반대의 현상이 벌어질 수도 있습니다. 또는 적당한 선에서 다시 미·중 관계가 좋아질 수도 있을 것입니다. 하지만 변하지 않는 사실은 안보화폐 보유국이 이제 새로운 비즈니스를 시작해야 한다는 점입니다. 단순히 국내 다양한 이해관계자들과 협업해 특정국의 시장을 공략하는 것이 아니라 다자간의 협력으로 사업을 해야 하는 상황이 올 것이라는 점입니다. 이 상황에서 자국의 안보화폐 가치는 필요하지만 충분하지 않은 역량이고 이를 메꾸기 위해 전혀 다른 별개의 가치를 서로 교환해야 할 순간이 올 텐데 이를 미리 대비하지 않으면 안보화폐 가치는 저평가될 수밖에 없을 것입니다. 안보화폐는 이제 이전과 전혀 다른 고차원적 비즈니스의 서막을 알리는 신호탄이 될 것입니다.

V

한국 에너지 산업의 미래

성장의 시대 VS 수축의 시대

한국의 전력산업은 1950년 6.25 전쟁 이후 평화와 재건을 위한 전력사업을 실시한 이래로 70년 이상을 '성장의 시대'로 살아왔습니다. 늘어나는 전력수요를 충족하기 위해 대형발전소를 건설하고 설비운영과 유지 보수를 위한 인력을 채용하며 에너지 공기업에게 독점적 권한을 부여하고 안정적 에너지공급을 의무화하는 단일방식이었습니다. 이는 한국전력공사로 묶여있던 발전공기업이 물적 분할로 나뉜 2001년 이후에도 마찬가지였는데 지역을 기준으로 나눈 발전공기업들은 지역 내에서 발전설비와 인력을 늘려가는 기존 성장의 시대 문법을 따랐습니다. 그러나 이러한 성장은 한국의 저성장 경제체제와 함께 2010년을 기점으로 점차 한계에 돌입하기 시작했는데 국내 대형발전소가 들어설 공간이 점차 줄어들고 있었기 때문입니다. 기존의 성장방식이 더 이상 에너지 공기업들의 성장을 담보하지 못할 것이라는 전문가들의 지적이 이어졌지만 수십 년을 단일한 성장방식으로 살아온 에너지 공기업의 방향전환이 그리 쉬운 일은 아니었습니다. 2019년 '지속가능한 전력정책의 새로운 방향'이라는 포럼에서 한 전문가는 과거 에너지업계는 자신들이 열심히 일하기만 하면 그것이 국가의 이익과 일치했는데 앞으로는 기업의 이익과 국가의 이익이 일치하지 않으면서 각자도생의 시기가 찾아올 것이라 경고했고 또 다른 전문가는 기존 에너지 공기업의 성장방식은 10년 정도가 지나면 더 이상 작동하지 않을 것이라 말했습니다.[358] 이는 70년간의 성장의 시대가 막을 내리고 한 번도 겪어보지 않은 수축의 시대 진입을 의미하는 것이었습니다. 국가엔 더 이상 필요치 않은데 기업이 여전히 대형발전소 건설을 필요로 하는 이유는 기존의 성장방식 이외에 또 다른 성장동력을 찾지 못하고 있거나 찾을 준비가 아직은 미흡하기 때문입니다. 지난 몇 년간 에너지 공기업들이 새로운 먹거리로 내세운 LNG발전소 전환과 수소를 비롯한 재생에너지 사업은 건설반대와 계통접속 장기지연, 사업성숙도 미흡으로 불확실성이 여전히 큽니다. 주력 부분인 석탄화력발전은 탈석탄 기조로 향후 매출감소와 수익악화가 예상되지만 새로운 성장동력을 찾지 못한다면 결국 사업 전체가 리스크로 작용할 수 있습니다.[359]

이런 상황에서 에너지 공기업의 구성원들은 침묵하는 다수와 새로운 길을 모색하는 소수로 나뉘게 됩니다. 전자의 경우는 우선 정부의 에너지전환정책에 협조하면서도 그 길이 조직의 성장을 담보하는지 의심스러워 합니다. 하지만 실제 현장을 보면 쉽게 자신들의 주력이 급격히 위축될 것 같지는 않아 보입니다. 성장의 시대 문법이 쉽게 사라지지 않는다면 굳이 나서서 목소리를 내기보다는 조용히 정부정책에 협조하면서 정년이 되기까지 별다른 변화가 없기를 바라게 됩니다. 굳이 나선다고 무언가 바뀌지 않을 것이라는 믿음도 있기 때문에 불필요한 잡음보다는 침묵하는 것이 나은 선택이 됩니다. 실제 성장의 시대엔 정책이 시장을 이끌어 갔기 때문에 실행기관으로서의 에너지 공기업은 조용히 계획을 따라가기만 하면 되었습니다. 후자의 경우는 에너지전환과 ESG가 자신들의 주력부문을 축소시키지만 새로운 성장동력이 보이지 않고 굳이 찾으려 하지도 않는 조직을 불안해하며 무언가 변화의 모멘텀을 찾으려 애씁니다. 조직도 새로운 인재를 투입하며 변화를 모색하려 하지만 시간이 지나도 크게 달라지는 모습을 보여주진 못하는데 이유는 침묵하는 다수를 움직여야 하기 때문입니다.[360] 그리고 계속 이런 일이 반복되는 동안 시간만 흘러갔을 것입니다. 그러나 전자와 후자 모두 놓치고 있는 사실은 새로운 시대엔 기존의 문법과 다른 플레이북이 필요하며 이를 얻기 위해 이전과 다른 역량이 필요하다는 점입니다. 이는 성장의 세대를 살아온 선배들이 가르쳐 줄 수 없고 그 시대를 살아야 할 후배들은 배울 곳이 없이 스스로 체득해야 한다는 것이죠.

에너지 공기업들의 발은 무겁습니다. 기존의 성장방식은 그들의 알파이자 오메가입니다. 기존 성장방식에 맞춰 모든 조직업무가 맞춰져 있고, 그 문화가 수십 년을 이어왔습니다. 의사결정에서 '다른 생각'이 채택되고 실현되기란 쉽지 않을 것이며 커다란 몸집의 조직이 재빠르게 전환하기도 어렵습니다. 하지만 그렇다고 기존방식을 고수하기도 어려워졌습니다. **어쩌면 다른 방식으로 일단 발을 디디고 봐야할지도 모릅니다. 그렇게 만든 작은 차이가 향후 큰 차별화 포인트가 될 수 있습니다.**[361]

    수축의 시대에 가장 큰 특징은 새로운 역량을 스스로 갖춰 해외시장을 공략해야 한다는 점입니다. 보수적으로 잡아 에너지전환정책으로 향후 주력사업의 매출 10%가 줄어든다고 예상을 하면 조직의 지속성장을 위해선 두 자릿수 이상의 매출증대를 이끌어 낼 수 있는 새로운 성장동력을 발굴해야 합니다. 하지만 주요 성장루트였던 석탄발전이 국내는 물론 해외에서도 여의치 않았고 신재생에너지 사업은 에너지위기 이후 재정건전화 계획을 통해 국내외 사업을 축소 · 철회 · 매각하고 있는데 한전은 해외풍력 및 태양광 매각, 서남권 해상풍력사업 연기 등을 통해 1,811억 원, 한국가스공사는 국내 수소 생산기지구축사업 축소와 해외 청정수소 등 신재생사업 연기 등을 통해 2,534억 원, 발전공기업들 역시 국내외 태양광 지분매각, 연료전지, 해외수력 사업을 철회하거나 연기하며 투자 자체를 줄이고 있습니다.[362] 국내 사업의 경우 에너지 공기업들의 신성장동력 찾기가 수축의 시대로 연결되는 사례가 늘어나고 있는데 가스공사가 천연가스 생산·공급 과정에서 발생하는 소비전력을 2045년까지 자가발전 시스템을 통해 100% 충당하기 위한 로드맵을 구상 중이며 2020년 기준 가스공사의 소비전력 규모는 총 831GW 수준이었습니다. 그러니 가스공사의 계획대로 자체소비전력을 자가발전으로 충당한다면 831GW의 전력생산과 판매가 줄어드는 것입니다.[363] 여기에 대기업들의 자가발전도 늘어나고 있는데 SK하이닉스가 청주와 이천 공장 증설을 명분으로 1,100MW급 LNG 발전소를, 용인반도체클러스터에 1,000MW급 신규 발전소 건설을 검토하고 있으며 삼성전자는 그룹사인 삼성물산을 통해 1,000~1,500MW급 타당성을 보고 있습니다. SK케미컬은 울산에 300MW급 열병합 건설을 추진하고 있고, 현대오일뱅크는 300MW LNG발전소 건설을, 고려아연은 직도입가스로 500MW급 자가발전소를 운영할 계획에 있으며 에쓰오일, 현대자동차, 롯데화학, 현대제철 등 전력다소비 기업들이 크고 작은 자가소비나 열병합발전소 건설을 검토 중입니다.[364] 이들의 계획이 모두 현실화될 경우 한전의 전력판매와 발전공기업의 전력생산은 그만큼 줄어들 수밖에 없다는 점이 중요합니다. 한전의 주요고객이었던 기업들이 자체발전으로 한전의 계약물량을 줄이는 것은 물론 그린 수소 등의 개발로 생산된 전력을 판매하면 장기적으로 경쟁자가 되는 것입니다. 이는 가스공사 LNG 구매고객들이 LNG 직도입으로 밸류체인을 형성해 경쟁자가 된 것과 정확히 일치합니다.

수축의 시대에 재정건전화를 하면서 기존 인력을 모두 품고 있기도 어렵습니다. 정책당국은 기능 조정과 조직 인력 효율화를 위해 인력

조정에 나섰는데 한전의 경우 기존 정원 2만 3,728명 중 496명을 감축하며 발전공기업 5사도 약 400명의 인원을 줄일 계획입니다. 이는 기존 인력에 대한 구조조정보다는 신규인력을 줄여나가는 방식이긴 하나 사실상의 구조조정입니다. 그런데 전력생산과 판매가 빠르게 줄어드는 반면 새로운 성장동력을 찾지 못한다면 유휴인력 문제가 수면 위로 떠오르게 될 것입니다. 이미 2019년 국정감사에서 발전공기업 사장이 석탄발전 폐지와 LNG발전 전환에 따른 인력 운용계획에 대한 질문에 특수목적법인(SPC)을 활용한 민자발전의 운영·유지 보수(O&M)를 맡아 해당 사업장에 투입하고 여유 인력에 대해서는 신사업, 신재생에너지 등에서도 활용할 것이라 답한 바 있습니다.[365] 이는 새로운 성장동력이 조속히 마련되지 않는다면 인력 활용에 대한 답이 없다는 말과 같습니다. 그렇다면 수축의 시대 인력은 얼마나 줄어들어야 할까요. 전직 정책당국 관료의 말에 의하면 에너지 공기업의 인력 중 80%가 현재 필요 없다는 주장을 한 바 있습니다. 물론 실제로 이것이 구조조정으로 연결되는 것은 아니고 그래서도 안 됩니다. 탈원전과 탈석탄을 실시했던 해외사례를 보면 알 수 있지만 밸류체인의 붕괴엔 전문인력도 포함되기 때문에 이를 복구하는 데 굉장한 시간과 노력이 필요하기 때문입니다. 그런데 질문을 바꿔 하나의 발전공기업이 현재 한국에 있는 전체 화력발전소 운영을 할 수 있냐고 물어본다면 답은 달라집니다. 5개의 발전공기업 중 어느 발전사가 운영을 맡아도 이를 훌륭히 수행해 낼 정도의 전문성과 역량을 가지고 있기 때문입니다. 때문에 이런 인력을 활용해 새로운 성장동력을 마련한다면 위기를 기회로 바꿀 수 있을 것입니다. 하지만 현재 환경이 그렇게 우호적이지 않습니다.

2020년 IHS Markit은 코로나19 확산으로 전력수요 증가가 둔화되고, 석탄과 가스, 원자력, 재생에너지 등 에너지원 간의 경쟁이 심화될 것으로 전망한 바 있는데 당시 유럽 국가들이 전력수요 감소와 낮은 에너지 가격이 원전을 비롯해 재생에너지까지 거의 모든 발전원에 부정적인 영향을 미칠 것이라 주장했습니다.[366] 이는 필연적으로 에너지원별 경쟁을 야기하는 것이었는데 에너지 위기 이후 에너지 안보가 중요해진 지금도 상황은 달라지지 않았습니다. 유럽은 택소노미를 통해 재생에너지는 물론 원전까지 그린 에너지로 인정하면서도 위기극복을 위한 화석연료 사용도 불가피함을 주장하고 있습니다. 향후 어떤 방식으로든 위기가 안정되면 에너지원별 경쟁은 탄소중립과 에너지 안보 사이에서 끊임없이 일어날 것이고 서로의 자리를 빼앗기 위한 공방이 가열될 것입니다. 한국은 정권교체 이후 원전의 비중이 늘어나고 재생에너지 비중이 줄어드는 변화가 있었지만 LNG 비중을 늘리고 석탄발전을 줄이는 이전 정권의 에너지정책을 일부 이어받았습니다. 한국 역시 에너지원별 경쟁이 시작되고 있는 것이죠.

재생에너지

　지난 10여년 간 대한민국의 에너지정책은 그동안 불모지나 마찬가지였던 국내 재생에너지 시장의 활성화에 불을 붙인 것으로 평가받습니다. 한국이 재생에너지 확대 보급에 나선 것은 다른 유럽 등 주요 선진국과 비교해 10년에서 20년 가까이 늦은 편입니다. 이미 시장이 상당히 완성돼 있는 다른 국가와 달리 한국은 대규모 발전소들이 재생에너지 생산 전력을 발전량 대비 일정량 반드시 공급해야 하는 2012년 RPS 제도가 도입되면서 재생에너지 시장의 초석이 됐습니다. 500MW 이상 규모의 발전소를 보유한 발전사(의무공급사)들이 구매해야 할 재생에너지 전력 비중을 단계적으로 10%까지 상향하는 이 제도는 재생에너지 사업자들이 생산한 전기를 판매할 수 있는 길을 크게 넓혀줬습니다. 이전까지 재생에너지 시장이 민간 주도로 서서히 크기를 키웠다면, RPS 이후는 공공의 주도하에 성장해 나가기 시작했습니다. 2017년 발표된 '3020 재생에너지 이행계획'에 따라 2030년까지 재생에너지 발전비중 20%를 달성한다는 목표를 수립했는데 2016년 기준 신재생에너지 발전비중이 3.5%에 불과했던 상황에서 재생에너지 확대에 박차를 가하겠다는 선언적인 목표를 제시한 것입니다. 이를 바탕으로 2017년 12.2GW에 불과했던 재생에너지 설비는 2021년 29GW로 4년 만에 2.5배 이상 급성장하는 배경이 됩니다.[367] 타 국가에 비하면 여전히 발전비중이 10%도 되지 않는 적은 양이지만, 우리 전력사에서는 재생에너지 시장의 폭발적인 성장을 기록한, 황금기로 불릴만한 10년이었습니다.

　위기 이전의 대한민국에서는 재생에너지가 나름의 긍정적인 변화를 이끌어 내는 것으로 보였습니다. 재생에너지가 '느리지만 빠른' 증가세를 이뤄내고 정부와 학계, 시민단체 등은 탄소중립에 대한 자신감을 얻기 시작했으며 정책당국은 재생에너지 비중을 더 늘려 주력전원화 하겠다는 의도를 가지고 제9차 전력수급기본계획에서 2034년까지 석탄화력발전소 30기를 폐지하겠다는 계획을 밝힙니다. 이에 따라 발전 5사는 정부의 일정에 맞춰 석탄화력들을 폐지하고, 일부는 LNG복합화력발전소로 전환하기 위한 준비에 돌입합니다. 2022년 3월 탄소중립기본법이 시행되면서 탄소중립에 대한 국가 목표와 비전을 수립하고 이행 점검을 담당하는 정부 산하 조직인 탄소중립위원회가 법적인 근거 아래 활동을 시작합니다. 탄소중립위원회는 2021년 활동을 통해 2030년 국가온실가스감축목표(NDC) 상향과 함께 2050년 탄소중립 시나리오를 작성하고, 같은 해 정부는 국무회의를 통해 두 가지 계획을 모두 승인합니다. 본격적인 탄소중립 계획이 이에 맞춰 수립되기 시작했습니다.

구분		부문	기준연도(18)	현NDC (18년대비 감축률)	NDC상향안 (18년대비 감축률)
배출량			727.6	536.1 (△191.5, △26.3%)	436.6 (△291.0, △40.0%)
배출		전환	269.6	192.7 (△28.5%)	149.9 (△44.4%)
		산업	260.5	243.8 (△6.4%)	222.6 (△14.5%)
		건물	52.1	41.9 (△19.5%)	35.0 (△32.8%)
		수송	98.1	70.6 (△28.1%)	61.0 (△37.8%)
		농축수산	24.7	19.4 (△21.6%)	18.0 (△27.1%)
		폐기물	17.1	11.0 (△35.6%)	9.1 (△46.8%)
		수소	–	–	7.6
		기타(탈루 등)	5.6	5.2	3.9
흡수 및 제거		흡수원	−41.3	−22.1	−26.7
		CCUS	–	−10.3	−10.3
		국외 감축	–	−16.2	−33.5

2030년 NDC 각 부문별 감축 목표 (탄소중립위원회, 2021)

전환 분야에서 정부가 목표한 44.4% 감축을 달성하기 위해서는 신재생에너지는 30%로 제9차 전력수급기본계획에서 제시한 20%보다 10%가 더 늘어나야 하는 반면 석탄과 LNG발전은 10% 더 줄여야 합니다. 재생에너지 확대 보급에 정책당국이 얼마나 자신감을 가졌는지를 확인할 수 있는 부분입니다. 2050년을 목표로 순 배출량을 제로로 만들기 위한 탄소중립 시나리오도 이때 만들어집니다. 이는 화력발전을 전면 중단하는 등 극단적인 시나리오를 담은 A안과 일부 LNG화력발전이 잔존하는 대신 탄소 포집·저장·활용(CCUS)과 같은 제거기술을 적극적으로 활용하는 B안으로 나뉩니다. 정부는 이 시나리오를 바탕으로 2050년을 목표로 전원 구성을 전환해 간다는 방침인데 이에 따라 석탄화력은 2050년까지 전면 폐지될 예정입니다. 이 같은 목표를 수립한 정부는 2021년 영국 글래스고에서 열린 제26차 유엔기후변화당사국총회(COP26)에서 2050년까지 탄소중립을 선언했으며 2030년까지 상향된 NDC 목표도 함께 공개했는데 탄소중립에 대한 발걸음을 타 선진국과 맞춰나가겠다는 선언이었습니다. 이는 과거 개발도상국 지위에서 선진국 반열로 올라선 한국이 에너지전환을 통해 국제 사회에 기여하겠다는 의지를 표명했다는 점에서 의미가 있습니다. 그러나 2030년대까지 석탄발전을 단계적 감축하는 내용의 선언에 40여 개 국가와 함께 서명한 한국은 탈석탄이라는 취지에 공감하고 노력하겠지만 구체적 탈석탄 시기를 2039년으로 못 박은 게 아니다라고 해명한 바 있습니다.[368] 재생에너지 설비의 증가는 이전까지 국내 전력시장에서 공공기관과 소수 대기업 등 대규모 자본을 동원해야만 참가할 수 있었던 발전시장을 소규모 자본만 있어도 쉽게 뛰어들 수 있는 시장으로 변화시켰습니다. 퇴직금을 투자해 노후자금을 마련하거나, 금융권 대비 높은 투자수익을 얻고자 하는 시민들도 발전시장에 들어와 수익을 낼 수 있는 환경이 조성되기 시작했습니다.

재생에너지의 한계

이전까지 전 세계가 청정에너지공급을 통한 탄소배출 감축에 초점을 맞췄다면 2021년 하반기부터 이어진 글로벌 에너지 위기는 정책의 방향을 뒤바꿔 놓았습니다. 위기 이후 전력시장은 에너지 가격 상승 억제와 안정적 에너지공급 모두를 해결해야 하는 상황에 직면합니다. 인간 생활의 삼대 요소로 불리는 의(衣), 식(食), 주(住)이외에 전기를 빼놓고서는 인간다운 생활을 유지하기 어려운 의식주전(衣食住電)의 시대가 된 상황에서 에너지 가격을 안정화시키지 못해 국민들이 입은 피해가 기하급수로 커지고 있었기 때문입니다. 에너지전환의 문제점이 전 세계적으로 터져 나오면서 세계 각국은 에너지 안보를 우선시하기 시작했습니다. 에너지 위기를 겪고 있는 유럽을 보면서 한국의 전문가들도 지난 10여 년 간 급성장한 한국 재생에너지에 대한 재평가를 하기 시작했는데 대표적인 문제 제기가 앞에서 살펴본 것처럼 에너지 안보, 즉 안정적 전력공급에 기여하지 못한다는 것입니다. 에너지 위기에서 유럽을 비롯한 세계 각국의 에너지 요금은 천정부지로 뛰었으며 석탄 발전소를 가동하고, 천연가스 확보에 총력을 기울였는데 이는 한국도 크게 다르지 않았습니다. 오로지 탄소중립이라는 측면에서만 전원 계획을 세우고 에너지공급을 하다 보니 그동안 숨겨져 있던 한계점들이 드러나기 시작했습니다.

글로벌 에너지 위기는 재생에너지 전력공급 부족으로 이를 메꿀 화석연료 가격이 폭등해 발생했는데 한국 역시 도매전력 구입비용이

2022년 12월 평균 시장가격 기준 kWh당 267.63원까지 상승했습니다. 이는 바로 1년 전 대비 87.4% 급등한 수치입니다. 이런 위기 속에서 재생에너지는 연료비가 0원이라는 강점, 다시 말해 태양과 바람 등 자연에서 발생한 에너지를 쓰기 때문에 우라늄, 석탄, LNG 등을 주로 사용하는 기존 전통 발전원보다 전력생산비가 이론적으로 저렴해야 합니다. 해외일부 국가에서는 재생에너지 발전원가가 석탄발전소나 LNG발전소보다도 낮았는데 글로벌 자산운용사 라자드 보고서에 따르면 미국에서 태양광의 발전원가는 MWh당 27달러, 풍력은 25달러 수준인데 비해 석탄화력의 경우 MWh당 평균 42달러에 달합니다.[369] 반면 한국에서는 RPS 제도 설계 과정 문제로 재생에너지 전력생산 가격이 낮아지지 못했습니다. 2022년 태양광 시장 상반기 고정가격계약의 전체 평균낙찰가격은 kWh당 155.25원으로 kWh당 267.63원인 전력도매 가격(SMP(2022년 12월 기준))과 비교할 때 121.36원이 저렴합니다. 여기까지만 보면 재생에너지 가격경쟁력이 뛰어나 보이지만 실제 정산가격은 달랐습니다. 재생에너지 시장의 정산은 도매전력 가격(SMP)과 연동되어 있는데 장기고정가격계약은 한 태양광 발전소가 20년간 kWh당 150원에 전기를 공급하기로 결정했을 때, 도매전력 가격(SMP)과 신재생에너지공급인증서(REC) 가격을 합산해 정산을 하는데 전력을 생산한 날의 SMP가 120원이라면 REC는 30원으로 정해져 가격을 150원에 맞추는 방식이죠. 그런데 2022년과 같이 전력도매 가격이 kWh당 200원 넘게 올라간다면 150원에 계약을 체결했어도 해당 날짜의 도매전력 가격 200원 이상을 그대로 정산받게 됩니다. 태양광에서 생산된 전력을 계약금액 이내로만 정산했다면 에너지 위기에서 전력도매 가격을 낮추는 역할을 할 수 있었겠지만 초기 설계가 잘못되면서 높은 도매 전력 가격으로 한전 적자를 키우는 애물단지가 되었습니다. 뒤늦게 정 책당국은 2023년 상반기 장기고정가격계약부터는 계약금 이내로만 정 산하는 내용의 제도 개선에 나섰지만 이미 장기고정가격계약을 체결한 물량은 도매전력 가격이 상승할 때마다 한전의 적자부담을 높이게 될 것입니다. 지난 2021년 한 해 동안 고정가격계약을 체결한 태양광 발 전설비만 4.25GW에 달했습니다. 영국 케임브리지 이노노메트릭스가 발표한 보고서에도 한국의 정산 제도에 큰 문제가 있다는 것을 지적합 니다. 보고서는 "재생에너지는 LNG 가격(도매시장가격 결정)과 추가 인증 비용(REC)의 영향을 많이 받기 때문에 사용자에게 더 많은 비용이 든 다"[370]라고 밝혔습니다. 전력시장가격에 연동된 재생에너지는 단독으 로 시장을 형성하지도 못하고 있을뿐더러, 저렴한 연료비의 이점조차 살리지 못하고 있죠.

또 하나의 문제점은 균등화 발전 비용(LCOE)의 허점입니다. 일반적 으로 재생에너지의 경쟁력은 재생에너지 '발전' 비용이 화석연료보다 낮아지는 것만을 이야기하는 경우가 많은데 이는 잘못된 계산입니다. 궁극적으로 전력 가격에는 예상치 못한 수요 급증을 충족하는 데 필요 한 생태계 비용이 포함되며 증가하는 재생에너지에 수반되는 백업화력 발전과 저장장치 그리고 새로운 송전망이 필요하게 됩니다. 따라서 발 전 비용은 물론이고 앞서 논의된 재생에너지 그리드 전체 비용을 통합 해야 하는데 이렇게 되면 재생에너지 전력 가격은 화석연료보다 높아 질 수밖에 없습니다.[371] 이 때문에 풍력 및 태양광 비중이 높은 국가일

수록 전력 가격이 높은 것이죠.

재생에너지 비중을 늘리는 문제에서 항상 과소평가되는 송전망은 시간이 흘러갈수록 기하급수의 투자가 필요합니다. 2020년 프린스턴 대학의 분석에 따르면 미국의 경우 넷제로를 달성하기 위한 모든 것의 탈탄소화에는 풍력과 태양광이 현재보다 14배 확장되는 동안 송전망 용량이 지금보다 3배에서 5배가 더 늘어나야 한다고 말하고 있는데 이를 위해선 2020년부터 2050년까지 현재 200억 달러의 송전망 투자가 4배 가까이 오른 매년 760억 달러의 투자 비용과 더불어 연간 1.2% 성장하는 송전망 마일이 향후 30년간 3.9%에서 5.7%나 되는 급격한 상승이 필요하다고 주장했습니다.[372] 여기엔 거의 모든 지역의 송전망 님비현상 같은 개발 장애물들이 순조롭게 극복된다는 기본 전제가 깔려 있습니다.

그러나 현재 미국의 송전망 투자는 새로운 용량 추가보다는 노후화된 송전 인프라를 교체하는 것에 초점을 맞추고 있습니다. 미국의 그리드는 재생에너지에서 생산된 전력을 다룰 만큼 견고하지 못하며 관리도 부실한 상태라 재생에너지 '발전'에 대한 투자가 계속해서 실패하거나 줄어들고 있다고 『그리드』의 저자 그레천 바크는 주장하고 있습니다. 때문에 그리드의 신뢰성을 높이지 못한다면 21세기 내내 재생에너지를 석탄, 석유, 가스, 원자력, 수력과 동시에 그리드에 연계할 수 없다고 말하고 있습니다.[373] 따라서 미국의 넷제로에 현재의 3~5배의 송전망 건설에 차질이 발생하게 되면 14배 확장된 태양광과 풍력발전은 아무 쓸모가 없게 되며 기존의 그리드에 연결되어 있는 원전과 화석연료 중심의 전력공급체계를 계속 이용할 수밖에 없습니다. 그렇다면 분산형 저장장치에 희망을 걸어볼 수도 있을 것입니다. 전력저장장치(storage)는 전력사용량이 적은 시간에서 많은 시간대로 전력을 이동시키는 역할을 하며 송전망 업그레이드의 부분적 대안이 될 수 있겠지만 비용문제에서 자유롭지 못합니다. 앞서 살펴본 프린스턴대학의 분석에 따르면 저장장치 보급률이 낮은 수준에서는 송전망 투자를 대체할 수 있으나 저장장치 용량이 피크 수요의 4%에 도달하면 저장장치 가치는 빠르게 소진되며 4시간 정도 저장할 수 있는 리튬 이온 배터리 비용이 kWh당 320달러라고 가정하면 추가 저장장치 투자보다 송전망 설치가 더 나은 선택이 된다는 결과를 내놓았습니다. 향후 이 비용이 kWh당 150달러로 하락해도 저장장치 보급률은 피크 수요의 4%에서 16% 정도인데 여기엔 혹한기 방전이나 노후화된 비효율 등을 고려한다면 이 수치는 더 떨어질 것입니다. 따라서 탈탄소화 그리드에는 여전히 많은 신규 송전망이 필요할 수밖에 없습니다.[374] 빌 게이츠는 자신의 저서에서 도쿄에 엄청난 태풍이 불어 모든 풍력 터빈이 파괴되고 배터리에 저장된 전기로만 버틴다고 가정했을 때 3일간 전력공급을 위해 배터리 1,400만 개 이상이 필요하다고 주장했습니다. 이는 전 세계에서 10년간 생산한 배터리보다 더 많은 수치이며 이 배터리 구입엔 4,000억 달러(512조 400억 원), 이 금액을 배터리 수명으로 나눌 경우 연간 270억 달러라는 막대한 비용이 필요하다고 말하고 있습니다. 물론 여기엔 설치와 유지비용을 제외한 오로지 배터리 구입비용만을 이야기한 것입니다.[375] 한국도 2050년 탄소중립을 위해 태양광과 풍력으로 생산한 전력을 저장하기 위한 에너지저장장치 구축에만 최대 1,248조원이 필요하다는 탄소중립위원회 내부검토 결과로 확인된 바 있습니다.[376] 재생에너지 발전엔 필연적으로 이들이 전력을 생산하지 못할 경우 백업발전이 필요합니다. 그러나 백업발전이 아무 대가 없이 온전한 능력을 발휘할 수는 없습니다. 언제라도 가동될 수 있도록 전문인력이 운영태세를 갖추고 있어야 하며 정기적인 보수를 통해 설비가 최상의 상태를 유지하고 있어야 합니다. 이를 위해서는 투자와 운영에 필요한 최소수익이 보장되어야 합니다. 그러나 역설적으로 재생에너지 비중이 높아지고 평상시 이들의 전력생산이 풍부한 경우 전력공급 우선순위에서 뒤처지는 백업발전은 운영과 유지 보수는 물론이고 투자에 필요한 수익을 얻지 못해 설비는 고장 나고 에너지 위기처럼 정작 필요한 순간에 발전소가 제대로 운영되지 못하는 상황이 전 세계적으로 발생했습니다.

일본은 한국처럼 재생에너지 가운데 태양광 발전설비의 비중이 높은 국가입니다. 2010년 태양광 설비가 3.6GW에 불과했던 일본은 2011년 후쿠시마 원전사태 이후 원자력발전소 가동을 중단하는 대신 안정적 전력공급을 위해 가정용 지붕 태양광 위주로 재생에너지 발전설비 공급에 나선 결과 2021년 기준 78.4GW 수준까지 올라갔습니다.[377] 그러나 이런 성장은 일본 전력시장에 새로운 과제를 남겼는데 반복적으로 찾아오는 전력수급 위기가 그것입니다. 태양광발전에 대한 무조건적인 우선 공급이 화석연료발전의 입지를 좁혔고 이에 발전사업자들은 더 이상 발전소에 투자하지 않게 됩니다. 그 결과 태양광이 전력을 제대로 생산하지 못하는 시기가 되면 반복적으로 전력수급 위기에 직면하게 됐고 일본 정부는 국민들에게 절전을 호소하는 일이 반복되었습니다.

"도매전력시장 가격이 너무 떨어지면 발전설비를 유지하는 데 어려움을 겪게 됩니다. 2018년 이후 화력발전의 휴지 혹은 폐지가 늘어나게 되죠. 주로 석유화력발전소나 노후화된 LNG 화력발전소가 그 대상이었습니다. 후쿠시마 사태 이후 원전이 대부분 정지된 상태에서 화력발전을 통해 전력을 안정적으로 공급한다는 계획이 어긋난 거죠. 특히 겨울철에 수급이 어려워지는 건 그만큼 화력발전이 줄고 태양광발전이 늘었기 때문입니다. 여름에는 태양광발전 수급을 많이 기대할 수 있지만 추워지고 눈이 많이 오는 겨울에는 반대죠. 일본의 전력수급 위기가 주로 겨울에 커지는 이유입니다."[378]

2022년 2월 10일 도쿄의 기온이 떨어지고 악천후로 태양광 전력생산이 감소함에 따라 피크 전력수요가 96%에 이를 것으로 예상되자 일본 전력망 규제기관은 도쿄전력에 전력공급확보를 위해 지역 유틸리티 간 전력 공유를 지시했고 츄부와 간사이전력이 도쿄전력에 전기를 공급해 위기를 넘겼으며 3월엔 도쿄와 도호쿠 지역에 전력수급 위기 경보를 발령하며 기시다 후미오 총리가 직접 국민들에게 절전을 호소했는데 도쿄전력은 수도권 200~300만 채가 정전이 될 수 있다고 발표했습니다.[379] 6월이 되자 다시 전력공급이 부족해진 일본은 7년 만에 여름철 절전을 국민들에게 요구했고[380] 도쿄지역에 전력이 부족해 홋카이도, 츄부, 호쿠리쿠, 간사이 유틸리티에 도쿄로의 전력공급을 지시했습니다.[381] 8월에는 구름이 많은 날씨로 태양광 발전량이 떨어지자 수력발전 3대를 즉시 가동하면서 전력수급을 가까스로 맞췄습니다.[382] 11월이 되자 코이케 유리코 도쿄 지사는 터틀넥이나 스카프는 "따뜻함을 느끼게 하고 감기에 걸리지 않게 하며 전기를 절약하는 데 도움이 될 것"이라고 말하면서 다시 절전을 강조했고 일본 정책당국은 전 국민들에게 한 방에 모여 텔레비전을 보거나 변기 사용을 자제해 전력사용을 줄이도록 촉구하는 '웜 비즈(Warm Biz)'와 '웜 홈(Warm Home)'이라는 대형 캠페인을 실시하면서 사실상 계절에 관계없이 전력공급의 상시 부족을 겪게 됩니다.[383] 일본은 한국과 유사한 전력 믹스를 가지고 있었지만 후쿠시마 원전사고와 탄소중립으로 사실상 탈원전과 탈석탄을 추구하면서 재생에너지를 늘리는 유럽과 방향성이 일치했고 그 결과 전기요금이 2022년에만 40%가 올라갔으며 2023년 도호쿠전력과 주코쿠전력, 시코쿠전력, 호쿠리쿠전력, 오키나와전력 등 일본의 5개 전력업체들도 올 초 전기요금을 28.1~45.8% 올리는 방안을 승인해 달라고 요청했습니다.[384] 한국과 마찬가지로 일본 역시 난방비 급등으로 국민들이 어려움을 겪고 있었는데 겨울철 난방으로 전기요금 청구서에 10만 엔이 찍힌 가정이 소개되었으며 '광열비 파산'이란 신조어가 나왔습니다.[385] 연금을 받아 생활하는 80대 노부부는 전기요금이 비싸 에어컨은 물론이고, 전자레인지, 커피포트, 고타츠도 없이 생활했지만 2022년 12월 전기요금은 2만 엔이 넘게 나왔습니다. 이는 영국 에너지 빈곤층의 삶과 크게 다르지 않습니다. 이처럼 현재 재생에너지원은 비싸고 기존 에너지원의 밸류체인을 파괴해 전력공급의 안정성을 해치는 데다 에너지 요금 급등으로 국민들의 삶의 질을 떨어뜨리고 에너지 빈곤층을 양산하는 것이 현실입니다.

늘어나지 않는 일자리

재생에너지가 가진 친환경 발전원의 성격에만 주목하기보다는 한국 에너지 산업에 얼마나 기여할 수 있을지 살펴봐야 합니다. 정부가 특정 산업이 성장할 수 있도록 정책적으로 지원하고 시장을 만드는 이유 중 하나가 일자리입니다. 오랜 기간 한국 사회에 뿌리내린 청년실업과 중장년층의 고용불안 등은 하나같이 해결하기 어려운 사회문제입니다. 이 같은 상황 속에서 정부는 특정 산업의 성장을 도우면서 기업들이 더 많은 일감을 확보하고 이를 통해 양질의 일자리를 만들 수 있도록 노력하고 있습니다. 정책당국은 재생에너지에 적지 않은 비용을 들였습니다. 정부 예산을 쓰지 않았을 뿐 이미 국민들이 전기요금을 지불하는 한전을 통해 상당한 양의 보조금이 투입됐습니다. 한전은 의무공급사인 발전사들이 재생에너지를 거래하면서 받은 인증서(REC)를 구매합니다. 2021년 기준 한전이 구매한 신재생에너지공급인증서는 3조 2,649억 원에 달했습니다.[386] 애초 REC 가격은 공급과잉으로 2021년 7월 2만 9,000원대까지 떨어졌으나 문재인 정부가 임기 말 RPS 비율을 높이면서 REC 가격은 2022년 4월 5만 2,852원으로 56%가 올랐으며 2023년 2월 16일 6만 2,801원입니다. 한전이 신재생에너지 의무할

당량을 채우기 위해 지불하는 RPS 비용이 늘수록 전기요금 인상과 부채누적이 지속될 것입니다.[387]

이처럼 막대한 보조금이 투입된 재생에너지 산업계의 현실은 어떨까요. 2022년 12월 한국에너지공단이 발표한 '2021년도 신재생에너지 산업통계'에 따르면 2021년 국내 신재생에너지 산업의 종사자 수는 14만 953명으로 전년 11만 8,508명보다 2만 2,445명 증가했는데 이는 1년 사이 19%가량 늘어난 것입니다. 이렇게만 보면 재생에너지 분야에서 계속해서 일자리가 늘어나고 있다고 판단할 수 있겠지만 여기엔 함정이 숨어있습니다. 업종별 현황을 살폈을 때 신재생에너지 제조업의 2021년 매출은 2020년 10조 7,369억 원보다 12.9% 늘어난 12조 1,191억 원 정도였지만 종사자 수는 1만 1,864명으로 1년 전인 1만 2,353명과 비교했을 때 4%가량 줄었습니다. 한국고용정보원이 2021년 발표한 '신재생에너지 산업의 발전동향과 고용시장 분석결과'에 따르면 2016년부터 2018년까지 이미 3년간 재생에너지 제조업계의 종사자 수는 꾸준히 하락해 오고 있었습니다. 건설업은 상황이 더 좋지 않습니다. 신재생에너지 건설업은 사업체도 2,144개로 전년 대비 25개 줄었고, 종사자 수는 2020년(1만 7,617명) 대비 15.2% 하락한 1만 4,937명에 불과했습니다. 제조업과 건설업 쪽에서 모두 일자리가 줄어든 것이 확인됐는데, 어떻게 전체 종사자 수는 늘어날 수 있었을까요. 이번 통계에서 종사자 수가 가장 눈에 띄게 늘어난 분야는 발전업입니다. 2020년 8만 2,810명 정도였던 발전업 종사자는 2021년 10만 8,462명으로 31%(2만 5,652명) 증가했으며 발전업 사업체 수는 10만 4,132개로 전년 7만

8,172개로 2만 5,960개가 많아졌습니다. 사업체 수만큼 인력이 늘었다는 것은 각 회사별로 사업자 혹은 단순 사업 및 정산관리 직원이 배치된 것이며 이를 산업경쟁력 상승으로 보기엔 무리가 있습니다. 실제 발전공기업의 풍력발전소는 이미 10년 전부터 중앙집중형 최첨단 원격감시시스템을 도입해 국내 풍력발전설비는 물론 향후 해외에 건설될 설비까지 통합 제어할 수 있는 시스템을 갖췄습니다.[388] 여기에 근무하는 인원은 수십 명 수준입니다. 실제 현장에서 신재생에너지발전은 석탄화력발전의 20% 정도 인력만으로도 운영이 가능해 일자리 감소 문제가 불거질 가능성을 우려하고 있었습니다.[389] 만약 발전공기업이 자신들의 주력사업을 100% 재생에너지로 전환할 경우 80%의 인력은 새로운 성장동력을 마련하지 못할 경우 일자리를 보장받을 수 없게 됩니다.

사라진 경쟁력

한국의 재생에너지는 태양광과 풍력 위주로 비중이 높아지고 있지만 한국 태양광기업들은 사업부문을 축소하거나 사업철수를 하고 있습니다.

태양광 기업	생산부문	현재 상황
SKC	태양광 모듈 EVA	생산중단
웅진에너지	잉곳, 웨이퍼	파산(2022)
넥솔론	웨이퍼	파산(2018)
OCI	폴리실리콘	국내 생산중단, 희망퇴직
한화솔루션	폴린실리콘	생산중단
신성에너지	셀	사업철수(2021)
LG전자	셀	사업철수(2022)

한국 주요 태양광 기업 현황

가장 큰 원인은 중국입니다. 앞서 살펴봤듯이 중국은 대규모 자금과 거대한 자국의 내수시장을 통해 기술의 시간적·공간적 단축을 빠르게 이뤄내고 있었습니다. 그 결과 세계 10대 태양광 셀기업 중 9개가 중국기업이며 공격적인 확장전략을 추구하며 양적규모를 키움과 동시에 고효율 생산으로 경쟁기업들을 추격하고 있습니다. 그 결과 2017~2109년 태양광 설치규모는 30~50GW 수준이지만 중국 태양광기업들의 생산능력은 2019년 200GW에서 2025년 500GW를 예상할 정도입니다.[390] 규모에 대한 또 하나의 일화는 중국 안후이(安徽)성 허페이(合肥)시에 있는 태양광 부품회사 하이룬광푸(海潤光伏)입니다. 이 '강소기업'은 2019년 45억 1,900만 위안(약 8,407억 원) 매출에 1,023명의 직원이 일하고 있었는데 경영난으로 공장과 설비를 포함 6억 1,800만 위안(약 1,057억 원) 헐값에 팔겠다고 했지만 결국 유찰됐습니다.[391] 중국에서는 그저 경쟁력을 상실해 구매가치가 없는 고비용 기업이었던 것이죠. 상황이 이렇다 보니 한화큐셀의 경우 모듈생산용량이 늘어났음에도 불구하고 2019년 세계 4위에서 2020년 7위로 그리고 현재 10위권 밖으로 밀려났습니다. 중국 1위 기업 징코의 매출은 2020년 기준 한화로 585조 원, 영업이익은 30조 원에 달하는 반면 OCI의 경우 2020년 매출이 2조 원 수준입니다. 규모의 차이가 이래서는 직접경쟁은 불가능합니다. OCI의 군산공장 가동 중단과 말레이시아 생산용량 증대 또한 중국과의 직접경쟁이 한국에서는 어렵기 때문에 내린 결정이었죠. 물론 폴리실리콘 제조비용의 30%를 차지하는 전기요금과 인건비가 저렴한 것도 중국의 태양광 경쟁력을 높이는 데 일조하였습니다. 한국 기업들은 일부 고효율 제품이나 미·중 무역분쟁 같은 정치적 이벤트로 발생한 시장에서 기회를 얻을 수 있겠지만 나머지는 장담하기 어렵습니다. 태양광 밸류체인 전체를 들여다보면 문제는 더 심각해집니다. 2022년 전국경제인연합회가 발표한 「재생에너지 산업 밸류체인 현황 및 시사점」 보고서에 따르면 중국기업들은 2019년 기준 폴리실리콘 시장의 63%, 잉곳 시장의 95%, 웨이퍼 시장의 97%, 태양전지(셀) 시장의 79%를 차지하고 있습니다. 태양광 밸류체인은 폴리실리콘에서 잉곳·웨이퍼를 거쳐 셀·모듈·태양광 설비 순서로 구성되는데 이 가운데 폴리실리콘과 잉곳·웨이퍼 같은 밸류체인 초입부터 한국 기업들이 타격을 입고 사업을 철수한 상태입니다.

태양광 발전설비를 구성하는 인버터 분야에서도 한국 태양광산업은 경쟁력을 상실했습니다. 태양광발전 시스템을 송·배전 전력망에 연결하려면 반드시 필요한 인버터는 태양광발전소 건설에 드는 재료비 가운데 모듈(50%) 다음으로 높은 21%를 차지하고 있습니다. 그런데 인버터는 수출에 큰 걸림돌이 없는 모듈과 달리 계통 연결과 관련한 인증을 추가로 받아야 하는데 국가마다 계통 주파수가 상이하고 전력망의 안정성 수준이 다르기 때문에 한국시장에 판매하던 인버터 제품을 그대로 수출할 수 없습니다.[392] 규모의 경제로 각국에 태양광을 설치 운영하는 중국의 인버터 경쟁력이 상당할 것이라는 점은 어렵지 않게 짐작할 수 있습니다. 더구나 수출 기회가 적은 태양광 중소기업의 경우 각국의 전력계통정보 수집과 연구 및 인증에 발생되는 비용을 개별 부담하기가 녹록지 않았을 것이고 이것이 품질과도 연계되어 한국산 인버터를 사용했던 해외 태양광발전소조차 화재 등 사고로 인해 중국산 인버터로 교체하는 일이 벌어졌으며 한국 대기업들도 국내외 태양광발전소 EPC 사업에 판매하거나 구매하는 인버터가 상당 부분 중국기업 제품입니다.[393] 이처럼 한국은 재생에너지 분야에 대한 막대한 정책적 지원에도 불구하고 산업 육성에 성공하지 못하고 있습니다. 정부는 RPS 장기고정가격계약 입찰에서 한국산 모듈에 가산점을 부여하는 등의 탄소인증제를 통해 국산 모듈 사용을 장려하고 있지만, 그 대상은 모듈에만 한정돼 있습니다. 게다가 원자재 부분에서는 거의 모든 제품이 중국산을 사용하고 있기 때문에 이 제품이 국내 산업계에 도움이 되는가에도 물음표가 붙을 수밖에 없습니다. 따라서 한국 재생에너지 비중을 빠른 속도로 높이려면 중국산 의존도가 높아질 것이고 한국 태양광 산업경쟁력을 높이기 위해 한국산을 사용하려면 재생에너지 보급속도가 늦어지면서 비용이 상승하는 문제에 빠지게 됩니다.

세계적 기업을 보유하고 있는 태양광과 달리 풍력 부문에선 그런 한국 기업이 보이지 않습니다. 풍력산업은 트랙 레코드(track record) 확보에 많은 시간과 노력이 필요한 시장진입장벽이 높은 산업으로 2010년대 글로벌 풍력산업 구조조정 이후 신규 진입 업체가 전무하며 13개 글로벌 풍력기업들의 공급량이 전체 공급량의 89%를 차지하면서 굳어진 상황입니다.[394] 5~8MW급 육상풍력 터빈은 베스타스, GE, 지멘스 등 글로벌 기업들이 장악해 현실적으로 국내기업들의 시장진입이 어려운 상황이며 글로벌 선도기업과 기술격차가 3년 이상 벌어져 있고 제조단가도 30% 이상 비싼 데다 베어링 등 핵심부품은 여전히 해외에서 수입해야 합니다.[395] 따라서 해상풍력 분야를 국가적으로 지원해 주지 않는 이상 풍력 부문 역시 비중확대를 위해선 외국기업에 의존해야 하며 이 경우 산업경쟁력을 갖추기는 매우 어렵습니다. 이처럼 새로운 성장동력으로 재생에너지 부문을 채택하기는 많은 어려움과 한계가 존재합니다. 그러나 경제성만을 고려해 이 분야에서 손을 떼기도 어렵습니다. 재생에너지 비중을 확대하는 속도를 줄이면서도 가능성 있는 국내기업들의 경쟁력 확보를 위한 지원도 필요합니다. 에너지 공기업의 경우 새로운 성장동력으로의 기회와 일자리 감소라는 위기를 타개해 나갈 균형전략을 세워야 할 것입니다.

천연가스

한국의 천연가스산업은 안정적 공급을 위해 한국가스공사가 도매 독점으로 들여오는 천연가스를 발전용을 발전소에 난방용을 도시가스 사업자에 공급하는 것으로 시작했으나 저유가국면에서 천연가스 가격이 저렴해지면서 구매자 우위의 시장이 지속되자 LNG 직도입을 실시하게 되면서 시장지형이 경쟁구도로 바뀌게 됩니다. 민간기업의 직도입을 반대하는 측에서는 에너지 안보는 무엇보다도 수급 안정성이 필요한데 이러한 공공성을 민간분야는 책임지지 않으며 다소 비싸더라도 수급이 불균형한 국내 사정상 안정적 공급을 위해 공공기관이 독점적 구조를 가지는 것은 불가피하고 언제 다시 판매자 우위의 시장이 될지 모른다고 주장한 반면 찬성 측에서는 보다 낮은 가격에 도입이 가능하고 그로 인한 발전효율 상승으로 이용률 증대와 추가이익을 얻을 수있으며 전력시장가격 안정화와 전력계통 운영비용 절감에 크게 기여한다고 주장했습니다.[396] 그러나 시간이 흘러갈수록 직도입 비중은 크게 증가하여 시행 초기 1.4%에서 22.1%로 급증했습니다. 직도입 초기만 해도 도매독점사와 민간기업 사이에서 중립을 지키던 정책당국은 "천연가스 직수입자의 역할은 더욱 커지고 한국가스공사의 역할은 줄어들 것이다. 이는 전체적으로는 좋은 방향으로 가는 것이라 생각한다"며 경쟁시장을 옹호하기 시작했습니다. 지난 30년간 가스공사가 안정적 공급을 충실히 수행해 왔지만 시스템에서 한 플레이어가 책임지는 것보다는 다양한 플레이어들의 협업이 더 안정적이라는 것이죠.[397] 직 도입에 대한 논란은 현재진행형이지만 여기서는 수축의 시대와 새로운 성장동력으로서 천연가스 부문이 역할을 수행할 수 있는지를 살펴보도록 하겠습니다. 가스공사의 입장에선 과거 도매독점시기에 비해 자신들의 수입비중이 줄어들게 되는 수축의 시대로 접어들게 되는데 이는 앞서 살펴본 한국전력이나 발전공기업과 마찬가지입니다. 수축의 시대엔 한 기업의 성장에 가장 크게 영향을 미치는 요소가 이제 '외부변수'라는 것을 깨닫는 것이 무척 중요합니다. 과거 독점시기엔 자사의 성장이란 내부변수만 생각하면 되지만 이제는 경쟁 등 외부변수로 인해 자신들이 가져가야 할 과실의 총량이 줄어들기 시작합니다. 때문에 수축의 시대를 지나는 모든 기업들은 다른 산업에 관심을 기울일 수밖에 없습니다. 이제 해당 산업영역의 경쟁력만으로 성장하기 힘들기 때문에 연관된 산업의 경쟁력까지 함께 품는 '고도화 작업'이 필요해졌다는 것이죠.

기업	연도	사업내용	비고
SK E&S	2005	인도네시아 탕구와 LNG 장기 공급 계약 체결 2006년부터 20년간 50만~60만톤/년 LNG 직도입	도입
	2012	호주 깔디타-바로사(Caldita-barossa) 가스전 투자	업스트림
	2014	미국 우드포드(Woodford) 가스전 사업 투자	업스트림
	2017	GS에너지와 공동으로 보령LNG터미널 가동	저장기지
	2015	국내 최초 민간 직수입 LNG 운반선 건조 가동	운송
SK가스	2024(E)	LNG터미널, 복합화력발전소 준공 예정	저장/발전
	2025~34	울산오일허브 액화가스터미널 이용계약 체결	저장
GS 에너지	2014	직도입 위한 싱가포르 GS 트레이딩 설립	도입
	2019	보령LNG터미널에 LNG저장탱크 완공 (20만㎘X4)	저장
포스코 에너지	2019	포스코로부터 광양LNG터미널 LNG 저장탱크 인수	저장
	2020	가스트라이얼 사업진출	충전/저장
HDC 현산	2012	동두천 LNG복합화력발전소 사업	발전
	2019	1GW급 복합발전소, 20만㎘급 저장탱크 건설	발전
한양	2027(E)	여수 묘도 동북아 LNG 허브 터미널 구축	인프라
중부 발전	2015~24	비톨사 40만톤/년 LNG 직도입 장기구매계약 체결 보령화력20만㎘ 2기 예비타당성 조사 통과	도입/저장
남부 발전	2022	하동발전본부 LNG 저장탱크 2기 예타 통과	도입/저장
동서 발전	2022	울산복합발전 LNG 터미널 인프라 확보 계획 2026년 직도입 계획	도입/저장
서부 발전	2023	김포 열병합발전소 LNG 직도입	도입
남동 발전	2023	LNG 직도입 암모니아 혼소발전 저장고 도입계획	도입/저장

LNG 직도입 관련 기업활동 추이

그린 쇼크
GREEN SHOCK

민간기업들이 보는 천연가스 산업은 다른 산업이면서 새로운 성장 동력이었습니다. 건설사의 경우 2010년 이후 해외건설 수주액이 10년 만에 3분의 1로 줄어들었고 중동의존도는 저유가가 장기화로 타격을 더했습니다. 민간발전사는 물론이고 도시가스 사업자와 시멘트사까지 LNG발전사업에 관심을 보였던 이유였고 여기에 LNG 직도입이 메리트가 되었던 것이죠.[398] 여기에 최근엔 에너지 위기와 원자재 가격 상승으로 원가비중이 90%에 육박하는 반면 주택시장은 미분양 증가 등으로 얼어붙어 있어 어려움은 지속되고 있습니다.[399] 발전공기업 역시 주력사업 비중 축소를 LNG 발전으로 메꿔야 하는 만큼 과거 가스공사에서 받아오는 천연가스를 직도입으로 대체할 경우 수익성 제고와 함께 새로운 성장동력으로 활용할 수 있을 것이라는 판단을 했을 것입니다. 발전사업과 밀접한 연관이 있으면서 신성장동력으로 활용할 수 있는 기회를 마다하긴 어렵습니다. 수축의 시대엔 국가의 이익과 기업의 이익이 달라진다고 앞서 설명한 바 있는데 기업과 기업 간의 이익 역시 달라집니다. 민간 발전기업과 발전공기업, 일부 도시가스 사업자의 새로운 성장동력이 가스공사에겐 수축의 시대를 가속화하는 요인으로 작용하기 때문인데 과거의 고객이 현재와 미래엔 경쟁자가 되는 것이죠.

공공성과 라라랜드

과거 독점사업을 영위하던 에너지 공기업들은 이전처럼 안정적 공급을 위해서 '공공성'이 필요하다고 이야기하지만 역설적으로 경쟁시장은 바로 공공성 목표를 조기 달성했기에 가능한 것입니다. 성장의 시기 한국의 에너지 안정공급을 자원과 역량이 부족했던 민간기업이 감당할 수 없었던 시절 독점적 권한을 부여받는 대신 공공성 의무를 부여받은 에너지 공기업들은 정책당국의 말처럼 훌륭히 그 임무를 수행해 왔습니다. 그런데 안정적 공급이라는 목표를 시스템으로 확고히 달성한 바로 그 순간부터 국가의 이익은 이를 기반으로 에너지 가격을 떨어뜨릴 수 있는 경쟁시장이 더 나은 선택이 됩니다. 왜냐하면 공공성은 비싸고 선택의 여지가 없을 때 사용하던 성장의 시대 방식이기 때문입니다. 또한 정책이 아닌 시장에 의해 형성된 경쟁시장에선 공공성을 지키는 데 한계가 있습니다. 직도입 비중이 늘어났던 이유는 정책적으로 경쟁시장을 열어준 요인보다 장기 저유가국면에서 천연가스 구매자 우위 시장의 영향이 절대적이었습니다. 게다가 이미 형성된 경쟁시장을 다시 닫는 것은 불가능합니다. 이런 상황에서 에너지 공기업은 시장 비중이 줄어드는 것을 막기 위해 두 가지 선택을 할 수 있습니다. 현재 조직이 보유한 시장 지배적 구조를 공공성 유지의 수단으로 사용하는 것과 조직 경쟁력을 강화하기 위한 대안을 마련하기 위해 노력하는 것이죠. 먼저 시장 비중이 더 줄어들지 않는 장치를 마련하는 방법이 있는데 이는 정책당국의 규제 수단부터 기업이 공공성을 무기화하는 경우까지 다양하게 표출될 수 있습니다. 에너지 공기업이 보유한 독점적 망이나 정보 등을 자신들에게 유리한 방향으로 사용하는 것이죠. 그러나 이는 크게 두 가지 문제를 발생시키는데 우선 이것이 조직의 성장을 담보해 주지 않는다는 것입니다. 이미 파이가 줄어든 상황에서 약간 그 속도를 늦출 뿐 이미 형성된 시장의 구조적 경쟁을 피할 수 없습니다. 또한 국가의 이익과 상반되는 공공성의 사용은 오히려 경쟁시장을 촉진하는 계기가 된다는 것입니다. 대표적인 사례가 발전설비의 유지 보수를 담당하는 발전정비시장에서 벌어졌는데 통합한 전시기 발전소 유지 보수를 100% 담당하던 한전기공(한전KPS)이 1994년 파업을 하게 됩니다. 물론 파업이 그 시기에 필요했을 수 있지만 중요한 점은 독점시장의 리스크에 대해 사람들이 인식하기 시작했다는 것이고 이는 경쟁시장을 만드는 결과로 이어졌다는 것입니다. 한전KPS의 화력발전 정비시장 수의계약 점유율은 2020년 52%에서 2023년 32%까지 줄어들 것으로 예상되고 있습니다. 새로운 성장동력을 마련하는 방법은 수축의 시대를 맞이한 에너지 공기업과 크게 다르지 않습니다. 다만 성장의 시대를 살아온 사람들은 후배들에게 수축의 시대 성장방법을 가르쳐 주기 어렵고 후배들 또한 이를 스스로 깨우쳐야 한다는 것은 모든 에너지 공기업이 가진 숙제 같은 것입니다. 그렇다면 힌트가 없을까요. 사우디의 압둘 아지즈 빈 살만 에너지부 장관은 2050년까지 넷제로 달성 로드맵을 제시한 IEA 보고서를 읽고 별점을 줄 필요도 없는 '라라랜드(La La Land)'의 속편이라 생각한다며 기자들에게 이를 진지하게 받아들일 필요가 없다고 말했습니다.[400] 라라랜드는 몽상의 세계, 꿈의 나라라는 부정적 뉘앙스가 있으며 'live in La La Land'는 꿈속에 산다, 사리분별을 못 한다는 의미를 가지고 있으니 IEA의 보고서에 대한 사우디 에너지부 장관의 평가는 더 묻지 않아도 되겠죠. 그의 말도 일리가 있는 것이 과거 IEA의 에너지 믹스는 넷제로 로드맵과 정반대였기 때문입니다.

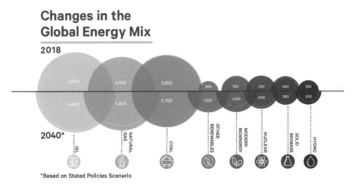

| 그림8 | The World Projected Energy Mix(Visual Capitalist)

2019년 IEA가 발표한 에너지 믹스를 보면 2040년 재생에너지 비중이 유의미하게 늘어나지만 여전히 석유를 비롯한 화석연료가 핵심에너지원으로 비중 있게 사용된다는 것을 알 수 있습니다. 그런데 1년 만에 넷제로 시나리오에서 2050년 글로벌 시장에서 석유는 전체 에너지공급의 8%에 불과하며 태양광과 풍력을 비롯한 재생에너지 비중은 66%로 재생에너지가 석유와 석탄 가스를 밀어내고 지배적인 에너지원을 차지할 것이라는 정반대의 주장을 한 것이죠. 그렇다면 사우디는 IEA의 말을 무시하면 되는 것일까요. 지금이야 상황이 달라졌지만 당시엔 IEA를 포함한 국제기구는 물론 규제기관, 기후변화 운동가들과 금융 분야까지 거의 모든 주체들이 화석연료 포트폴리오 줄이기에 나섰고 규제를 강화했습니다. 사우디 역시 석유가 향후 수십 년 동안 지배적인 에너지원이 될 것이라 말하면서도 탄소중립과 관련한 연구에도 소홀히 하지 않았습니다. 태양광 발전소를 비롯해 수소경제에도 수십

억 달러를 투자했으며 모하메드 빈 살만 왕세자는 2060년까지 탄소중
립을 달성하겠다고 약속하면서 이를 위해 1,800억 달러 이상을 투자할
계획이라고 선언한 바 있습니다.[401] 그렇다면 사우디는 화석연료 경제
와 친환경 에너지원 사이에서 갈피를 잡지 못하는 것일까요.

> "사우디는 더 이상 산유국이 아니라 에너지 생산국입니다. 우리는 단
> 순한 에너지 국가가 아니라 매우 경쟁력 있는 에너지 국가이며, 석유와
> 가스는 물론 재생에너지와 수소 생산 비용이 가장 낮은 국가가 될 것입
> 니다. 전 세계가 이를 현실로 받아들일 것을 촉구하며 우리는 이 모든
> 활동의 승자가 될 것입니다"[402]

사우디 에너지부 장관의 이 발언은 석유 경제에 대한 자신감의 표
현임과 동시에 새로운 에너지 시장에 대한 불안감을 표출한 것입니다.
그들이 석유를 지키고자 하는 움직임만큼이나 세계는 탄소중립을 위한
활동도 활발히 수행하고 있었는데 미래 친환경기술이 현실화되는 순간
석유는 매장량과 관계없이 인기가 떨어질 수 있겠죠.

아직은 먼 미래지만 석유밖에 없는 사우디로서는 자신들의 현재 지
위를 위협하는 모든 행동들이 불쾌하면서도 탈석유 경제를 위한 행동
에 나설 수밖에 없었지만 역설적으로 사우디의 신성장동력은 석유를
기반으로 해야 합니다. 빈살만 왕세자 역시 수십 년간 석유 생산으로

국제 원유시장의 안정을 유지하면서 탄소중립 목표를 달성하겠다는 단서를 붙였고 노르웨이 역시 자국의 풍부한 석유와 그 수입을 바탕으로 한 국부펀드의 수익이 있어야 국가를 친환경으로 전환해 볼 수 있습니다. 메이저 오일사와 석탄 기업 역시 넷제로 여정을 지속하기 위해선 화석연료 수익이 필요합니다. 게다가 에너지 위기에서 나타났듯이 재생에너지의 간헐성과 변동성은 매출과 수익에 그대로 영향을 주기 때문에 이를 제외한 안정적인 수입원이 반드시 필요합니다. 그러니 한수원이 원전을 제외하고 발전공기업이 석탄을 제외하고 신성장동력으로만 조직을 운영한다는 것은 불가능하며 이는 천연가스를 주력으로 하는 가스공사를 비롯한 다른 기업들도 마찬가지입니다. 신성장동력 역시 천연가스와 연관되고 확장할 수 있는 아이템이어야 합니다. 이는 과거 성장의 시대 공공성으로 되돌아간다고 해서 얻을 수 있는 것이 아닙니다.

가스터빈 국산화와 에너지 믹스

한국의 LNG 발전소 터빈 설비는 두산중공업이 개발한 국산 터빈이 설치되기 전까지 100% 외국산에 의존해야 했습니다. 때문에 터빈 제작사들은 낮은 가격에 30~40년간 사용할 터빈을 판매한 후 높은 유지보수 비용을 요구했고 발전공기업은 이를 수용할 수밖에 없었습니다. 발전설비 역시 특정 제작사에 의존하는 것을 피하기 위해 다양한 제작사의 설비를 들여오는 백화점식 도입을 수행했습니다. 제작사는 한국을 자사의 터빈 설비의 테스트 베드로 이용하기도 했는데 서인천·신인천 복합화력과 보령 복합화력발전소였습니다. GE와 알스톰은 자사의 F 클래스 터빈을 설치한 후 한국에서 시행착오를 거쳐 전 세계에 주력모델로 판매했습니다. 반면 한국은 엄청난 기회를 외국에게 빼앗기면서 유지 보수 비용으로 19조 원 이상을 지불해야만 했습니다.[403] 하지만 국산 터빈을 개발하려 해도 에너지의 안정적 공급이 우선순위인 발전공기업이 선뜻 국산 터빈 개발을 위한 공간을 내어주기는 힘들었는데 2019년 7월 1일 일본 정부가 반도체·디스플레이용 핵심 소재의 한국 수출규제 강화를 실시하면서 분위기가 순식간에 바뀌었습니다. 일본 수출규제에 대응해 발전설비 국산화 요구가 국민적 이슈로 확대되었고 제재 확대로 영향을 받을 수도 있는 설비·부품에 대한 공급처 다변화와 함께 이번 기회에 국산화를 진행해 외화절감까지 도모하자는 움직임이 삽시간에 호응을 얻기 시작했습니다. 정책당국 역시 가스터빈 국산화에 장애물이 될 수 있는 발전공기업 국산 제품 설치·운영 과정에서 발생할 고장·정지 저감 실적을 경영평가에서 제외하고 국산화 기술개발 제품 적용에 대한 가점을 부여하는 등 지원책을 마련했으며 2020년 11월 가스터빈 경쟁력 강화 방안을 발표, 안정적 생태계 기반 조성에 필요한 초기 일감 확보를 위해 최대 15기에 달하는 가스터빈 실증사업 추진을 발표하면서 국산화가 본격적으로 추진되기 시작했습니다.[404] 에너지 위기 이전 LNG발전은 '브리지 연료'로 친환경 재생에너지로 가는 중간다리 역할을 할 연료원이었습니다. 그러니 장기적으로 전력 믹스에서 퇴출되는 에너지원이고 위기 이후엔 급등한 LNG 가격으로 인해 한국의 무역수지 적자가 심화와 에너지 요금 인상 요인 중 하나가 되었습니다. 따라서 이 부분만 고려하면 에너지 믹스에서 비중을 줄이는 게 합리적으로 보입니다. 반면 에너지 안보 관점에서 안정적 에너지공급을 위해선 균형 잡힌 에너지 믹스가 필요하며 전력공급을 외국설비에 의존하지 않고 국산화를 달성해 외화를 절감하고 원전이나 석탄발전과 같이 해외수출 기반을 마련할 수 있습니다. 또한 암모니아와 수소혼소 등 '친환경 브리지 연료'로 역할을 할 수 있기 때문에 이런 점들을 고려하면 에너지 믹스에서 비중을 확대하는 것이 합리적입니다. 성장의 시대라면 별 고민 없이 모든 에너지원을 늘려가면 되었지만 에너지원별 경쟁이 심화되는 수축의 시대와 에너지 안보가 만나는 지점에서의 에너지 믹스 결정은 매우 복잡한 다차원 함수가 되고 있습니다. LNG발전비중을 늘리는 것은 필연적으로 원전을 비롯한 다른 에너지원을 줄이는 것이 되며 원전과 석탄, 재생에너지 역시 에너지전환 관점과 에너지 안보 관점에서 비중 축소와 확대의 이유가 존재하게 됩니다. 또한 천연가스 산업은 이전까지 비중 있게 다뤄지지 않았던 새로운 에너지원으로의 전환도 염두에 둬야 합니다.

일본 도시가스사의 사업전략

2016년 전력시장이 개방된 이후 일본 도시가스사들은 최대 수혜자가 됩니다. 그러나 이들은 국내시장 비중확대에 안주하지 않고 적극적으로 신성장동력 개발에 나서고 있습니다.

기업명	신규사업
도호가스	– 신규사업영역 창출을 위한 사업개발부 창설 – 스타트업 기업과 연계 벤처 펀드 출자 신규 사업기회 탐색
오사카가스	– 기술개발본부 개편 이노베이션 본부 창설 – 미국 실리콘밸리 거점 벤처투자 펀드 출자, 주재원 파견 – 유망 기술, 아이디어 사업화 모색 위해 사업부문 시행 및 검증 실시
세이부가스	– 사업추진부 폐지, 신사업 개발 위해 사업개발부 신설 – 비가스사업 매출 20%에서 2026년 50%까지 올리는 다각화 추진 – 투자 자회사 SG인큐베이트 설립 신규 사업 발굴
도쿄가스	– 신사업창조 프로젝트부 설립 – 디지털 기술 활용한 신사업과 서비스 창조 진행

일본 도시가스사들의 신성장동력 개발 노력

기업별로 정도의 차이는 있지만 새로운 성장동력을 마련하기 위해 작게는 부서창설과 사업기회 탐색에서 비주력부문을 50%로 확대하거나 투자 자회사를 설립해 실리콘 밸리에 출자하는 공격적인 경영을 모색하는 곳도 있습니다.[405] 해외사업으로 가면 보다 구체적인 모습을 엿볼 수 있습니다.

기업명	신규사업
도호가스	– 미쓰이 물산 합병회사 통해 태국 산업용 가스회사 지주기업 출자, 도시가스 공급개시 – 말레이 국영 페트로나스와 가스말레이 설립 도시가스 사업전개 – 말레이 공조설비 제조판매기업과 에너지 서비스 계약 체결, 고효율 발전 · 공조시스템운용 개시 – 베트남 국영 페트로 베트남가스와 연계사업 추진, 저압가스판매 출자, 전략적 얼라이언스 계약 체결 – 인도네시아 국영 페르타미나와 LNG밸류체인 구축에 관한 전략적 협정 체결 – 필리핀 퍼스트 젠과 LNG 수입기지 건설 운영사업 공동개발 계약 체결 (LNG 수입기지 건설 운영 관련)
시즈오카가스	– 태국 가스화력발전 밤부발전소 소유 · 운영 기업 주식 28% 취득 – 인도네시아 미트라 에너지 페르사다(MEP)와 업무제휴, 인도네시아 가스사업 진출
오사카가스	– 싱가포르 천연가스 판매사업 – 인도네시아 페르타가스와 공동 마케팅 계약 체결, 일본계 기업 진출 페르타가스 영업활동 지원
히로시마가스	– 싱가포르 주재원 사무소 개설 LNG조달 해외 에너지사업 정보수집 및 사업발굴

일본 도시가스사들의 해외사업 전략

경제성장과 인구증가로 에너지 수요가 늘어나는 동남아시장을 일본 도시가스사들은 오래전부터 적극 진출해 도시가스 공급, 발전사업 진출은 물론 LNG수입기지 건설과 가스 판매까지 다양한 사업을 운영하고 있습니다.[406] 그러나 이는 기업 자체의 노력만이 아닙니다. 일본은 매년 100억 달러 이상의 공적개발원조(ODA) 자금을 개발도상국에 투자하고 현지 개발 사업을 집행하면서 개발도상국 정부와 신뢰 관계를 구축합니다. 또한 일본은 유상차관을 제공하고 현지 인프라 건설 용역으로 경제적 실익도 얻고 있는데 도로, 교통과 같이 사업 규모가 크고 수익성이 높은 기반 시설 구축으로 일본 건설사의 시공 능력을 현지에서 입증할 기회를 부여받음과 동시에 건설 용역을 연속 수주라는 성과도 거두게 됩니다. 실제 2017년 기준 상위 5개 외국인투자 프로젝트 가운데 3개 프로젝트(응이선 2 화력발전소, 번풍 1 화력발전소, B-오몬 가스관 건설 프로젝트)를 일본계 자본이 수주했습니다. 또한 도시나 항만 개발계획을 ODA 전담 기구인 일본국제협력기구(JICA)가 직접 자문하면서 정부 차원에서 수집 가능한 정보까지 파악해 수주에 유리한 환경을 만들어 내기도 합니다.[407] 현재 많은 대형 프로젝트들이 투자개발형 사업으로 변화했다는 점을 감안하면 기술과 가격의 시기를 넘어선 관계의 비즈니스에 일본은 한국에 비해 상당히 앞서 있다는 점을 부인하기 어렵습니다. 반면 한국의 에너지 공기업이나 도시가스사들은 국내 사업 비중이 절대적이며 신규사업 역시 재생에너지 분야에 한정되어 있는 경우가 대부분입니다. 따라서 보다 고차원 함수로 변한 해외사업과 신성장동력 개발에 기업은 물론이고 다양한 이해관계자들의 심도 깊은 고민이 필요할 것입니다.

수소경제

한국의 경우 2019년 수소경제활성화 로드맵이 시작입니다. 다만 이 정책은 에너지 부문이 아닌 수소차와 연료전지를 수출효자상품으로 만드는 산업육성정책에 가까웠습니다. 그러나 탄소중립과 전기화로 인한 에너지 수요 급증을 무탄소 전원으로 대체하기 위한 수소에너지가 주목받으면서 본격적인 수소경제 확립을 위해 움직이기 시작했습니다. 정책당국도 2030년 이후 국내 수소 수요의 10~50%를 해외에서 조달해야 할 것으로 예측하고 있었는데 이를 위해 국내로 해외 그린 수소를 들여오기 위해 30개 기업으로 구성된 민관 합동의 그린 수소 해외 사업단이 구성되었습니다. 사업단은 호주, 브루나이 등 재생에너지 자원이 풍부한 지역에서 그린 수소를 생산하고 이를 수입하는 것을 목표로 하고 있었습니다.[408] 이 말에 담겨있는 의미는 수소산업을 이야기할 때 첫 번째 단계인 '어떻게 만들 것인가'에 대한 정책당국의 답입니다. 수소를 국내에서 모두 만들 수도 있겠지만 전문가들은 국내 재생에너지 자원과 인프라의 부족으로 수요를 모두 자체 생산하는 것은 어렵다고 판단하고 있습니다. 여기서 이야기하는 수소는 탄소가 전혀 배출되지 않는 그린 수소만 해당됩니다. 국내에서 만들기 어려운 또 하나의 이유는 저렴한 가격으로 수소 생산 시 탄소를 줄이는 방향으로 만드는 것이 목표기 때문입니다. 천연가스를 이용해 만드는 그레이 수소가 kg당 3,000원대인데 비해 재생에너지를 이용한 수전해 수소 원가는 1만

2,000원 수준입니다. 애초에 경쟁도 안 되고 이 가격이면 보급도 어렵습니다. 천연가스를 이용해 수소 1kg을 생산할 경우 천연가스 추출수소는 11.3kg, 현재 전력계통의 전기를 이용하면 26.6kg의 온실가스가 나옵니다.[409] 결국 국내의 부족한 인프라와 값비싼 비용 그리고 탄소 배출을 줄인 그린 수소의 수요가 증가한다면 이를 국내생산보다 해외 수입으로 해결해야 한다는 것이죠. 해외수소 수입도 현재 초기전략 단계로 조사가 진행 중이고 시범사업과 실증단계를 거쳐 사업화가 되려면 최소 2027년에서 2030년은 가야 합니다. 국내생산의 경우 수소발전 입찰 시장 개설 물량을 1,300GWh(기가와트시)로 확정하고 2025년부터 본격적인 수소발전에 착수하기로 했으며 2028년까지 누적으로 일반 수소 5,200GWh, 청정수소 9,500GWh 등 수소발전 전력 구매량을 총 1만 4,700GWh까지 확대한다는 방침을 세웠습니다. 이를 바탕으로 그동안 지지부진했던 수소산업이 활성화될 것으로 예상됩니다. 다만 이번 입찰 물량은 2022년 전체 전력거래량(55만 822GWh)의 0.23% 수준이라 본격적인 시장으로서 역할을 하기보다는 초기 마중물의 역할을 기대해 볼 수 있는 수준입니다.[410]

수소 생산을 해외에 의존할 수밖에 없다면 수소유통 기술에 집중할 필요도 있을 것입니다. 대규모 액화수소 운송 기술은 아직 개발되지 않은 상태인데 현재 LNG 수송선의 선적량은 20만㎥ 규모지만, 액화수소 운송 선박은 기술적 난이도가 높으며 현재 정책당국의 개발계획은 2030년까지 2만㎥ 규모라고 밝혔습니다.[411] 이는 재생에너지 송전망 문제와 유사한 걸림돌이 되는데 해외에서 아무리 저렴한 수소를 만들었다 해도 이를 실어나를 유통망이 부실하면 대량의 수소공급이 어려워진다는 점입니다. 추후 기술개발 여부에 따라 달라지긴 하겠지만 현재 2030년 예상 중인 2만㎥ 규모는 일반적인 LNG 수송선의 10분의 1 수준으로 향후 수소 수요가 급증하게 되면 대량의 선박이 필요하게 됩니다. 앞서 살펴본 ESS의 문제처럼 2050 탄소중립 시나리오 초안을 보면 수입 수소의 액화, 운송, 저장에 수십조 원이 들어가는 점도 장애물 중 하나입니다.

가스공사에 따르면, 수소 액화 시 천연가스 액화보다 약 40배의 에너지가 더 필요합니다. 정책당국이 수입하겠다는 2,390만 톤의 수소를 액화하려면 286.8TWh(테라와트시)가 필요한 것으로 추산했는데 이는 2020년 한전이 판매한 전력량(509.3TWh)의 절반이 넘는 양으로 수소 액화에 필요한 전기요금만 2020년 한전 평균 판매단가인 kWh당 109.8원을 적용하면 31조 5,000억 원 규모입니다.[412] 2022년 12월 월간 평균 도매전력 가격은 kWh당 267.55원이었는데 이를 적용하면 76조 7,000억 원이 넘습니다. 우리는 이미 재생에너지가 기대했던 전력생산을 제대로 하지 못해 발생한 글로벌 에너지 위기를 겪고 있으며 재생에너지의 변동성이 다른 모든 산업으로 전이되어 기록적인 인플레이션을 경험하고 있습니다. 따라서 재생에너지로 수소를 생산하거나 수입하게 될 때 재생에너지의 변동성이 수소가격에 전이된다는 사실을 잊어서는 안 됩니다. 재생에너지 비중이 높아질수록 변동성으로 인한 수소가격 급등을 항상 염두에 두고 있어야 합니다. 수소가 필요한 이유는 재생에너지로 만든 수소를 해외에서 수입해 와 이를 전기로 만들기 위해서입니다. 그런데 수소 생산 과정에서 대량의 전기를 사용해야 합니다. 100% 재생에너지로 충당한다 해도 갑작스러운 변동성에 전력이 제대로 생산되지 않는다면 에너지 비용은 기하급수로 올라가거나 대안으로 화석연료가 필요할 수 있습니다. 이것이 현재 전 세계가 겪고 있는 일이죠. 수소 액화와 수송에도 만만치 않은 비용이 들어갑니다. 이렇게 가져온 수소를 가지고 이제 전기를 만들어 사용하는 것이죠. '전기를 사용해 수소를 만들고 이를 다시 전기로 만드는 과정'이 친환경일지는 차치해도 이렇게 많은 에너지와 비용이 들어간다면 다른 산업에 사용할 자원이 부족해질 것입니다. 이는 그린 버블로 인한 그린 보틀넥이 되는 과정, 에너지 위기를 유발하게 되는 결과와 놀랍도록 같습니다. 현재 한국에서는 수소와 관련된 기술이 수십 가지가 들어와 저마다 향후 수소경제를 주도할 수 있다고 주장하고 있습니다. 향후 시장이 커지면 민간분야의 역할이 커지겠지만 초기 시장은 아무래도 한전이나 가스공사가 주도적으로 리드할 가능성이 높습니다. 그런데 수많은 기술들 중에 어떤 분야가 향후 시장의 주도권을 잡을지 현재로서는 알 수 없다는 점이 문제입니다. 만약 어떤 기술을 선택해 국가적으로 대량의 자원을 투입했는데 다른 기술이 세계 표준이 될 경우 개발된 기술은 무용지물이 될 수도 있습니다. 따라서 개발기술을 선택하는 것은 굉장히 리스크가 큰 의사결정이 되는데 이를 에너지 공기업이 주도적으로 실행해 나가기 어렵습니다. 수소 생산을 대부분 해외에 의존하는 것이 바람직한지도 살펴봐야 합니다. 현재 에너지의 대부분을 수입하고 있는 한국이 미래 청정에너지 분야에서도 여전히 해외수입에 의존해야 하는데 화석연료와 달리 생산 비용 변동성이 커질 경우 그 충격을 고스란히 받아야 합니다. 수소 비중이 커질수록 리스크 또한 거대해질 것입니다. 무엇보다 초기 시장을 이끄는 에너지 공기업에게 수소경제 활성화는 먼 미래인 데 반해 수축의 시대는 지금 당면하고 있는 현실이라는 점입니다. 당장 매출과 수익이 줄어들 텐데 미래 먹거리로 수소가 언제 성장동력으로 중요한 역할을 하게 될지 알 수 없다는 점입니다. 지난해 한전은 33조 원의 적자를 냈고 가스공사는 미수금 규모만 12조 원에 달합니다. 이런 상황에서 먼 미래에 어떤 기술이 주도할지 알 수 없는 수소베팅을 공격적으로 하긴 불가능에 가깝습니다. 현 가스공사 사장도 가스공사의 가장 중요한 역량은 LNG 도입인데 수소 사업을 강조하면서 전문인력들이 뿔뿔이 흩어졌다며 수소는 분명히 미래 에너지이지만 아직 초기 단계로 불확실성이 너무 큰데 회사가 수소와 관련해 너무 많은 분야에 발을 들여놨다는 점을 지적했습니다. 또한 향후 수소 탱크와 같이 가스공사가 가장 잘할 수 있고, 실적을 낼 수 있는 분야를 중심으로 수소 사업을 진행할 것이라 밝혔습니다.[413] 언젠가 찾아올 미래 친환경 사업이지만 속도와 규모 그리고 기술의 선택으로 인해 조직의 지속가능성을 해쳐서는 사업 진행이 어렵습니다.

석탄

    에너지전환 과정에서 가장 타격을 입을 것으로 예상되는 분야는 바로 석탄인데 에너지원 중 가장 많은 이산화탄소와 오염물질을 배출하기 때문입니다. 한국 역시 정권교체가 이루어졌음에도 재생에너지와 원전비중에 변화가 있었을 뿐 석탄발전을 줄여간다는 기조엔 변함이 없습니다. 발전공기업의 주력부문이기도 한 석탄은 전체 매출의 54~91%를 차지하고 있는데 석탄 비중의 축소 정도에 따라 이 부분은 빠르게 감소할 수 있습니다. 공식적으로는 2050년이 되면 국내 석탄화력발전소는 사라지게 되는데 이는 발전공기업의 주력부문이 30년이 채 되기도 전에 소멸한다는 것이죠. 정책당국은 2020년 공기업과 공공기관이 신규 채용과 정규직 전환 등으로 인원을 계속 늘리자 자율정원제도를 조기 종료했고 신규인력 수요가 발생 시 인력증원 대신 재배치를 우선해야 한다는 '공공기관 인력 효율화 방안' 및 '공기업 · 준정부기관의 경영에 관한 지침' 개정안을 발표하면서 비효율 인력운영에 제동을 걸게 됩니다.[414] 여기에 더해 2023년부터 한국전력과 발전공기업을 포함한 공기업과 준정부기관의 인력감축과 기능 조정을 포함한 인력효율화 정책을 실시함에 따라 기존의 정원에서 2~3%에 해당하는 인원을 감축하고 경비절감과 유휴자산 매각을 포함한 2조 4,000억 원 상당의 자산효율화를 실시할 예정입니다.[415] 이미 발전공기업은 자사의 주력부문과 인력이 '줄어드는' 수축의 시대를 제일 먼저 경험하고 있는 것이죠. 그렇다면 이를 극복하기 위해 발전공기업들은 어떤 방안을 강구하고 있을까요. 놀랍게도 이들은 자신들의 주력사업을 더 빠르게 줄여가는 방법을 사용하고 있습니다. 에너지 공기업으로 사회적 책임을 다한다는 이유로 ESG 경영과 탄소중립에 본격적으로 나서고 있는데 이는 모두 탈석탄을 가속화하는 것입니다. 그러나 앞서 살펴본 것처럼 자신들의 주력사업을 버리고 성공한 기업들은 거의 찾아볼 수 없으며 ESG를 공격적으로 도입했던 글로벌 기업들은 매출과 수익에서 큰 손실을 보고 최고경영자가 해임되었고 글로벌 투자기관들은 ESG에서 손을 떼고 다시 화석연료 투자로 돌아선 상황입니다.

그렇다면 새로운 성장동력을 찾는 과정은 어떨까요. 산업부는 2020년 수립된 제9차 전력수급기본계획에 따라 2034년까지 석탄화력발전소 57곳 가운데 30곳을 폐쇄하고 이 가운데 24곳을 LNG발전소로 전환하기로 했습니다. 제10차 전력수급기본계획에서도 이 같은 방침은 유지되었지만 최근 LNG 가격이 폭등하면서 불확실성이 커지고 있습니다. 정부가 탈원전 정책 폐기를 선언하면서 신한울 3·4호기 신설, 노후원전 10기 수명연장을 공식화해 원전 설비가 12GW가량 대폭 확대되면서 LNG는 물론 석탄화력발전의 비중도 줄어들 수밖에 없는 상황입니다. 그러나 발전공기업들은 지난 정부에서 노후석탄발전소 10기를 조기폐쇄했지만 LNG발전소 전환은 아직까지 전무합니다. 현재 한국남동발전의 삼천포 3·4호기 정도가 LNG발전소 전환을 위해 2022년 3월 부지선정과 예비타당성 조사까지 마무리한 상태입니다. 그러나 이 같은 LNG발전소 전환계획은 글로벌 에너지 위기상황을 맞아 순조롭게 추진될 수 있을지 미지수이며 다른 발전공기업들은 아직 부지선정 절차에도 돌입하지 않은 상황입니다.[416] 여러 어려움을 딛고 순조롭게 LNG발전소로 전환했다 하더라도 절반의 인력은 여전히 새로운 성장동력을 찾아야 합니다. 앞서 살펴본 재생에너지 역시 주력산업을 대체할 수준은 되지 못하며 대체산업이 유의미하게 성장하기까지는 여전히 주력산업의 매출과 수익이 상당 기간 필요하다는 것을 알 수 있습니다. 그렇다면 에너지원별 경쟁에서 승리하지 못할 경우 주력산업의 쇠퇴는 물론 조직의 지속가능성을 상실할 위험이 가장 크다고 할 수 있습니다. 따라서 다른 에너지원과 마찬가지로 석탄발전 역시 원전, 천연가스, 재생에너지원과 차별화된 경쟁력을 마련해야 하며 석탄산업과 연계한 친환경 에너지 산업을 새로운 성장동력으로 가져가는 전략을 수립할 필요가 있습니다.

유럽의 탈석탄 정책

현재 한국은 상당 부분 유럽의 에너지전환과 탄소중립 정책을 벤치마킹하고 있습니다. 그러나 이번 에너지 위기로 인해 에너지 안보를 우선순위에 두면서 이들의 정책을 재검토해야 할 필요성이 제기되고 있습니다. 그런데 다수의 전문가들은 유럽의 재생에너지 부문에 초점을 맞추고 있었고 이들의 탈석탄이 어떻게 진행되는지에 대한 관심은 적었습니다. 유럽의 석탄 부문은 직간접적으로 50만 명을 고용하고 있는데 2030년까지 약 16만 개의 일자리가 사라질 것으로 추산했고 재생에너지가 중심역할을 하면서도 '치밀하게 계획된 구조조정 과정'을 바탕으로 한 지역발전이 새로운 고용기회를 창출할 것이라 말하고 있습니다. 또한 석탄 부문의 지속적인 축소가 무연탄, 갈탄 채굴 활동과 석탄화력발전소 유치지역의 고용과 경제에 미치는 부정적인 영향을 제거하고 지역 고용을 유지하면서도 경제성장을 지원하기 위한 대안을 개발하기 위해 조기 조치를 취해야 한다고 역설하고 있습니다.[417] 유럽의 탈석탄 정책은 단순히 특정 에너지원을 빼고 더하는 것이 아니라 에너지와 산업을 큰 그림에서 보고 이를 미시적으로 상세히 조율하여 환경과 경제를 같이 성장시켜 나갈 장기계획을 세우고 있다는 것을 알 수 있습니다. 따라서 유럽의 탈석탄 정책에서 가장 중요한 우선순위는 '일자리' 문제라는 것을 알 수 있습니다. 실제 계획을 보면 탈석탄 정책 추진 시 사라지게 될 일자리를 국가별로 나누고 이를 최소화할 실질적 방안을 모색하고 있습니다.

CO_2 배출량을 줄이기 위한 완화 옵션으로서 탄소 포집 및 저장(CCS)은 경제적으로 실행가능하고 법적 및 규제적 문제가 극복된다면 장기적으로 개조된 석탄발전소의 운영 연속성을 촉진할 수 있다. 예비 추정에 따르면 유럽 용량의 약 13%가 CCS로 개조될 수 있다.

석탄 관련 활동의 감소는 경제의 다른 부문에도 영향을 미칠 것이다. 유럽의 철강 부문은 수요의 37%를 충족시키기 위해 유럽 경제의 핵심 원료인 국내 원료탄에 의존하고 있다. 이러한 유형의 석탄을 생산할 수 있는 무연탄 광산은 원료탄 가격이 광산 운영을 지속할 수 있을 만큼 충분하다면 순수하게 이 부문에 서비스를 제공함으로써 계속 운영될 수 있다.[418]

흔히 오해하는 것 중 하나가 유럽의 탈석탄이 무조건적 재생에너지 비중확대와 석탄산업 구조조정에만 몰두할 것이라는 점인데 위에서 살펴본 것처럼 이산화탄소를 줄일 수 있고 석탄을 이용하는 산업이 가진 특성을 고려한다면 오히려 저탄소 에너지원으로 활용할 계획을 가지고 있다는 사실을 알 수 있습니다. 물론 유럽 위원회(European Commission)의 분석이 모두 들어맞는 것은 아닙니다. 전기, 기계 기술, 어려운 조건에서의 작업 경험이 매우 중요하기 때문 풍력 또는 태양광 전환 이후 석탄 근로자에게 재취업 기회를 제공할 수 있다고 하지만 앞에서 살펴본 것처럼 일자리의 절대 수가 부족하기도 하거니와 화석연료산업에서 재생에너지로의 '일자리 전환'이 에너지전환만큼 순조롭지 않다는 사실을 알 수 있습니다.

그러나 한국의 탈석탄은 무조건적 재생에너지 비중확대와 석탄산업의 완전한 제거에만 몰두하고 있습니다. 유럽은 석탄산업에 활용 가능하다는 CCS기술을 탄소감축에 활용가능하다면서도 한국이 가야 할 길은 재생에너지뿐이라는 말로 일축하는 일이 다반사입니다.[419] 이렇게 되면 재생에너지를 옹호하는 측이 주장하는 정의로운 전환은 그들의 생각과 달리 일어나기 어렵습니다. 정의로운 전환(just transition)은 기후 위기에 대응해 어떤 지역이나 업종에서 급속한 산업구조 전환이 일어날 때 노동자와 지역사회가 전환 책임을 일방적으로 떠안지 말아야 한다는 의미입니다. 그런데 일자리와 거점이 급속히 상실되는 데 비해 그에 대한 대안, 즉 전환할 일자리와 사업체가 제대로 마련되어 있지 않은 상황에서 탈석탄만 진행되고 있기 때문에 의도와 다르게 노동자와 지역사회의 급격한 침체를 피할 수 없습니다. 독일의 경우 노르트라이베스트팔렌·작센·작센안할트·브란덴부르크에 산재한 탄전의 구조전환을 위한 연방보조금만 최소 400억 유로를 지급해야 하며 광산업과 광부들의 생활비와 적응비용으로 320억 유로가 추가되는데 여기엔 원자력발전소에 대한 보상도 포함되어 있습니다.[420] 독일의 정의로운 전환 비용은 무려 720억 유로로 100조 원이 넘는 막대한 금액인데, 이는 팬데믹으로 인한 스페인의 경제재건계획에 들어가는 비용과 유사하며 프랑스 국방비의 2배가 넘는데 이는 탈석탄에만 해당되는 액수입니다. 반면 한국의 경우 중앙정부의 예산배정은 전무하며 석탄발전소가 밀집한 충청남도가 해당 지자체와 발전공기업과 함께 2021년 10억 원의 기금을 시작으로 5년간 100억 원을 조성하면서 직무교육이나 재취업알선, 재생에너지 기업유치 등에 투입하려는 계획에 그치고 있습니다.[421]

일자리와 지방소멸

탈석탄이 에너지전환의 관점에서만 주목받고 있던 사이 지역거점의 상실과 재정악화 측면에서 접근하는 주장들은 묻히고 있었습니다. 그러나 탈석탄이 가시화되면서 발전소 폐쇄에 대한 경제침체와 대책을 우려하는 목소리들이 힘을 얻기 시작했습니다. 석탄발전소가 폐쇄된 후 그 자리에 LNG발전소가 들어서지 못하는 경우엔 다른 지역에 건설되면 해당 지역은 지역거점이 사라지게 되며 지역자원시설세나 주변 지역 지원금이 끊겨 지역 재정에도 큰 영향을 미치게 됩니다. 발전소를 거점으로 형성되었던 상권 또한 붕괴되지만 대안이 될 재생에너지발전소가 언제 들어올지도 알 수 없고 들어선다 해도 이전 인구 밀집형 화력발전소만큼의 경제효과를 보기는 어렵습니다. 반면 새로운 발전소를 유치하는 지자체의 경우 신규거점이 마련되고 1,000억 원 이상의 세수가 30년간 유입되면서 지역경제에 큰 플러스 요인이 됩니다. 2021년 경남 고성군이 한국남동발전이 추진하는 신규 천연가스(LNG) 발전소 건립장소로 결정되었는데 이는 인근 삼천포 석탄화력발전소를 대체하는 것이며 천연가스발전소 유치로 지역자원시설세 1천 607억 원(30년 기준), 800명 인구 유입 등의 효과가 있을 것으로 예상되고 있습니다.[422] 반면 사천시는 고성군으로 빠져나간 만큼의 거점상실과 세수 감소가 불가피합니다.

○ **세입여건**: 코로나19 장기화로 인한 세계 경제 둔화, 국내여건 악화 등 세입의 불확실성이 확대되어 경제활동에 지속적으로 영향을 미칠 것으로 예상되어지는 가운데, 세외수입과 지방교부세가 감소되어지고 보조금은 증가하는 추세로 이에 대한 군비 부담분과 더불어 어려운 경제여건 속에 복지 분야 예산이 증가하는 추세가 지속되어질 것으로 보여짐.

○ **세출여건**: 국·도비보조사업에 따른 군비 부담분이 증가할 것으로 예상되며, 코로나19로 악화된 지역경제 개선 및 시급하고 중요성이 높은 필요한 자체사업에 대한 선택과 집중을 기하여야 하며, 사업의 강도 높은 세출예산 조정이 필요한 상황이며, 향후 시급한 사업에만 투자하여야 하는 상황임.[423]

발전소를 유치한 고성군의 경우 코로나 장기화로 인한 경제침체와 국내여건 악화로 세수는 줄어드는 반면 악화된 지역경제를 개선하기 위한 사업은 물론 복지비용의 증가로 어려움을 겪고 있었습니다. 고성군의 재정 자립도는 10.2%, 재정 자주도는 53.25%입니다. 고성군이 직접 버는 돈(10.2%)으로는 군을 운영하기 불가능합니다. 중앙에서 지방으로 내려주는 돈을 포함해 자율적으로 예산을 집행할 수 있는 비율(53.25%)도 크지 않은데 거의 모든 지자체가 이런 상황에 봉착해 있을 것입니다. 따라서 지역거점을 유지하거나 새롭게 유치하는 일이 지역 생존에 필수적이라는 사실을 알 수 있습니다. 또한 이런 점을 발전공기업 역시 석탄발전소의 LNG발전 대체부지 선정에 사용하고 있었는데 한국남동발전이 국내 최초로 지자체 공모 방식을 통해 발전소 건설 부지를 결정한 곳이 바로 고성군입니다.[424]

기회포착	지방정부는 기존 기회뿐만 아니라 새로운 기회까지 잘 찾아내야. 그 방안으로 투자 유치를 가장 먼저 떠올리겠지만 한 번 유치된 투자가 빠져나가지 않도록 유지하는 것이 더 중요.
고유강점 활용	경제적 빈곤 지역이 갑자기 특정기술, 분야의 선구자가 되겠다고 나서는 것은 어려움. 이미 존재하는 산업으로 전략 구축해야. 궁극적 목표는 지역 경제를 활성화하고 지역 고용을 창출하는 것.
장기간 소요	지역개발은 수십 년이 걸릴 수도 있음. 지자체와 협력 시 단기계획(2년)을 장기계획(5년, 10년)으로 누적시키는 것이 중요.
일자리 창출 주체	정책적 지원이 도움은 될 수 있지만 실제로 일자리를 창출하는 주체는 기업.
정부역할 한계	일본 중앙정부의 지역경제 개발계획 중 절반 정도만이 성과창출. 지방의 지역기업 구조조정 이유는 낙후된 비즈니스 모델과 지역 내 수요가 너무 부족한데 기인
지역경제 활성화와 금융의 역할(금융연구원, 2019)	

그린 쇼크
GREEN SHOCK

일부 전문가들은 석탄발전소를 대체할 수 있는 사업을 정부가 지원하고 기업이 유입되면 해결되는 문제라고 하지만 여기엔 전제조건이 있는데 해당 기업이 흔쾌히 새롭게 거점으로 삼을만한 매력을 지역이 가지고 있는가에 대한 것입니다. 이것이 없다면 아무리 정부가 지원한다고 해도 기업은 해당 지역에 거점을 마련하지 않을 것이기 때문입니다.

　도시개발 전문가들의 주장을 종합하면 지자체는 한 번 유치된 투자가 빠져나가지 않도록 유지하는 것이 매우 중요한데 기존 기업은 실질적 일자리 창출과 지역 내 수요를 견인하는 데 가장 결정적 역할을 하기 때문입니다. 정부의 정책적 지원은 간접적인 도움이 될 수 있지만 지역 개발의 성공을 보장하지는 못합니다. 지역 내 빈곤하며 설익은 아이템을 가지고 기존의 경쟁력 있는 아이템을 대체할 수도 없지만 효과가 거의 없는 개발계획에 엄청난 자금이 투입되어야 합니다. 새로운 아이템을 찾았다 하더라도 이를 꽃피우기 위해서는 장기계획과 함께 중앙정부의 지속적인 관심과 지원이 필요합니다. 결국 새로운 거점을 만드는 것보다 기존의 거점을 바탕으로 확장하는 것이 합리적인 선택이며 이는 발전공기업의 수축의 시대 전략과도 방향성이 일치합니다.

| 그림9 | 피츠버그의 과거와 현재(National League of Cities)

1950년대 제조업이 쇠퇴하면서 어려움을 겪었던 피츠버그의 현재는 GE와 구글, 우버 기술센터 등 지식산업이 입주하면서 훌륭한 탈바꿈을 한 것처럼 보입니다. 사실 이 변화는 성공사례로 봐도 손색이 없지만 피츠버그와 같은 지역에서 지역투자, 기존 정책, 대학 확장, 지방정부의 역할 등이 효과를 발휘했음에도 일자리와 지역주민 수는 과거에 비해 나아지지 못했습니다. 그러나 이 같은 방법들이 아니었다면 상황은 더 악화되었을 것이라며 스캇 안데스(Scott Andes)는 중요한 지적을 하는데 선택받는 지자체와 선택받지 못하는 지자체가 양분되는 것은 불가피하다는 것이죠.[425] 만약 정책당국의 지역경제 활성화를 담당하는 사람이라면 '아무것도 없는 지자체'와 '뭔가 남아있는 지자체' 중 어디를 선택하게 될까요. 더구나 양극화로 인해 더욱 벌어지게 될 차이를 감안한다면 거점이 사라진 지자체의 생존 가능성은 극히 희박하며 지자체가 통폐합한다면 주변 지역에 흡수될 확률이 매우 큽니다. 발전 공기업 역시 주력사업이 사라지고 새로운 먹거리를 만들지 못한다면 그렇지 않은 기업보다 구조조정의 메스를 대기 쉬워집니다. 석탄발전소를 폐쇄하는 지자체와 석탄발전을 포기하는 발전공기업이 제일 먼저 구조조정이 될 수 있는 이유입니다. 따라서 향후 지자체와 발전공기업, 석탄발전소에 근무하는 노동자들은 확실한 대안이 마련되지 않은 채 일방적 희생이 강요되는 탈석탄 정책에 반발할 가능성이 큽니다.

석탄 르네상스와 해외석탄산업

앞서 살펴본 것처럼 석탄은 중국의 제조업은 물론이고 재생에너지와 전기차에 필요한 원자재와 핵심광물, 비료를 만들어 내는 원료와 연료로 사용되고 있습니다. 또한 단순한 에너지원이 아닌 소재산업의 핵심으로 보는 시각도 있습니다. 제철산업에서 제련된 철 1톤을 생산하기 위해선 석탄 1톤이 필요한데 고온의 공정 후에 선철에 남은 탄소는 쉽게 깨지는 특성을 가진 철이 충격에도 휘어질 수 있도록 유연성을 부여하는 핵심 소재이며 환경론자들이 이야기하는 수소환원제철 기술을 이용할 경우 철은 도자기처럼 쉽게 깨지는 문제가 있습니다.[426] 철강산업에서 탄소배출을 줄이려면 코크스를 대신할 열원을 찾아야 하는데 코크스를 사용하는 용광로 공법보다 탄소배출을 획기적으로 줄일 수 있는 전기로 공법(고철을 사용해 쇳물을 만드는 방법)이 있지만, 이 공법으로 생산한 철강 제품은 품질이 떨어지며 고철 수요폭증으로 각 국가들이 이를 국가자원화하면서 수급이 쉽지 않은 문제가 있습니다.[427] 무엇보다 석탄은 한국산업을 이끈 비즈니스모델 중 하나였습니다. 미국 JP모건은 게리웍스제철소를 건설하면서 규모의 경제와 물류처리 방식을 보강하기 위해 제철소를 세울 때 철강 생산을 위해 사용된 석탄에서 얻은 부생 가스를 이용해 전기를 생산하고 이를 제철소에서 활용해 쇳물 제조부터 제품화 공장까지 일관제철소(intergrated steelworks) 모델을 만들어 냈습니다. 이는 1970년대 일본제철의 대형 임해일관제철소(seaside intergrated steelworks)로 이어져 대형 항만 설비를 마련한 후 호주, 브라질과 장기계약을 통해 대형 선박으로 석탄과 철광석을 공급받아 제철소 경영 리스크는 줄이고 육상 운송보다 저렴한 설비운용이 가능했습니다. 이 모델을 한국의 포항제철이 이어받아 포항과 광양에 제철소를 탄생시켰으며 호주, 인도네시아로부터 석탄 공급처를 확보하고 연안 지역에 석탄발전소를 건설하며 저렴한 전력을 공급받게 된 것이죠. 에너지 수요가 증가하면서 대규모 수송이 가능한 초대형 원유 운반선과 LNG 운반선 등 화석연료 수송방식 발전으로 한국은 해당 산업의 세계적인 기술보유국으로 발돋움하게 되었습니다.[428] 따라서 에너지원으로서의 탈석탄은 단순한 에너지원의 전환이 아니라 현대 한국을 만들어 낸 산업기반 자체를 같이 퇴장시키는 것과 같습니다. 석회석ㆍ점토ㆍ규석ㆍ철광석 등의 원료를 섭씨 2,000도의 높은 온도에서 가열해 만드는 시멘트는 물론 비료의 원료가 되는 암모니아 생산도 석탄을 비롯한 화석연료가 필요합니다. 바츨라프 스밀이 주장한 현대 문명의 네 기둥인 시멘트, 강철, 플라스틱, 암모니아 중 세 가지가 석탄과 연관이 있으며 네 가지 모두 화석연료를 기반으로 하고 있는 데다 대체할 공정과 제품이 없습니다.[429] 이들을 포기한다는 것은 경제성장과 삶의 질 상승은 물론 식량을 포기한다는 말과 같습니다. 이미 에너지 위기에서 재생에너지가 기대했던 에너지를 만들어 내지 못하면 다시 비싼 값을 주고 화석연료로 돌아가는 모습을 목격했습니다. 그리고 발전소 폐지와 산업기반이 여러 이유로 무너진 이후 다시 일으켜 세우는 데 십수 년이나 수십 년이 걸릴 수 있으며 석탄을 비롯한 화석연료를 많이 사용하는 에너지집약 기업들이 에너지전환은커녕 이를 저렴하게 이용하지 못하자 공장 문을 닫거나 미국 등 저렴한 에너지를 사용할 수 있는 국가로 이전하면서 블록 내 일자리가 사라지는 모습을 유럽이 보여주고 있습니다. 현실적으로 석탄을 사용할 수밖에 없는 상황이라면 기존의 에너지전환과 탄소중립의 방향이 수정되어야 합니다.

　에너지 위기로 인해 화석연료와 이를 생산하는 기업들이 혜택을 보면서 에너지전환의 역설은 더욱 확산되었습니다. 우크라이나 전쟁 이후 러시아 화석연료 의존도를 줄이지 못하자 2022년 4월 오일프라이스 닷컴은 러시아 전쟁이 '석탄 르네상스'를 불러왔다는 기사에서 3월 중국의 석탄생산량이 전년동기대비 15%가 늘어났으며 인도네시아가 유럽으로 석탄을 실어나르고 있다고 말했습니다.[430] 러시아 제재 국면에서 할인된 러시아 화석연료를 사려는 중국과 인도의 움직임도 바빠졌습니다. 중요한 것은 누구 할 것 없이 석탄을 찾고 있었다는 점입니다.

　어떻게든 러시아 천연가스 의존도를 줄였던 유럽은 러시아산 석탄을 줄이는 데 실패하고 있었습니다. 2016년 40%대였던 러시아 석탄의 존도는 2021년 9월 70%에 육박했습니다. 원산지에 따라 품질(열량)이 다른 특성상 가까운 곳에서 저렴하게 고열량탄을 구할 수 있었던 과거와 달리 러시아 제재 국면에서 이 같은 조건을 만족할 수 있는 대체품을 찾기는 쉽지 않습니다. 2022년 12월 WSJ에서는 전쟁의 영향도 있겠지만 재생에너지전환에 따른 유럽의 '결함'으로 인해 석탄 복귀가 가속화되고 있다는 기사에서 유럽이 지난 10년간 수십 개의 석탄발전소를 폐쇄하면서 풍력과 태양광에 투자했지만 바람이 약하고 전력수요가 높을 때 청정에너지공급능력을 상실하자 영국은 노르웨이에서 전력을 수입하며 자국의 비싼 발전소 가동을 중단했고 프랑스는 벨기에, 스위스, 스페인, 이탈리아와 함께 갈탄발전소를 풀가동하는 독일에서 전력을 수입하고 있다고 꼬집었습니다. 결국 유럽은 재생에너지가 전력을 생산하지 못할 경우 석탄을 최종 대부자(last resort)로 선택한 것이기에 이는 일시적인 발전소 가동이 아니라 석탄 르네상스를 불러오는 구조적 변화를 야기할 것입니다. 상황이 이렇다면 개도국과 빈곤국은 에너지 위기의 원인인 재생에너지는 물론이고 에너지 위기 이전부터 저렴하지 않았던 천연가스로 전력을 생산하기는 어려우며 건설에 오랜 시간과 비용이 들어가는 원자력발전도 당장의 대안이 되기 어렵기 때문에 석탄발전 건설이 불가피해집니다. 베트남의 경우 한국에 석탄발전소 건설을 수차례 요구해 왔지만 해외석탄발전 투자 관련 국내외 압박으로 곤경에 처했던 적이 있었습니다.[431] 그러나 해외사업은 해당 국가의 입장에서 봐야 합니다. 최근 미·중 무역분쟁으로 세계의 공장 중국을 벗어나려는 움직임이 커지고 있는 가운데 유력한 지역 중 하나가 베트남입니다. 글로벌 기업들이 이전하면서 전력공급의 문제가 발생하게 되는데 이는 베트남 입장에서 경제성장에 적신호가 켜진 것이나 마찬가지였습니다.[432] 중국에서의 전력수입은 적대관계를 고려할 때 대안은 되지 못하고 미국에서의 천연가스 수입은 에너지 위기 이전에 활발히 논의되었으나, 현재로서 전면 확대는 어렵습니다. 에너지집약 공정이 많은 공장들을 간헐성과 변동성이 높은 재생에너지로 운영한다는 것은 베트남의 전력 인프라를 고려하면 불가능에 가깝습니다. 2016년 철회했던 원전사업에 최근 다시 관심을 가지고 있지만 당장의 대안이 되기는 어렵습니다. IEA는 2040년까지 세계 석탄 수요가 2017년 규모로 계속 유지될 것으로 전망했는데 여기엔 인도, 베트남 등 신흥 아시아국가들의 수요 증가를 원인 중 하나로 꼽았습니다. 해당 국가들 역시 2040년까지 재생에너지 비중이 늘어나지만 석탄이 제1 전력공급원의 지위를 차지할 것으로 예상하고 있습니다.[433] 따라서 중국 이외의 아세안 국가가 세계의 공장으로 자리 잡기 위해선 안정적 전력공급이 필수적이며 이들의 에너지 안보는 적어도 단기적으로는 석탄발전에 의존할 수밖에 없습니다. 또한 앞서 살펴본 것처럼 개도국과 빈곤국에 대한 석탄발전 건설 금지 조항도 없으며 오염저감설비를 설치한 최신 석탄발전소의 경우 건설에 아무런 걸림돌이 없습니다. 다만 지금까지 에너지전환과 탄소중립의 분위기와 압박에 프로젝트가 성사되지 못한 것이죠. 그러나 국제금융기관들과 투자운용사들은 여전히 석탄을 포함한 화석연료에 대한 투자로 수익을 올리고 있었고 이젠 넷제로와 ESG의 허울마저 던져버린 상태입니다.

한국전력과 발전공기업의 해외사업은 석탄발전 위주였습니다. 한전은 이미 20년 이상 해외발전사업을 통해 레퍼런스를 충분히 확보했고 사업성과도 좋았습니다. 다만 최근 해외사업이 직접발주가 아닌 투자개발형 사업으로 변화함에 따라 이 부문의 역량을 확보할 필요는 있습니다. 에너지 위기로 인해 아세안 지역을 포함한 다수의 국가에서 석탄발전이 늘어나고 있는데 2022년 중국에서 신규 건설 허가된 석탄발전소 용량이 106GW(기가와트)로 2021년(23GW)의 4.6배로 불어났는데 이 규모는 2015년 이후 최대로, 영국의 전체 발전량과 맞먹는 수준입니다.[434] 전 세계의 이산화탄소(CO_2) 배출량은 1900년 이후 최대를 기록했다고 국제에너지기구(IEA)가 2일 밝혔는데, 여기엔 더 많은 도시들이 값싼 전력공급원으로 석탄으로 눈을 돌린 결과가 포함되어 있습니다.[435] 따라서 구조적 에너지 위기가 지속될수록 석탄을 포함한 화석연료 의존도는 더욱 심화될 것이고 에너지 안보를 중요시하는 국가들의 석탄발전 건설은 늘어날 것입니다.

다만 한국전력은 2020년 10월 28일 향후 해외사업 추진 시 신재생에너지, 가스복합 등 저탄소·친환경 해외사업에 집중할 것이며 신규 석탄화력발전 추진계획이 없다고 선언했고 '글로벌 스탠다드'로 자리매김한 ESG 경영 강화와 지속적 추진을 약속한 바 있습니다.[436] 따라서 특별한 방향전환이 없다면 향후 아세안 지역을 비롯한 다수 국가에서 나올 수 있는 석탄발전 개발 기회는 중국과 지멘스 에너지 등의 기업들이 가져갈 것이며 여기에 국제 금융기관과 투자운용사들의 자금이 흘러갈 것입니다. 한전을 비롯한 에너지 공기업은 에너지 안보로 전 세계의 우선순위가 변화했으며 개도국과 빈곤국의 안정적 에너지공급을 위한 역할을 해낼 수 있는 피벗을 진지하게 고민할 필요가 있습니다.

석탄발전의 역할

2019년 두산중공업은 '석탄 기반의 미래형 화력플랜트(Coal-Based Power Plants of the Future)'를 주제로 미국 에너지부(Department of Energy)가 실시한 공모에서 두산중공업이 제시한 2건의 기술과제가 선정됐다고 밝혔는데 첫 번째 과제 '석탄, 가스, ESS 하이브리드 발전시스템'에서는 1,000MW 초초임계압 발전기술을 이용해 급속 기동 기술을 적용하고 여기에 가스터빈과 ESS를 접목해 신재생에너지 환경에 쉽게 대응할 수 있는 방안을 제시하는 것이며 두 번째 과제 '가스화 하이브리드 청정발전시스템'은 태안 IGCC(석탄가스화복합화력발전소)를 통해 확보한 기술로 석탄을 가스화하고 수소와 이산화탄소로 분리한 뒤 수소는 연료전지 발전에 사용하고 이산화탄소는 포집하는 시스템을 구성하는 것으로 2030년까지 실증을 마무리하는 것으로 되어있습니다. 이 프로젝트는 미국 에너지부가 신재생에너지 비중이 높아지는 발전 환경에서 석탄화력발전을 신재생에너지의 보완 수단인 차세대 발전설비로 탈바꿈시키는 방안을 모색하기 위한 것입니다.[437]

이는 앞서 살펴본 일본 사례에서도 알 수 있는데 변동성 조정과 돌발 변수에도 주파수를 유지하는 안정적인 대량의 전력공급원으로서 역할을 에너지 백서에 명시하고 있습니다. 한국도 석탄발전에서 석탄 일부를 암모니아로 대체하는 비율을 단계적으로 확대하도록 기술을 고도화하고 이산화탄소 포집 · 저장 · 활용(CCUS) 분야를 탈탄소의 핵심 전략수단으로 삼아 지속적인 투자로 성과를 거두겠다는 입장입니다.[438] 그러나 이는 어디까지나 탈탄소와 에너지전환에 초점을 맞춘 것으로 현재 에너지전환의 문제점과 에너지 안보 상황을 고려하지 않은 계획들입니다. 더구나 석탄발전의 전환에서 발생할 수 있는 다양한 문제들에 대한 대책도 없는 상황에서의 무리한 목표설정이 다수 포함되어 있어 실행가능성에도 의문을 가질 수밖에 없습니다. 에너지 안보가 세계 각국의 우선순위가 된 만큼 한국 역시 석탄발전을 단순히 비중 축소로만 대응할 것이 아니라 균형 잡힌 에너지 믹스를 추구하여 안정적 에너지공급 기반을 마련해야 합니다. 동시에 석탄발전에 종사하는 기업과 구성원들의 일자리를 유지하여 이들이 가진 역량과 노하우가 에너지 위기상황에서 충분한 역할을 해낼 수 있도록 공간을 마련해 주면서 향후 세계 각국이 '모든 것의 탄소중립'정책으로 전환할 경우 오염저감설비를 갖춘 석탄발전소 건설에 적극 나서서 해당 국가의 에너지 안보 구축에 이바지하면서 관계의 비즈니스를 영위해 나가야 합니다.

산업부는 지난 2021년 현재 정책 여건으로는 석탄발전 폐지 가속화에 한계가 있다고 밝혔습니다. 최신·정상가동 설비에 대한 사업자의 자발적 조기폐지 유인이 없기 때문에 석탄발전 폐지는 사업자 의향에 의존할 수밖에 없는 상황이며 석탄발전 폐지를 권고 또는 강제하기 위한 법과 제도는 전무합니다. 석탄발전이 유지된다면 기존의 증설예정인 LNG발전과 재생에너지의 급증이 미뤄지거나 무산될 가능성이 높습니다. 그러니 여전히 수축의 시대 에너지원별 경쟁은 끝이 아니라 시작이 될 것입니다.

원자력발전과 SMR

    원전은 한국의 안보화폐로서 중요한 역할을 할 수 있다는 점을 앞서 설명한 바 있습니다. 2023년 3월 한수원은 유럽수출형 원전인 APR1000의 표준설계가 유럽사업자협회로부터 설계 인증(EUR 인증)을 취득했다고 밝혔는데 APR1400에 이어 유럽에서 공통적으로 요구하는 안전·성능 요건을 충족하게 돼 원전수출 시장에서 경쟁 우위를 확보하게 되었습니다. 한국이 경쟁력을 갖춘 부분은 바로 '대형원전' 분야입니다.

발전소 위치	위치	용량	건설기간	건설기간
신고리 3호기	울산 울주군	1,400MW	2008.10~2016.12	운전 중(8년 3개월)
신고리 4호기	울산 울주군	1,400MW	2009.10~2019.08	운전 중(9년 11개월)
신한울 1호기	경북 울진군	1,400MW	2012.08~2020.10	운전 중(8년 3개월)
신한울 2호기	경북 울진군	1,400MW	2013.08~2021.08	건설 중(8년 1개월)
BNPP 1호기	UAE 알브라카	1,400MW	2012.07~2018.12	운전 중(6년 6개월)
BNPP 2호기	UAE 알브라카	1,400MW	2013.04~2019.08	운전 중(6년 5개월)
BNPP 3호기	UAE 알브라카	1,400MW	2014.09~2020.04	운전 중(5년 8개월)
BNPP 4호기	UAE 알브라카	1,400MW	2015.07~2020.12	건설 중(5년 6개월)
신고리 5호기	울산 울주군	1,400MW	2017.04~2023.03	건설 중(6년)
신고리 6호기	울산 울주군	1,400MW	2018.10~2024.06	건설 중(5년 9개월)

APR1400 건설현황(한국전력기술)

이는 동일모델을 반복건설하며 쌓은 노하우를 기본으로 하고 있습니다. 미국과 프랑스, 일본 등 기존 서구국가의 원전 경쟁력 상실은 바로 이 반복건설의 맥이 끊겼기 때문입니다. 반면 한국원전은 동일모델 반복건설로 10년 가까운 완공 기간을 절반 가까이 줄이는 데 성공했습니다. 2015년 프랑스 경제학자 미셸 베르텔레미와 리나 에스코바르 랑엘은 같은 디자인의 원전을 같은 팀이 계속해서 만들면 시간이 흐를수록 더 짧은 시간에 더 낮은 비용으로 원전을 지을 수 있다는 사실을 밝혀냈습니다. 2017년 한국을 방문한 마이클 쉘런버거는 1980년대 이래로 유사한 원전을 건설했던 관리자들을 인터뷰한 자리에서 이를 확인하며 한국은 '일하면서 배우는' 기회를 누리고 있기 때문에 가격이 낮아지고 공기가 단축된다며 가장 저렴하게 지어진 원전은 가장 경험 많고 숙달된 이들이 지은 발전소라 주장했습니다.[439] 한국을 제외한 서구국가들의 원전 건설은 공기지연으로 인해 건설비가 눈덩이처럼 불어나고 있습니다. 체코원전을 두고 한국과 경쟁에서 수주한 웨스팅하우스의 경우 1886년 설립된 세계적 원전기업으로, 원자로·엔지니어링 쪽 원천기술을 갖고 있지만 미국 조지아주에 건설 중인 보글(Vogtle) 원전 3, 4호기가 공기지연으로 가동이 계속 연기되면서 2017년 웨스팅하우스를 사들인 '브룩스 비즈니스 파트너스'가 지난달 보글 원전 건설비 부담을 들어 웨스팅하우스를 매각하고 싶다고 밝힐 정도가 되었습니다.[440] 1979년 스리마일섬 원전사고 이후 미국 내 건설이 거의 없었던 지난 34년간 웨스팅하우스가 원전 건설 역량을 유지하기는 어려웠고 원전 엔지니어링 기업 벡텔은 2000년 이후 보글 원전이 유일한 프로젝트입니다. 따라서 이들 기업의 실적과 역량에 의심을 품을 수밖에 없으며 폴란드 정부가

2개의 부지에 원전 6기를 짓는 사업이 웨스팅하우스의 몫이라 말하면서도 정작 1개의 부지만 발표하고 남은 부지는 발표를 미루고 있는 이유도 웨스팅하우스와 시공사인 벡텔이 책임시공을 서로에게 떠넘기며 현지에서 신뢰를 잃고 있기 때문이라는 분석도 나올 정도입니다.[441] 보글 3, 4호기 건설비용은 원래 140억 달러가 소요될 것으로 예상되었지만 현재 300억 달러로 치솟았으며 2016년부터 가동할 예정이었던 보글 3호기는 2023년 6월로 연기되었습니다. 추가소요비용은 조지아와 앨라배마, 플로리다 일부 지역의 대부분의 전기 고객들의 요금으로 부과될 것입니다.[442]

보글 원전을 만약 한국이 지었다면 어떻게 되었을까요. 우선 초기 예상비용인 140억 달러와 2016년에 전기를 생산할 수 있도록 납기를 맞췄을 것입니다. 따라서 한국원전의 프리미엄은 건설비용만 160억 달러에 달하며 7년 가까이 저렴한 전력을 생산하면서 얻게 될 고객의 이익까지 합산하면 엄청난 금액이 될 것입니다. 다만 영국 등 한국원전에 관심이 있는 일부 국가들은 이런 한국의 프리미엄보다는 납기지연과 추가건설비용의 디스카운트 요인만을 생각해 이를 한국에도 적용하려는 움직임을 보이고 있는데 한국의 경우 보글 원전 같은 사례를 이용해 프리미엄 할인 방식의 전략을 사용할 필요가 있습니다. 한국이 납기준수를 통해 해당 국가가 얻게 될 이익을 원전 건설 이후 안정적 수익을 얻는 방안과 맞바꾸는 것이죠.

최근 원전 분야에 소형모듈원전(SMR: Small Modular Reactor) 열풍이 불고 있습니다. 영국 국립원자력연구소는 2035년까지 전 세계에서

65~85GW(1GW는 **원전 1기 설비용량**)의 SMR 건설이 추진되고 시장 규모
는 연간 150조 원으로 확대될 것이란 전망을 한 바 있는데 최근엔 600
조 원 시장이라는 분석도 나오고 있습니다. 한수원은 한국원자력연
구원과 함께 2028년 인허가를 목표로 SMR 개발을 추진하고 있는데
2030년이면 세계 시장 진출도 가능하다고 판단하고 있습니다.[443] 빌
게이츠는 원전기업 테라파워를 설립하고 버핏 소유의 전력 회사 퍼시
피코프와 함께 와이오밍주의 한 폐쇄 석탄 공장 부지에 SMR '나트륨
(Natrium)'을 건설할 예정이며 미국 에너지부는 지난해 10월 SMR과 차
세대 원자로 지원에 7년간 32억 달러(약 3조 6,000억 원)를 투자하겠다는
계획을 밝혔습니다. 대선 당시 초소형 원전 육성 정책을 공약으로 제
시한 조 바이든 미국 대통령도 신재생에너지와 더불어 SMR을 탄소중
립을 실현하는 핵심 기술로 보고 있습니다.[444] 많은 국내외 언론에서도
SMR을 안전한 원전이라 밝히고 있으며 냉각수가 필요 없어 부지선정
도 자유롭고 부하 추종 운전(load following)을 통해 출력 조절이 가능하
도록 설계되어 신재생에너지(**풍력, 태양광**)의 간헐성 문제를 보완하는 이
산화탄소 배출 없는(Carbon-free) 백업 전원으로 활용이 가능하다는 점
을 강조하고 있습니다.[445] 그러나 SMR은 현실화되기까지 많은 시간이
필요합니다. 빌 게이츠는 그의 저서에서 아직까지 테라파워가 만든 디
자인은 컴퓨터 안에만 있다고 밝힌 바 있는데 그가 진행하고 있던 차세
대 원전 프로젝트는 원자로에 들어갈 연료가 우크라이나 전쟁으로 공
급이 중단되면서 2년 이상 지연되어 2030년 이후에나 모습을 드러낼
수 있게 되었습니다. 이 원자로는 고순도 저농축 우라늄(HALEU)을 원
료로 사용하는데, 전 세계에서 러시아에서만 공급이 가능했습니다.[446]

소형원전 역시 지정학적 위험에서 자유로울 수 없다는 점이 드러난 것이죠. 안전하다고 말하고 있지만 SMR 역시 원전입니다. 일반적인 화력발전소와 다르게 원전 운영과 유지 보수에 관련된 모든 행동들은 안전에 엄격합니다. SMR 역시 2030년 모습을 드러내더라도 실험운전을 통해 충분히 안전성이 검증되어야 할 것이며 이것이 해외수출을 통해 안정적 운영이 가능하다는 레퍼런스를 확보해야 하겠지만 그 어떤 국가도 첫 번째 실험대상이 되는 것을 달가워하지 않을 것입니다. 경제성 부문도 한국의 대형원전(kW당 3,700달러)에 비해 정부가 예비타당성 조사를 벌이고 있는 i-SMR은 kW당 4,000달러 달성을 '매우 도전적인 목표'로 잡고 있습니다. 따라서 설비용량 대비 건설비가 대형원전보다 싼 SMR은 아직은 실현되기 어려운 상황입니다.[447] 따라서 대형원전과 SMR은 서로 경쟁하는 대상이 아니라 원전이란 에너지 영역을 상호보완해 성장하는 시장으로 이해해야 하며 SMR의 경쟁상대는 석탄과 천연가스발전입니다. 한국수력원자력 역시 2030~2040년까지 매년 약 100조 원 이상으로 추정되는 노후석탄화력발전소 교체 수요를 두고 SMR이 천연가스 등과 경쟁할 것으로 예측하고 있습니다.[448] 이 말은 SMR이 안정성과 경제성을 확보하는 순간 탄소배출이 불가피한 석탄발전은 물론이고 탄소중립으로 가는 브리지 연료라는 천연가스발전소의 입지가 극도로 위축될 수 있다는 의미입니다. 많은 전문가들이 에너지 위기를 전후로 원전의 필요성에 대해서 주장하고 있으며 탄소중립 정책에서도 필요성을 인정받고 있습니다. 빌 게이츠는 물론이고 패트릭 무어도 전 세계가 원전은 40% 정도 늘리면 불안정하고 막대한 보조금이 지급되는 풍력과 태양광 에너지를 깨끗하고 안정적인 에너지로 대체하는 것 이상의 효과를 가져올 것이라 주장했으며[449] 마이클 셸런버거도 신뢰할 수 없는 신재생에너지를 늘리고 원전을 반대한 값비싼 대가를 언급하며 저렴하고 안전한 원전 건설을 주장했습니다.[450] 전기차 테슬라와 태양광 설치업체 솔라시티를 운영하고 있는 일론 머스크 역시 원자력발전소를 더 지어야 한다고 주장했는데 국가 안보나 환경 보호를 이유로 원전을 폐쇄하는 것은 미친 짓이며 이미 폐쇄된 원전도 다시 열어야 하고 그게 에너지를 생산하는 가장 빠른 길이라고 주장한 바 있습니다.[451] 심지어 환경 운동가 그레타 툰베리마저 에너지 위기 이후 독일 공영방송 다스 에르스테와 인터뷰에서 "이미 가동 중인 원전이 있다면 석탄에 집중하기 위해 원전을 폐쇄하는 것은 실수라고 생각한다"고 말하고 있습니다.[452] 따라서 해당 에너지원의 필요성과 정체성을 설득하지 못할 경우 에너지 믹스의 불균형은 피할 수 없으며 수축의 시대 에너지원별 경쟁은 향후에도 끊임없이 지속될 것입니다.

MZ세대와 에너지 공기업

지금도 유튜브를 검색하면 에너지 공기업을 퇴사한 동영상이 많이 나옵니다. MZ세대에서는 신의 직장이라고 불리는 공기업을 조기에 그만두는 사례도 늘어나고 있는데 퇴사했다는 한 유튜버는 에너지 공기업은 신의 직장이 아니라며 시장형 공기업이라는 구조적 한계 때문에 절대 발전을 못할 것 같다고 말했고 다른 유튜버는 처음에는 고연봉, 좋은 복지, 높은 신용, 정년 보장, 육아휴직 등 좋은 혜택만 생각했다가 돈보다는 건강과 자신이 좋아하는 일이 있다며 퇴사를 했다고 말했습니다. 또 정년 보장이 오히려 일을 안 하게 만드는 경향이 있으며 정부가 에너지전환을 한다고 하는데 내부에서는 절실함이 없다며 안일한 내부 문화를 비판하기도 합니다.[453] 정년 보장과 생산성과의 역관계는 실제 사례에서도 드러나는데 2020년 국회입법조사처가 분석한 「산업부 및 중기부 산하 공공기관 생산성 조사」 보고서에 따르면 산업부 산하 공공기관 39곳 중 한국전력, 대한석탄공사 등 14곳이 지난해 '1인당 생산성'에서 마이너스를 기록했으며 한국수력원자력과 5개 발전공기업은 마이너스를 기록하지는 않았지만 2015년 대비 생산성이 절반 이하로 떨어졌다고 밝혔습니다.[454] 그러나 2019년 에너지 공기업의 평균연봉이 8,000만 원대임을 감안하면 3,000만 원에서 6,000만 원에 이르는 1인당 영업이익으로 연봉을 지급할 수 없는 상황이 됩니다. 맡은 업무와 상관없이 근속 기간에 따라 직위가 오르고 연봉도 일정 비율로 오르는 호봉제 대신 어려운 일을 맡은 사람에게 더 많은 급여와 성과를 지급해 생산성을 올리겠다는 직무급제 이슈가 이즈음에 급증하기 시작했습니다.[455] 물론 이런 사례는 극히 일부 구성원에 한정된 이야기일 수 있고 퇴사나 이직의 이유는 다양할 것입니다. 문제는 이것이 한국에 국한된 이야기가 아니란 것입니다. 일본 도쿄전력의 경우 졸업 후 3년 이내 이직률이 14.9%로 나타났는데 이는 일본 대부분의 기업 이직률을 월등히 앞지르는 것입니다.[456] 미국의 경우 2021년 11월 기준 직장에 자발적으로 사표를 낸 미국인은 452만 7,000명에 달하는데 미 정부가 퇴직자 집계를 시작한 2000년 12월 이후 가장 많았습니다. 중국의 경우도 탕핑(平 · 똑바로 드러눕기) 운동이 일어났으며 영국에서도 40만 명에 육박하는 근로자가 사표를 냈는데 이들의 중심에 MZ세대가 있습니다. 일해도 성공하기 어렵다는 허탈감이 팽배한 MZ세대를 근대 역사상 자신의 부모보다 재정적 풍족함을 느끼지 못한 첫 세대라고 포브스는 분석했습니다.[457]

1980년 서울 대치동 은마아파트는 분양 가격이 평당 68만 원으로 31평이 1,800여만 원, 34평은 2,000만 원이었습니다.[458] 성장의 시대 에너지 공기업은 평생직장과 더불어 가정을 꾸릴 주거공간을 마련해주고 구성원들도 기업과 함께 성장해 나갈 수 있는 기회를 주었지만 현재는 상대적으로 높은 연봉에도 불구하고 이를 바탕으로 수도권에 자신의 주거공간을 마련하는 일은 사실상 불가능해졌습니다. 평생직장의 개념이 사라지고 고용불안과 함께 퇴직과 퇴사가 빨라지면서 그 이후의 삶에 대비하려는 사람들이 늘어나고 있습니다. 또한 100세 시대가 되면서 60세까지 일을 하더라도 이후 30~40년의 긴 시간을 또 다른 삶을 위한 능력을 개발해야 하는 시대가 되었습니다. 구성원들에게 가장 중요한 이 두 가지를 보장해 주지 못하는 기업이라면 이전과 달리 직장이 뼈를 묻을 곳은 아닌 것이죠.[459] 공기업의 한계가 구성원의 성장을 막고 정년 보장 같은 안전망이 오히려 생산성을 저하시키며 수축의 시대와 에너지전환, 직무급제 등 조직과 구성원의 미래를 불투명하게 만드는 이슈에 대해 에너지 공기업이 명확한 답을 내놓지 못하는 상황이라면 향후 미래를 책임질 핵심인재를 붙들기 어려워집니다. 따라서 조직의 정체성을 확고히 지키면서도 새로운 성장동력을 찾는 과정은 기업은 물론이고 구성원들의 성장을 위해서도 필수적입니다. 매출의 대부분을 국내 사업에 의존하는 한국과 달리 일본의 에너지 기업들은 자신들의 주력사업 비중을 절반 미만으로 줄이고 말레이시아, 베트남, 인도네시아 등 아세안 지역을 중심으로 한 해외에너지 사업을 비롯해 실리콘 밸리 투자와 신규사업 개발 등으로 비주력부문을 획기적으로 늘리기 위한 시도를 수년 전부터 이어오고 있습니다. 이는 이미 10년 전부터 진행되어 온 수축의 시대와 고효율 기기 증가로 인한 수요 감소가 진행되고 있었고 2016년 전력소매 자유화로 인한 경쟁 촉진으로 수요 편익은 증대된 반면 기업의 경영환경은 더욱 악화되었기 때문입니다. 다만 다른 점이라면 한국은 경쟁시장이 펼쳐지기도 전에 수축의 시대와 경영환경 악화를 맞이했다는 점입니다. 이제 누가 어디서 얼마를 받는지는 별로 중요하지 않은 세상이 찾아왔고 더 즐겁고 재미있게 일하며 더 많은 성취를 기업이 제공해 줄 수 있는지가 중요해졌습니다. 이것이 가능하지 않고 오랜 시간이 걸리며 기존의 사일로 형태의 조직문화가 지속된다면 기업의 미래는 장담할 수 없습니다. 핵심인재는 떠나가고 남아있는 사람들은 15~20%의 연봉을 더 받을 수 있는 교대근무에 관심이 있거나 탈석탄을 위시한 에너지전환이나 전력산업 구조개편 같은 이슈는 자신과는 너무 멀고 개입할 수도 없는 일이니 내가 할 수 있는 범위에서 해야 할 일만 하고 그 이상의 일엔 관심을 끄고 있을 가능성이 큽니다. 에너지 공기업이 이런 문제들을 해결할 수 있을까요. 조직의 지속성장을 위해선 이전과는 다른 차원의 인재가 필요하지만 정작 그 인재들은 조직을 떠나거나 떠날 준비가 되어있습니다. 기존 조직원들은 성장의 시대에 익숙해 있어 새로운 전환이 힘들거나 역량이 아직 부족합니다. 에너지 위기 이후 변화해야 할 이유는 차고 넘치지만 아직 갈 길은 멀어 보입니다.

결론
이제 어떻게 할 것인가

        2023년의 세계는 혼란으로 가득 차 있습니다. 국제유가는 경제가 예상보다 강세를 보였지만 파월 미국 연준 의장이 매파적 발언으로 인해 서부 텍사스 원유가 77.58달러까지 하락했는데 이는 최고점이었던 2022년 3월 116달러 수준에서 33% 하락했습니다.[460] 다만 중국 경제 활동 재개와 통화공급 안정으로 올 4분기엔 유가가 배럴당 100달러를 넘어서면서 전 세계 생산능력에 부담을 줄 것이란 전망도 있습니다.[461] 온화한 겨울을 보낸 이후 천연가스와 석탄 가격은 기록적으로 하락했습니다. 2023년 3월 6일 기준 천연가스 TTF 가격은 42.15유로로 최고점이었던 2022년 8월 350유로에서 85% 하락했지만 여전히 예년 평균 20유로에 비하면 2배 이상 비싼 가격입니다. 석탄 가격은 톤당 182달러로 최고점이었던 2022년 9월 435달러에서 58% 넘게 하락했지만 톤당 70달러가 비싸다는 예년 수준에 비해 3배 가까운 가격을 보이고 있습니다.

    에너지 가격은 안정화되고 있지만 현실은 여전히 극적으로 올랐던 가격이 이제 반영되면서 물가와 에너지 가격 상승은 지속되고 있습니다. 유럽은 수만에서 수십만 명의 시민들이 거리에 나와 고통스러운 물가상승에 정부가 임금상승을 비롯한 대책을 내놓으라며 시위를 벌이고 있지만 그들은 오히려 기록적 인플레를 잡기 위해 금리인상과 보조금 삭감을 계획하고 있습니다. 에너지 위기로 감산과 사업축소를 감행하며 경기침체를 겪고 있는 유럽의 증시는 2023년 기록적 상승을 3월까지 이어가고 있습니다. 에너지 위기를 '넘기면서' 경제주체 심리는 개선되었지만 경제 전망은 기업이익 상승을 강하게 지지하지는 못하며 유럽 제조업의 부진은 여전히 고려해야 할 상황이긴 합니다.[462] 끝없이 올라갈 것만 같던 리튬가격은 2022년 11월 kg당 581.5위안을 최고점으로 3월 322.5위안으로 45%가 하락했는데 전기차 최대 시장인 중국에서 수요가 둔화했기 때문이며 향후 전기차 성장이 정체될 것이란 전망도 돌고 있습니다.[463]

중국 정부는 과잉생산과 공급이 큰 손실로 이어질 것을 우려해 리튬 광산 불법 채굴 · 저장 · 유통 · 판매 행위를 겨냥한 단속에 나섰습니다.[464] 비료 가격 역시 수요 감소와 천연가스 가격 하락의 영향으로 모든 비료 가격이 큰 폭의 하락세를 보였습니다. 하지만 여전히 예년 수준에 비해 높은 수준이며 2022년 비료가 부족했던 말라위 같은 국가는 3월 춘궁기에 심각한 식량안보 위협을 맞이할 것으로 예상되고 있습니다. 2,500억 달러에 달하는 비료시장의 25%는 러시아와 벨라루스가 생산하고 있으며 중국은 러시아의 2배가 넘는 비료를 생산하고 있습니다. 아프리카개발은행은 비료 사용량 감소로 식량 생산량이 20% 감소할 가능성이 있다고 경고했으며, 세계식량계획은 개발도상국의 소농들이 "비료 부족, 기후 충격, 분쟁으로 인해 식량 생산에 큰 위기를 맞을 것"이라고 보고 있습니다.[465]

금리인상으로 인한 경제침체가 인플레이션에도 영향을 미쳐 곧 물가가 잡힐 것으로 많은 사람들이 예상했지만 미국의 1월 물가는 6.4% 올라 시장 전망치(6.2%)를 웃돌았으며 이에 재닛 옐런 미 재무장관은 디스인플레이션(물가상승 둔화)은 아직 이르며 여전히 더 많은(긴축) 작업이 필요하다"고 말했습니다. 현행 4.75%(상단 기준)인 기준금리를 6.5%까지 올려야 한다는 전문가들도 등장하기 시작했습니다.[466] 2023년 1월 한국은 난방비 폭탄이 전국적인 이슈로 번졌습니다. 2021년 1월부터 2022년 10월 사이 주택용 가스요금이 미국은 218%, 영국은 318%, 독일은 292% 상승했는데 이 기간에 우리나라는 38.5% 인상에 불과했다며 진화에 나섰지만 2배 오른 난방비 청구서를 받은 국민들의 분노를 달래기엔 역부족이었고 여야 모두 자신들에게 불똥이 튈까 전전긍긍하며 관련 대책을 쏟아냈습니다. 2023년 2월 물가상승률이 10개월 만에 4%대로 둔화했음에도 전기·가스·수도 가격은 역대 최대폭 상승을 기록했고 물가의 불확실성은 높아지고 있습니다.

화석연료에 보조금을 지급하지 않기로 한 COP26의 약속은 이제 모두가 기억에서 지워버린 듯이 행동하고 있습니다. 에너지 위기로 화석연료 난방에 보조금을 지급하기 시작한 유럽은 에너지 집약산업에도 거리낌 없이 보조금을 주고 있습니다. 영국 정부가 에너지 다소비 산업의 국제 경쟁력을 유지하기 위해 산업용 전기요금 부담을 낮춰주기로 했는데 약 40만 명의 근로자들을 고용하고 있는 철강, 금속, 화학, 제지 등 300여 개 업종이 수혜를 받게 되며 영국 수출규모의 28%를 차지합니다. 케미 바데노치 영국 경제통상부 장관은 철강과 화학 등 전략적으로 중요한 산업계가 세계 무대에서 경쟁력을 유지하기 위해 신중하게 마련된 정부 지원책이라고 강조했으며 이에 영국 철강산업회는 유럽과 전 세계에서 치열한 경쟁이 벌어지고 있는 철강시장에서 대등한 위치에서 경쟁하는 것은 필수적이라고 말했습니다. 기업들에게 저렴한 전기 또는 값비싼 전기에 대한 보조금은 해당 산업의 경쟁력을 유지하고 일자리를 지키기 위한 불가피한 선택이 되었습니다. 이것이 국제 사회의 약속을 저버린 것이며 화석연료 사용을 늘릴 것이라는 비판은 이제 더는 중요하지 않게 되었습니다.

다수의 주에서 거부했던 ESG는 이제 미국 공화당 차원에서 연기금 투자를 막는 수준으로 발전했습니다. 미 상원은 이날 연기금 펀드매니저들이 투자·주주 권리와 관련된 결정을 할 때 기후변화 등 ESG 요소를 고려할 수 있도록 하는 노동부 규정을 뒤집는 결의안을 찬성 50표 대 반대 46표로 통과시켰는데 공화당이 다수인 하원도 찬성 216표 대 반대 204표로 같은 내용의 결의안을 채택했습니다.[467] 글로벌 금융기관과 투자은행들 역시 넷제로와 ESG에서 발을 뺐고 화석연료 투자에 대한 준비를 마쳤습니다. 그러나 한국은 금융기관은 물론이고 에너지 공기업, 대기업까지 ESG에 대한 경영강화와 비중확대를 하고 있습니다. 특히 한국은행은 ESG 주식이 공적 책임 요구에 부응함과 동시에 외화자산의 안정적 운용 성과에 도움이 된다는 판단하에 투자를 시작한 이후 그 규모를 확대하고 있으며 외화자산 다변화 차원에서 ESG 상품에 투자하는 현행단계에서 앞으로 외화자산 전체에 ESG 요소를 광범위하게 적용하는 단계로 점진적으로 업그레이드해 나갈 계획을 가

지고 있습니다.[468]

에너지 안보가 중요해진 세계 각국은 특정 에너지원만을 추구하는 일방향 에너지전환의 폐해를 '모든 것의 탄소중립'을 표방하며 방향전환 할 가능성이 큽니다. 물론 하루아침에 재생에너지 사업이 사라지는 것은 아니지만 화석연료산업을 위시한 구경제에 대한 투자가 늘어날 것입니다. 경제성장과 일자리 사수가 중요해진 건 최근의 일이 아니라 팬데믹이 발발했을 때부터였고 글로벌 에너지 기업들이 아세안 지역의 석탄발전에 관심을 기울였던 것도 팬데믹 기간이었습니다. 가장 나쁜 시나리오는 세계 주요 선진국들이 넷제로와 ESG에서 빠져나올 때 한국만 더 깊숙이 들어가 가장 많은 피해를 보게 되는 것입니다. 에너지 집약적 제조업이 수출의 중심인 한국이 잘못된 에너지정책을 홀로 추구한다면 유럽의 에너지 위기보다 더 심각한 데미지를 입고 산업경쟁력은 추락할 것이며 국민들은 급등한 에너지 비용과 물가상승으로 유럽국민들 이상의 위기에 봉착할 것입니다.

향후 에너지 산업을 비롯한 전망을 가격의 급등락으로만 보는 시각은 매우 편협하며 상황을 합리적으로 읽어내기 어렵습니다. 유럽이 올겨울을 무난히 지나올 수 있었던 가장 결정적인 이유는 자신들이 창의적으로 만들었다는 에너지 가격 상한제가 아니라 겨울이 따뜻했고 공장 가동을 줄였기 때문입니다. 그러나 바로 그 지점에서 적설량 부족으로 인한 가뭄이 다시 에너지 위기를 몰고 왔다는 2022년 여름의 교훈을 얻었어야 합니다. 2023년의 봄이 오기도 전에 유럽의 라인강은 2017년 이후 가장 낮은 수위를 기록해 바지선 통행에 차질이 생기고 운송비가 증가했고 프랑스와 영국 남부지역은 강수량 부족으로 농업용수가 부족해 채소재배를 줄이고 있습니다. 수력발전이 줄어들고 원자로 냉각수가 다시 부족해지는 프랑스는 설비 고장과 함께 또다시 전력수급의 어려움을 겪어야 합니다.[469] 겨울의 온화함을 바랬던 유럽은 다시 봄비를 기원해야 합니다. 러시아 화석연료 의존도에서 영구히 벗어나 보려는 유럽은 2023년부터가 진정한 도전이지만 당장 가뭄과 곧 다가올 폭염과 겨울에 진짜 실력이 드러날 것입니다. 많은 사람들은 이 위기가 전쟁 때문에 발생한 것이라 생각하지만 전쟁 이전부터 잘못된 에너지정책으로 탄생한 것이라 화석연료 가격이 내려가거나 날씨가 따뜻하다고 해서 해소될 수 있는 것이 아니란 점을 깨달아야 합니다. 재생에너지 비중이 늘어나고 이들이 기대했던 전력을 생산하지 못하면서 정전은 지속적으로 발생했고 부족한 에너지를 천연가스로 메꿀 때부터 이 위기는 언제든 발생해도 이상하지 않은 상황으로 변하고 있었습니다.

그렇다고 다시 화석연료로 돌아가면 위기가 해소되는 것도 아닙니다. 이미 위기 이전과 이후의 화석연료는 전혀 다른 가치를 지닌 존재가 되었습니다. 박물관으로 갔어야 할 석탄은 세계 각국의 에너지 위기에서 최종 대부자가 되었으며 브리지 연료로 좌초자산 논란이 있던 천연가스는 에너지 부족을 메꾸기 위한 머니게임이 벌어졌습니다. 최근 에너지 가격이 급락했지만 중국은 천연가스 장기계약을 쓸어담다시피 하고 있으며 호주와의 석탄 거래를 재개했습니다. 2022년 전 세계 석탄 총소비량은 80억 2,500만 톤에 달했는데 이는 전년보다 1.2%

증가한 수치이며 현재까지 최고치였던 2013년 79억 9,700만 톤을 넘어서는 규모였습니다. 석탄 수요가 가장 크게 증가한 인도(7%)와 중국(0.4%)은 전력부문 소비 증가로 늘어난 것이며 여기엔 에너지 위기의 진원지인 유럽(6%)이 포함되어 있습니다.[470] 유럽이 러시아 화석연료 의존도에서 탈피한다는 이유로 다른 지역의 화석연료로 공급처를 다변화하는 동안 아프리카와 아시아의 개도국과 빈곤국은 석탄발전도 가동하지 못해 에너지 수급에 어려움을 겪고 있습니다. 인도의 2월 평균 기온은 29.54도로 기상관측을 한 1901년 이후 가장 높았고 평년에 비해 강수량이 68% 적었습니다.[471] 이미 2021년과 2022년 석탄수급 부족으로 정전을 겪고 있었던 세계 2위 석탄 수입국인 인도는 국제 석탄과 운송비용 상승으로 인해 수입 석탄에 의존하는 전력회사가 전력생산을 줄이면 국내 석탄에 의존하거나 이마저도 부족할 경우 정전과 공장 가동 중단 이외에 다른 선택지가 없습니다.[472] 국내 석탄 생산의 80%를 차지하는 Coal India의 재고 부족으로 알루미늄 제련소와 제철소를 포함한 비발전 부문에 대한 공급축소로 연결됩니다. 게다가 인도의 몬순기후가 시작하는 4월부터 석탄 공급은 감소하고 한참 석탄이 필요할 6~9월 사이 다시 한번 감소합니다.[473] 수입 석탄이 부족하다면 인도는 반복적인 정전과 경기침체를 경험할 수밖에 없습니다. 에너지 부족과 함께하는 식량위기 역시 폭염과 비료공급 부족에 취약합니다. 때문에 물가안정 역시 어려워지게 됩니다.

에너지 위기 이후의 세계를 이해하는 데 가장 중요한 지점은 '연결'입니다. 독일의 탈원전과 탈석탄은 이제 한국의 에너지정책은 물론이고 에너지 공기업의 미래와도 연결되어 있습니다. 한국이 아무리 균형 잡힌 에너지정책을 추구한다 해도 유럽의 에너지 위기로 인해 화석연료를 비롯한 모든 것의 가격이 상승하면 그것이 정도의 차이만 있을 뿐 고스란히 한국에도 영향을 미친다는 것입니다. 한국 난방비 폭탄의 근본적인 원인은 내부의 문제보다 외부의 문제였던 것이죠. 대니얼 예긴이 간과했던 지점도 재생에너지와 화석연료가 강하게 연결되었다는 사실을 깨닫지 못한 것입니다. 태양광과 풍력발전을 건설하기 위해선 기초부터 대량의 시멘트와 철강이 필요하고 이들이 만든 전력을 운송하려면 구리가 필요합니다. 태양광의 원료는 중국 신장 위구르의 저렴한 석탄발전과 인권문제가 있지만 값싼 노동력이 동원됩니다. 재생에너지를 비롯한 전기차엔 대량의 보조금이 필요한데 이것은 화석연료산업의 징벌적인 과세에서 나옵니다. 재생에너지와 전기차 비중이 늘어날수록, ESG가 더 확산될수록 필요한 보조금의 규모는 더욱 커지고 재원은 부족해지며 결과적으로 국민들이 부담해야 할 에너지 비용은 늘어나게 됩니다. 그리고 이들의 건설에 들어가는 원자재와 토지 등의 자원 가격이 상승하는 그린 인플레이션으로 프로젝트 수익성이 낮아져 연기하거나 취소하는 그린 보틀넥이 일어났죠. 결국 화석연료와 단절하기 위해 선택한 재생에너지와 ESG는 더욱더 많은 화석연료를 필요로 했지만 실제 전 세계의 투자는 줄어든 반면 화석연료 사용은 줄어들지 않았습니다.

미·중 무역분쟁으로 세계는 공급망을 중국과 러시아로부터 분리하려 하지만 이 또한 강한 연결성이 존재합니다. 피터 자이한은 미국이

브레튼우즈체제를 통해 국제무역과 세계질서를 유지시켰던 이유는 미국의 에너지 안보문제가 있었는데, 셰일의 발견으로 이제 그럴 필요가 없어졌다고 말하며 미국은 세계의 경찰에서 손을 떼고 미국에 안보를 의존해야 했던 국가들은 각자도생을 해야 한다고 주장했습니다. 하지만 바로 그 셰일이 미국의 안보화폐로 에너지 위기에서 중요한 역할을 했고 트럼프 이후 세계의 경찰에서 손을 떼면서 중국과 러시아의 영향력이 커져가던 유럽 지역에 제동을 걸 수 있었습니다. 또한 첨단 공급망에서 중국을 배제하려 하면서도 그 이외의 공급망에서 중국은 여전히 전 세계에 매우 중요한 역할을 하고 있습니다. 또한 생산자와 소비자, 투자자로서의 중국은 유럽과 미국은 물론 한국에게도 매우 중요한 경제적 역할을 하고 있기에 쉽게 단절하기 어렵습니다. 러시아 역시 유럽에 저렴한 파이프라인 천연가스를 공급하면서 그들의 에너지전환과 경제동력을 제공하고 있었습니다. 이를 값비싼 LNG로 바꾸는 것은 기꺼이 비싼 에너지로 경제를 돌리겠다는 것인데 이미 러시아 천연가스로 재고를 쌓았던 2021년부터 유럽은 역대급 물가상승이 아직까지 이어지고 있고 생활비 위기에 봉착했으며 G7 국가에서 돈이 없어 끼니와 냉난방을 거르는 에너지 빈곤층이 급증하고 있습니다. 러시아 파이프라인 가스에 버금가는 저렴하고 안정적 공급이 가능한 대안을 찾지 못한다면 유럽은 에너지 위기에서 절대 빠져나올 수 없습니다. 따라서 전쟁이 끝나고 대안을 찾지 못할 경우 유럽은 다시 러시아 파이프라인 가스에 의존할 가능성이 큽니다.

러시아 영향권은 천연가스를 비롯한 화석연료와 원전의 연료인 우라늄은 물론이고 비료와 농산물에도 지배적인 영향력을 가지고 있으며 중국의 시큐리티 위안은 글로벌 재생에너지와 전기차에 필수적입니다. 따라서 인위적으로 어떤 공급망은 배제하고 다른 공급망은 허용하는 행위가 의도대로 잘 이루어지기 어렵습니다. 2023년 3월 강제 노동으로 생산됐다는 의혹으로 미국 통관이 보류됐던 중국산 태양광 패널은 다시 수입이 재개되었습니다.[474]

2023년의 혼란은 세계 3대 중앙은행 총재가 이야기했던 저인플레이션 시대의 종말이나 국제 투자운용사들이나 외신이 이야기했던 대격분의 시대처럼 한 시대의 문법이 끝나고 새롭지만 불확실성이 가득한 시대로의 진입일 수 있습니다. 한국의 에너지 산업도 같은 시기 70년간의 성장의 시대를 끝내고 수축의 시대로 접어들면서 에너지원별, 기업별 경쟁이 가시화되고 있습니다. 국가의 이익과 기업의 이익이 일치하지 않는 이때 기업은 살아남기 위해 기꺼이 비효율을 선택하고 공공성을 무기화할 수 있습니다. 어제의 고객이 오늘의 경쟁자가 되는 의자 뺏기 싸움은 이제 시작이고 먼 미래의 성장동력은 현재 아무 도움이 되지 않으며 선배들은 앞으로의 일에 대처해 나갈 통찰을 제공해 주기 어렵습니다.

수축의 시대 새로운 성장동력은 이전과 전혀 다른 고차원 함수가 되었습니다. 단순 입찰형 사업에서 다양한 이해당사자들과 건설부터 자금조달까지 해야 하는 투자개발형 사업으로 변화했고 기술과 가격에서 관계의 비즈니스가 중요해졌습니다. 해외사업을 비롯해 신규성장동력을 찾는 것은 선택이 아닌 필수가 되었는데 여기에 필요한 인적역량은 성장의 시대에서 개발된 적이 없기 때문에 선배들은 후배들에게 전수할 수 없고 후배들은 스스로 배워나가야 합니다. 하지만 여전히 에너지 공기업들은 과거의 문법에서 벗어나지 못하고 있습니다. 그러는 사이 기업문화가 해외사업과 맞지 않는다던 일본의 에너지 기업들은 해외사업 비중이 두 자릿수를 넘었고 정책당국과 협력해 관계의 비즈니스로 성장동력을 마련해 가고 있습니다. 미국의 AES의 해외매출 비중은 76%, 프랑스 EDF는 38.5%입니다.

한국의 에너지정책은 에너지 위기로 인해 막다른 골목으로 내몰렸습니다. 한전과 가스공사의 부채는 더 이상 늘리기 어려워졌고 급등하는 연료비로 인해 에너지 요금 현실화는 더 미룰 수 없게 되었습니다. 물가상승을 우려해 에너지 요금 인상을 미루면 부채는 더욱 급증하고 에너지 요금 현실화 속도를 높이면 물가를 잡기 힘들어집니다. 에너지 전환과 탄소중립의 기치를 내걸었으면서도 에너지 안보가 세계 각국의 우선순위가 되면서 안정적 공급을 다시 챙겨야 합니다. 재생에너지를 비롯한 발전설비 건설은 폭증했지만 송전망 등 계통부족으로 전력생산에 제약을 받고 있습니다. 발전소가 계획대로 전력을 생산할 수 있음에도 하지 못한 부분만큼 비용을 보전받고 싶어하지만 이를 보상해 주던 제약비발전 정산금(COFF: Constrained-OFF energy payment)은 실질적인 계통기여도가 없다는 이유로 사라졌습니다. 발전소는 대형설비를 투자한 유인을 잃고 원가회수가 늦어져 손실이 발생하지만 뚜렷한 대책은 없습니다. 재생에너지 비중이 늘어나면서 LNG발전은 물론이고 석탄발전까지 하루 기동정지(DSS: Daily Start and Stop)운전이 임박했는데 이는 LNG발전소가 겪었던 문제들이 기저발전인 석탄발전에도 부정적 영향을 미친다는 것을 의미합니다. 기능 조정을 포함한 조직효율화, 직무급제 등은 사실상 구조조정의 연장선입니다. 에너지 요금이 현실화되고 국민들에게 미치는 영향이 클수록 에너지 공기업에 대한 여론악화는 공기업의 구조개편으로 이어질 가능성이 큽니다. 이미 수축의 시대와 탈석탄으로 업무가 줄어드는 점을 감안한다면 새로운 성장동력을 찾는 것은 빠르면 빠를수록 좋고 사실상 경쟁상대가 된 다른 공기업보다 구조개편에서 우위를 점할 수 있습니다. 반면 정부정책을 잘 따라 탈석탄과 ESG를 충실히 이행한 공기업과 지자체는 가장 먼저 사라지는 희생양이 될 것입니다. 이 모든 일들은 순서를 기다리며 차례로 오는 것이 아니라 한꺼번에 물밀 듯이 몰려올 것입니다.

많은 전문가들은 이번 에너지 위기와 인플레의 장기화를 우려하고 있습니다. 여기엔 새롭지만 불확실한 시대로의 진입이 포함되어 있으며 이전과는 다른 문법을 바탕으로 새로운 역량을 조직과 구성원이 보유해야 함을 의미합니다. 에너지전환과 에너지 안보가 혼재된 세상은 실제로 긴밀히 연결되어 있으며 무척 복잡한 의사결정을 요구하기 시작했습니다. 에너지 기업들은 서로 경쟁하면서 자신들의 에너지원을 늘려가기 위해 끊임없이 에너지 믹스의 균형을 공격할 것이며 이는 국가의 이익엔 도움이 되지 않지만 기업의 생존엔 필요한 요소입니다. 정책당국은 이 모든 요소를 이전처럼 통제하긴 불가능합니다. 과거 정책이 시장을 앞서던 성장의 시대 문법은 이제 이전과 같은 영향력을 발휘하기 어려워졌습니다. 시장이 정책을 앞서나가고 불확실성이 증대될 때 정책에 균형을 맞추면서도 시장의 움직임에 기민하게 대처할 수 있는 새로운 제도와 기구를 만들 필요가 있습니다. 여기엔 적절한 권한과 책임부여도 있어야 할 것입니다.

| 그림10 | **1969년 양남동 움막집과 상계동 아침식사**(서울역사박물관)

1969년 지금의 양평동과 당산지역엔 일제강점기에도 최악의 주거공간이라던 토막집이 있었고 리어카에 국밥을 아침 식사로 사 먹던 시절이었습니다. 당시 어린아이가 에너지 공기업에 들어갔다면 지금은 직장을 그만두고 제2의 인생을 살고 있을 것입니다. 이제 한국의 에너지 산업도 새로운 시대를 살아가야 합니다. 앞으로도 많은 어려움들이 있겠지만 이를 극복해 나갈 역량이 한국엔 있습니다. 그러나 현재 한국이 이뤄낸 것들이 당연한 결과가 아니듯이 앞으로의 위기해결 역시 당연하게 다가오지 않을 것입니다. 이전과 전혀 다른 세상에서 살아남는 방법은 기업과 구성원들이 치열하게 고민하고 노력한 결과일 것입니다.

미주

1 영국 곳곳 정전, 기차 등 운행 차질 (2019.08.10. 뉴시스)

2 사상 최악의 정전 겪은 영국…"탈원전·풍력 의존이 화 불러" (2019.08.12. 한국경제)

3 What are the questions raised by the UK's recent blackout? (2019.08.12. The Guardian)

4 대만, 828만 가구 대정전 '악몽'…국민들 "원전 되살려라" 반기 (2018.11.25. 한국경제)

5 Sweden's Biggest Cities Face Power Shortage After Fuel Tax Hike (2019.08.05. Bloomberg)

6 유가 하락이 세계 및 국내 경제에 미치는 영향 (KPA JOURNAL 2015년 봄호)

7 2016년 미국 원유 수출허용 가능성과 국내 정유산업의 대응방향 (KPA JOURNAL 2015년 겨울호)

8 뉴맵 – 미국의 새로운 지도 (대니얼 예긴, 2020)

9 2050 에너지제국의 미래 (양수영, 최지웅, 2022)

10 U.S. Oil Companies Find Energy Independence Isn't So Profitable (2019.06.30. The New York Times)

11 사자의 먹잇감을 빼앗은 표범, 축배냐 독배냐 (2019.07.05. 조선일보)

12 OPEC 감산 합의 불발, 에너지 가격 향방은 (2014.11.28. 한국경제)

13 최대 광산업체 글렌코어 "재생에너지 경쟁력 없다" (2016.10.02. 에너지경제)

14 Time to make coal history(2020.12.03. Economist)

15 "일 경제, 코로나 수습돼도 230조엔 손실…영원한 마이너스 가능성도"(2020.07.02. 한국경제)

16 "중 가스기업 CNOOC 불가항력 선언, LNG수입 정지"(2020.02.10. 해양한국)

17 Power traders are predicting a volatile summer in Europe, with prices tumbling below zero more frequently as the coronavirus (2020.04.16. Bloomberg)

18 빌 게이츠 지음, 김민주·이엽 옮김, 『빌 게이츠, 기후재앙을 피하는 법』 김영사, 2021.

19 Oil market may be a Bear Stearns moment (2021.10.07. Reuter)

20 화이자 코로나 백신, 예방효과 90% 넘어… "마침내 빛이 보인다" (2020.11.10. 연합뉴스)

21 코백스-화이자 코로나 19 백신 특례수입 승인 (2021.02.03. 부처합동 보도 자료)

22 코로나 19 대응 경제금융여건 및 주요국 정책대응 현황 (2021.07.06. 한국 금융연구원)

23 코로나가 미국 관세폭탄 무력화…中 제조업 PMI 9년 내 최고 (2020.09.01. 뉴스1)

24 13억 시장 인도 경제성장률 24% '폭락'…사상 최대 낙폭 (2020.09.01. 조선일보)

25 인도 코로나 대확산→경유 선박 입항 금지…"세계 해운 대란 가능성" (2021.05.06. 동아일보)

26 How green bottleneck threaten the clean energy business (2021.06.12. economist)

27 美·中 '친환경 광물' 확보전…한국은 국가 전략도 없어 (2021.07.07. 조선일보)

28 The Dirty Secrets Of 'Clean' Electric Vehicles (2020.08.02 Forbes)

29 Saudi Solar Power Prices Surge Amid Silicon-Supply Crunch (2021.10.19. Bloomberg)

30 중국 전력난에 태양전지용 폴리실리콘 가격 급등 (2021.09.30. 디지털투데이)

31 2021년 2분기 신재생에너지 산업 동향(2021.07.05. 한국수출입은행 해외 경제연구소)

32 The California and Texas Greenouts (2021.06.16. WSJ)

33 캘리포니아주지사, 폭염 비상사태 선언… 전력난 대비 (2020.08.18. 뉴시스)

34 캘리포니아의 기후 정책이 정전을 일으키는 이유 (2020.08.16 에너지경제)

35 The California and Texas Greenouts (2021.06.16. WSJ)

36 마이클 버리 SNS

37 Lighter winds slow progress at offshore firms Orsted, RWE (2021.08.12. Reuters)

38 Commodity Inflation Squeezes Profits for Wind Giant Vestas (2021.08.11. Bloomberg)

95 석탄 · 천연가스 다 폭등…"에너지 위기로 끔찍한 겨울" (2021.10.08. MBC)

96 Därför kan det vara smart att inte dammsuga de närmaste dagarna (2021.02.09. svt NYHETE)

97 Goldman Commodity Veteran Says He's Never Seen a Market Like It (2022.02.07. Bloomberg)

98 People are running out of money (2022.01.11. Yahoo Finance)

99 Why America has 8.4 million unemployed when there are 10 million job openings (2021.09.04. The Washingtonpost)

100 https://twitter.com/ira_joseph/status/1485747337997733894?s=20&t=PGR8VHOjOHrIGMmv6NPBXg

101 How will Europe cope if Russia cuts its gas? (2022.01.24 Economist)

102 Far from dying, the coal industry is actually booming (2022.01.28. Washingtonpost)

103 러시아, 키예프 공격 집중… 미사일 폭격 재개 · 전차 진격 (2022.02.25. 연합뉴스)

104 우크라 전운 고조에 니켈 · 알루미늄 등 원자재 값 출렁 (2022.02.22. 에너지경제)

105 From Pipelines to Ports, These Are Ukraine's Key Commodity Sites (2022.02.24. Bloomberg)

106 Oil, Gas and Commodities Aren't Being Weaponized – for Now (2022.02.24. Bloomberg)

107 '야말–유럽 가스관' 공급 중단 일주일째…러 "주문 없어서" (2021.12.28. 연합뉴스)

108 Russian Oil Exports Are Forced on Longer Voyages to Find Buyers (2022.04.11. Bloomberg)

109 Backdoor Latvian blend keeps Russian oil flowing into Europe (2022.04.10. The Free Press Journal)

110 India cuts coal supply, inventories slump as power demand surges (2022.03.30. REUTER)

111 Indian Backdoor for Russian Oil Weakens Calls for European Ban (2022.04.14. Bloomberg)

112 Who's Still Buying Fossil Fuels From Russia? (2022.06.28. VisualCapitalist)

113 러 침공으로 전 세계 식량위기 우려…비료생산도 타격 (2022.03.13. 파이
     낸셜 뉴스)

114 세계 식량위기 예고… 일부국 "우리 먹을 것도 없다" 수출중단
     (2022.03.13. 연합뉴스)

115 Ukraine's Friends Refuse to Pay Russia Rubles for Gas. What Could
     Come Next. (2022.03.31. BARRON)

116 세계 에너지시장 인사이트 (2022.02.28. 에너지경제연구원)

117 https://twitter.com/DonDurrett/status/1521647092699066368?s=20&t=tSQI
     OvpZygBOITQYyk2o0Q

118 Russian Crude Continues To Flow Despite Harsh Sanctions (2022.03.28.
     OILPRICE.COM)

119 다니얼 예긴, 『뉴맵』 – 「2장 러시아의 지도」 (2021, 리더스북)

120 'You can't just turn on the taps': bottlenecks hit hopes of US oil output
     surge (2022.03.27. FT)

121 Don't Expect U.S. Miners to Replace Russian Coal in Europe (2022.04.05.
     Bloomberg)

122 Europe's Russia Coal Ban Foreshadows Higher Global Energy Prices
     (2022.04.06 Bloomberg)

123 How the Russia–Ukraine war is warping global shipping (2022.03.31.
     Yahoo Finance)

124 What If Goldman Is Wrong and a Lonely Oil Bear Is Right? (2022.02.08.
     Bloomberg)

125 Kwarteng looks to mild UK forecast to weather energy storm (2021.10.14. FT)

126 Global Gas Shortage Stings U.K., Showing Shortcomings in Its Energy
     Transition (2021.09.30. WSJ)

127 We can't take energy security for granted: UK races to boost gas
     storage capacity (2022.12.01. FT)

128 Europe's Heat Wave Is Bad for Energy Prices, But the Drought Is Worse
     (2022.07.13. Bloomberg)

129 가뭄에 말라가는 라인강 물류마비 위기…독일경제 추가 악재 (2022.08.11.
     연합뉴스)

130 Rhine water levels fall to new low as Germany's drought hits shipping
     (2022.08.12. The Guardian)

131 유럽, 러 원유 제재 일부 완화… 유가 급등에 '백기' (2022.08.01. 서울경제)

132 영국 전기·가스요금, 내년엔 지금의 2배 이상으로 급등 (2022.08.10. 조선일보)

133 https://twitter.com/JavierBlas/status/1547180581141766144?s=20&t=rhK7xZK34Fsv86dVSQR7IQ

134 천정부지로 치솟는 가스비… 유럽 에너지난 현실화 (2022.08.02. YTN)

135 https://twitter.com/RadioGenova/status/1558513040944930816?s=20&t=hKLLIWjcJvoi6K20L8LkQg

136 How London Paid a Record Price to Dodge a Blackout (2022.07.25. Bloomberg)

137 '전기료 폭탄' 터진다…독·프 '내년 10배 인상' 예고 (2022.08.28. 국민일보)

138 Energy bills to rise more than predicted, says Ofgem boss (2022.07.12. BBC)

139 "독일, 가스사용 80% 줄여야 겨울 에너지대란 피한다" (2022.08.15. 한국경제)

140 https://twitter.com/vonderburchard/status/1550398698701656064?s=20&t=vTCJh3pVgKGL_CMOQ4aCww

141 A Nuclear Horse Trade For Germany? (2022.07.23 WSJ)

142 Back to black? Germany's coal power plan hits hurdles (2022.07.26. Reuters)

143 2018 덴마크 가전제품 시장동향 (2018.09.30. KOTRA)

144 Dans urged to take shorter showers as energy crisis worsens (2022.06.28. Bloomberg)

145 German power prices smash record as energy panic engulfs Europe (2022.08.23. APAN TIMES)

146 U.S. to face increasing power reliability issues over next 10 years – NERC (2021.12.18. Reuters)

147 일본, 효율성 낮은 석탄화력발전소 100기 가동중단·폐지 (2020.07.02. 연합뉴스)

148 지난달 물가 5.4% 상승 '14년 만에 최고'…尹 "경제위기 태풍" (2022.06.03. 동아일보)

149 난방비 폭탄에 정상화 차질 우려… 한전·가스공사도 '전전긍긍' (2023.02.03. 이데일리)

Bloomberg)

168   경제위기에 '판'이 바뀌었다…유럽 덮친 '전기차 회의론'에 K배터리 차질 (2022.07.08. 매경이코노미)

169   Europe thinks like china in building its own battery industry (2019.07.03. Bloomberg)

170   현대차 노조위원장 "전기차는 재앙, 현대차 일자리 70% 줄 수도" (2018.03.27. 비즈니스포스트)

171   카센터 3만 개가 문을 닫는 날 (2021.09.23. 조선일보)

172   경제위기에 '판'이 바뀌었다…유럽 덮친 '전기차 회의론'에 K배터리 차질 (2022.07.08. 매경이코노미)

173   美 옐런 "EU · 日, IRA 전기차 혜택받으려면 FTA 체결해야" (2023.01.25. 아시아경제)

174   BP Pivots On Climate Promises (2023.02.07. Oilprice.com)

175   "1대 팔 때마다−510만 원"…中 전기차 3인방 리오토 '수천억 적자' (2023.02.28. 머니투데이)

176   The Dirty Secrets Of 'Clean' Electric Vehicles (2020.08.20 Forbes)

177   "환경 지키려고 환경 파괴"…빨간불 들어온 미국 전기차 시장 (2021.12.24. 매일경제)

178   "리튬 채굴보다 환경"… 전기차 성장 변수 되나 (2022.08.23. 아시아경제)

179   전기차 배터리의 석유 '리튬'…보유국들 문 걸어 잠근다 (2023.02.28. 뉴시스)

180   2021 Annual Energy Pape (JP Morgan)

181   "전기차, '기후 위기' 대안 기대하지만…철도교통망 확충 더 효율적" (2020.07.23. 서울신문)

182   Switzerland mulling a ban on EVs, here's why (06 Dec 2022, 10:17 AM IST Livemint)

183   Energy Transition Farce Continues In Germany (2023.01.15. ZeroHedge)

184   UK could U−turn on 2035 gas boiler ban as heat pumps cost 'many times more' (2023.02.28. express)

185   Heat pumps: Lords slam 'failing' green heating scheme (2023.02.22. BBC)

186   Australia power crisis forces manufacturers to eye offshore moves, production cuts (2022.06.20. Reuters)

187 US Natural Gas Slumps After Fire at Texas LNG Export Terminal (2022.06.09. Bloomberg)

188 印尼 LNG사의 90% 감축 일방통보, 민·관 '원팀'으로 수입 대란 막았다 (2023.01.30 조선일보)

189 https://twitter.com/EdConwaySky/status/1600569561652264960?s=20&t =t6TAEo−nO−YdTVwSlAyojQ

190 https://twitter.com/BenjaminNorton/status/1241717551819902977

191 Stängda gränser stoppar skyddsutrustning (2020.04.03. sverigesradio)

192 "프랑스 갈 마스크 美 가로챘다, 3배 더 불러" 코로나 쟁탈전 (2020.04.03. 중앙일보)

193 봇물 터진 물가 '복병'…유럽 덮친 '임금인상' 시위 (2023.02.02. 이투데이)

194 French Union Cuts Power to Pressure Macron on Pensions (2023.01.27. WSJ)

195 영국이 어쩌다…"6명 중 1명, 돈 없어 굶는다"(2022.08.18. 채널A)

196 Central bank chiefs call end to era of low rates and moderate inflation (2022.06.30. FT)

197 일찍부터 난방대란 대비한 유럽… 지난해부터 보조금 확대 (2023.01.27. 이데일리)

198 The era of the Great Exasperation arrives for investors (2022.07.15. FT)

199 긴축의 미래 "얼간이 정책탓 퍼펙트스톰" vs "계획은 처맞기 전에나 있는 것" (2022.02.06. KBS)

200 People are running out of money (2022.01.11. Yahoo Finance)

201 Truss Drafts £130 Billion Plan to Freeze UK Energy Bills (2022.09.05. Bloomberg)

202 [규제동향 이슈 분석 | 영국] 탄소중립사회(Net Zero Society)를 위한 전략 수립 (2022.02.17. 국무조정실 규제혁신)

203 Uniper SE: Uniper SE takes additional financing measures within volatile markets incl. related party transaction and agreement with KfW on credit facility (2022.01.04. Uniper)

204 Uniper−Rettung: Bundesregierung plant Teilübernahme des Gashändlers (2022.07.20. handelsblatt)

205 프랑스, 전력공사 100% 국유화에 14조 원 투입한다(2022.07.20. 연합뉴스)

206 France to Nationalize Energy Giant EDF to Help It Combat Europe's

Energy Crisis (2022.07.06. WSJ)

207 European Commission clears Germany's Uniper bailout (2022.12.21. Reuters)

208 European gas price surge prompts switch to coal (2021.10.12 Reuters)

209 EU promises 'emergency intervention' to rein in energy prices (2022.08.29. POLITICO)

210 EU Weighs Price Cap on Power From Renewables, Nuclear (2022.09.13. Bloomberg)

211 Putin has 'lost the energy war', top trader claims as he ends bets on high gas price (2023.02.10. FT)

212 무더위 전기 사용 급증하자…석탄발전소 풀가동했다 (2021.08.08 매일경제)

213 エネルギー白書2021 (令和元年度 エネルギーに関する年次報)

214 エネルギー白書2022 (令和4年6月 資源エネルギー庁)

215 脱ロシア依存と脱炭素、絶妙な両立を (2022.03.11 日経ESG)

216 Europe's Power Crisis Moves North as Water Shortage Persists (2021.10.03. Bloomberg)

217 '코로나 종료' 선언한 바이든 "미국 내 일자리 더 만든다" (2023.02.08. 머니투데이)

218 The new geopolitics of energy (2020.10.06. WSJ)

219 2021 Annual Energy Pape (JP Morgan) - Transmission Dreams

220 EU 집행위, 기업 공급망 실사법안 초안 공개 (2022.03.28. KOTRA)

221 2021년 블랙록 래리핑크 연례서한

222 『밸런싱 그린』 (요세 시피, 에드가 블랑코 지음_리스크 인텔리전스 경영연구원, 2021)

223 『밸런싱 그린』 - 「12장 규모의 고통」(요세 시피, 에드가 블랑코 지음_리스크 인텔리전스 경영연구원. 2021)

224 『밸런싱 그린』 - 「12장 규모의 고통」, 요시 셰피, 에드가 블랑코 지음, 리스크 인텔리전스 경영연구원, 2021.

225 다논, 화이트웨이브 인수 위해 스토니필드 매각 (2017.07.04. 조선일보)

226 공익 · 환경만 강조하다 경영 망가진 '다논'…ESG, 과연 좋기만 한 것일까 (2021.06.04. 조선일보)

227 Mayonnaise with 'purpose' rebuke shows discontent Unilever is facing

(2020.04.02. 매일경제)

248 '무늬만 ESG'… 환경 파괴 기업에 투자한 블랙록 (2021.05.24. 한국경제)

249 친환경 기업만 ESG 투자받는다? 석유 회사도 OK (2021.05.26. 테크월드)

250 공익 · 환경만 강조하다 경영 망가진 '다논'…ESG, 과연 좋기만 한 것일까
(2021.06.04. 조선일보)

251 European banks "eliminating" carbon lent $38 billion to fossil fuels
(2022.02.18. QUARTZ)

252 How ESG investing came to a reckoningsting came to a reckoning
(2022.06.06. FT)

253 Annex to the media briefing published by Urgewald and BankTrack at
COP24 (2018.12.05. Urgewald)

254 BlackRock, Brookfield Pipeline Bids Underscore an ESG Dilemma
(2021.11.09 Bloomberg)

255 BlackRock, Brookfield Pipeline Bids Underscore an ESG Dilemma
(2021.11.09. Bloomberg)

256 https://www.tipro.org/UserFiles/BlackRock_Letter.pdf

257 Facing Texas Pushback, BlackRock Says It Backs Fossil Fuels
(2022.02.17. USNews)

258 BlackRock Bullish on Energy Firms Seeking to Curb Emissions
(2022.02.03. Bloomberg)

259 블랙록의 지속가능 신흥시장 주식 ETF, 이틀 만에 91% 자금 유출
(2021.12.30. Bloomberg)

260 Assets in IShares ESG fund drop 91% after biggest investor reduces
ownership (2021.12.31. Reuters)

261 Clean energy stocks are being diluted by huge cash inflows (2021.10.11.
Bloomberg)

262 속지말자 친환경, 그 달콤한 거짓말…그린워싱 이야기 (2021.10.31. 국민일보)

263 마이크 셸런 버거, 『지구를 위한다는 착각』

264 속지말자 친환경, 그 달콤한 거짓말…그린워싱 이야기 (2021.10.31. 국민일보)

265 〈환경 스페셜〉 '옷을 위한 지구는 없다' "내가 버린 옷의 민낯" (2021.07.01.
KBS)

266 유엔 PRI, "ESG 워싱 더 이상 안 된다"…ESG 버블과 워싱 우려 커져
(2021.03.04. 임팩트온)

267 2021 what is esg investing msci ratings focus on corporate bottom line (2021.12.10. Bloomberg businessweek)

268 2021 what is esg investing msci ratings focus on corporate bottom line (2021.12.10. Bloomberg businessweek)

269 2021 what is esg investing msci ratings focus on corporate bottom line (2021.12.10. Bloomberg businessweek)

270 2021 what is esg investing msci ratings focus on corporate bottom line (2021.12.10. Bloomberg businessweek)

271 ESG 투자, 어떻게 심판대에 서게 됐나 (2022.06.08. 내일신문)

272 스리랑카 망친 ESG?…대세가 "사기" 혹평받는 까닭 (2022.07.23. SBS)

273 '유기농업 전환' 나선 스리랑카의 시행착오가 던지는 교훈 (2022.03.20. 농정신문)

274 Sri Lankan Crises Escalates, Protesters Storm Gotabaya Rajapaksa's Residence (2022.07.09. ThePluralist)

275 유엔 총장, 각국에 "석유회사 '횡재세' 걷어 취약층 도우라" (2022.08.04. 연합뉴스)

276 "신재생에너지, 2025년까지 석탄 제치고 최대 전력원 등극" (2022.12.07. 연합뉴스)

277 ESG 투자, 어떻게 심판대에 서게 됐나 (2022.06.08. 내일신문)

278 '생존' 중요해지자 선택지서 밀려나는 ESG (2022.12.26 07:00 인베스트조선)

279 Al Gore Slams Vanguard After Defection From Climate Group (2022.12.09. Bloomberg)

280 누가 석유 공룡이 멸종한다 했나 – 녹색성장 시대, 오히려 잘나가는 거대 석유기업 '빅오일' (2022.06.02. 조선일보)

281 Oil market may be a Bear Stearns moment (2021.10.07. Reuters)

282 전기차 천국 노르웨이 '퍼주기식 인센티브'…판매율 폭락 부채질 (2019.09.04. 에너지경제)

283 Ezra Klein Interviews Daniel Yergin (2022.03.22 The New York Times)

284 예르긴 "급속한 에너지 전환으로 안보 위기…속도 조절해야" (2022.07.06. 조선일보)

285 "웬 환경투자" "무늬만 친환경" 샌드백 된 월가 황제 (2023.01.05. 조선일보)

286 Kentucky Joins Growing Movement To Blacklist ESG Banks (2023.01.08. ZeroHedge)

287 BlackRock tells UK 'no' to halting investment in coal, oil and gas (2022.10.19. Reuters)

288 "척만 하네" 비난 커지자…이젠 친환경 숨기는 기업들 (2022.11.17. 조선일보)

289 Clean energy stocks are being diluted by huge cash inflows (2021.10.11. Bloomberg)

290 How ESG investing came to a reckoningsting came to a reckoning (2022.06.06. FT)

291 시진핑의 사우디 방문과 '페트로 달러'의 위기 (2022.08.27. 주간조선)

292 "석유, 위안화로 결제할까?" 이 한마디에 기축통화 달러가 흔들 (2022.04.14. 조선일보)

293 中이 장악한 리튬ㆍ코발트…앞길 어두운 '韓 미래산업' (2022.05.10. 서울경제)

294 『기후변화와 에너지산업의 미래』 - 「5. 에너지 주도권을 둘러싼 글로벌 에너지전쟁」 (에너지고위경영자과정 변화와 미래포럼 2021, 아모르문디)

295 대니얼 예긴, 『뉴맵』 - 「1장 미국의 새로운 지도」 (2021, 리더스북)

296 Europe faces an enduring crisis of energy and geopolitics (2022.11.24. Economist)

297 2022년 상반기 태양광 산업동향 (2022.09.08. 한국수출입은행 해외경제연구소, 강정화)

298 2021년 글로벌 풍력산업 동향 (2022.09. 한국수출입은행 해외경제연구소, 강정화)

299 "리튬 채굴량 13%, 시장점유율 60%"… 美 견제 부른 중국 '배터리 파워' (2022.09.16. 한국경제)

300 주요국 핵심광물 확보 전략 분석 (2022.08. 에너지경제연구원, 김태헌, 박지민)

301 중국의 유럽 에너지부문 투자 현황 및 시사점: 원자력 및 재생에너지 중심으로 (에너지포커스 2017년 가을호, 에너지경제연구원)

302 이탈리아 이어 프랑스도 중국으로 넘어가나… (2019.03.26. 뉴스1)

303 '차이나머니'의 힘…中 '일대일로' 마침내 유럽 뚫었다 (2020.04.25. 한국경제)

304 China solar giants get bigger as glut ignites battle for share (2020.03.04. Bloomberg)

305 2021년 2분기 신재생에너지 산업 동향 (2021.07.05. 한국수출입은행 해외

경제연구소)

306 Europe thinks like china in building its own battery industry (2019.07.03. Bloombergquint)

307 피터 자이한, 『셰일 혁명과 미국 없는 세계』 (2019, 김앤김북스)

308 7,000명 왕자들의 잔치는 끝났다…'기름 의존 경제'도 끝낸다 (2018.01.27. 조선일보)

309 Why the Middle East is Betting on China (2019.08. Project Syndicate)

310 일대일로-비전 2030 공감대 (2019.07.01. 이코노미 인사이트)

311 '차르'를 넘어 '술탄'까지 넘보는 푸틴 (201.11.18. 주간동아)

312 기후변화와 에너지산업의 미래 - 5. 에너지 주도권을 둘러싼 글로벌 에너지전쟁 (에너지고위경영자과정 변화와 미래포럼, 2021, 아모르문디)

313 ＬＮＧ争奪戦が激化の恐れ、価格が安定的な長期契約分売り切れで (2022.11.27. Bloomberg)

314 '야말-유럽 가스관' 공급 중단 일주일째…러 "주문없어서" (2021.12.27. 연합뉴스)

315 How Russia China Gas Pipeline Changes Energy Calculus Quicktake (2019.11.25. Bloomberg)

316 체르노빌 겪은 러시아, 건설중인 세계 원전 67% 장악 (2019.06.11. 조선일보)

317 Russia's Rosatom sees 2022 exports growth at 15% (2022.12.26. Reuters)

318 마이크 셸런 버거, 『지구를 위한다는 착각』 - 「12. 왜 우리는 가짜 환경 신을 숭배하게 되었나」 (2021, 부키)

319 스티븐 E. 쿠닌, 『지구를 구한다는 거짓말』 (2021, 한국경제신문)

320 에기평, 28일 온라인서 제1회 에너지전환 테크포럼 개최 (2020.05.22. 전기신문)

321 마이클 쉘런버거 2021 『지구를 위한다는 착각』 - 「프롤로그」 (부키)

322 美, '신장 위구르족 탄압' 5개 中 태양광 기업에 수출규제 (2021.06.24. 연합뉴스)

323 中 인권유린 때리는 美…'빅2 갈등'에 그림자 드리운 태양광 (2021.06.11. 조선일보)

324 中 전력난에 마그네슘 대란…유럽 車산업 전전긍긍 (2021.10.25. 아시아경제)

325 원자재값 상승…'LFP배터리 개발' B플랜 세우는 배터리업계 (2021.10.24.

364 발전소 남는데 대기업 자가발전 '우후죽순' (2021.03.22. 이투뉴스)

365 과감한 탈석탄, 인력 운용 해결책 시급 (2019.10.21 전기신문)

366 세계 에너지 시장 인사이트 (2020.04.13 에너지경제연구원)

367 (참고자료) 2021년 재생에너지 4.8GW 보급, 목표(4.6GW) 초과 달성 (2022.01.05 산업통상자원부)

368 미·일도 빠졌는데…'2039년 탈석탄' 서명한 韓, 외신 "놀랍다" (2021.11.07. 중앙일보)

369 Levelized Cost Of Energy Report (2021.10.28 LAZARD)

370 Fossil Fuel Prices and Inflation in South Korea (2022.12.15 Cambridge Econometrics)

371 2021 Annual Energy Paper – Eye on the Market (JP Morgan)

372 2021 Annual Energy Paper – Eye on the Market: Transmission Dreams (JP Morgan)

373 크레천 바크, 『그리드』(2021, 도서출판 동아시아)

374 2021 Annual Energy Paper – Eye on the Market: Transmission Dreams (JP Morgan)

375 빌 게이츠, 『빌 게이츠, 기후재앙을 피하는 법』(2021, 김영사)

376 태양광·풍력 저장배터리 비용만 최대 1,248조 (2021.09.28. 조선일보)

377 Japan on track to hit 90 GW of PV capacity by end 2023 (2022.12.06 PV Magazine)

378 일본 전력시장 전면 자유화의 '명과 암' (2022.11.30. 전기신문)

379 "불꺼진 일본" 日 300만 가구 대규모 정전 위기… 절전 호소 (2022.03.22. 머니투데이)

380 일본, 7년 만에 여름철 절전 요청… "실내온도 28도로" (2022.06.08 연합뉴스)

381 需給状況改善のための指示の実施について＜東京電力パワーグリッド＞ (2022.06.27._電力広域的運営推進機関)

382 일본, 폭염 속에 또 다른 전쟁터…전력 공급 통제소 (2022.08.22. KBS)

383 Turtlenecks Are Tokyo's Latest Tool to Save Energy This Winter (2022_11.22. Bloomberg)

384 美·日도 전기요금 오른다…'전 세계 폭탄'된 에너지 가격 (2023.01.25. 한국경제)

385 대출이자보다 비싸졌다…일본인들 '난방비 파산 공포' (2023.02.06. 조선

일보)

386 4조 넘어선 REC 시장…"신재생 성장 견인" (2022.02.17 이뉴스투데이)

387 비싼값에 REC 더 사와야하는 한전…전기료 인상 부채질 (2022.05.29. 한국경제)

388 남부발전, 원격감시시스템 갖춘 제주 국제풍력센터 준공 (2011.09.08. 이투뉴스)

389 전력노조, 신재생에너지 계기로 한국전력 발전자회사 통합 점화 안간힘 (2020.07.27. 비즈니스포스트)

390 China solar giants get bigger as glut ignites battle for share (2020.03.04. Bloomberg)

391 "내일부터 나오지 말라"…中 실업·도산 공포 (2020.03.05 조선비즈)

392 중국산에 치인 국산 태양광 장비, 허약한 산업기반에서 생존 위기 (2019.07.12. 주간동아)

393 중국산에 치인 국산 태양광 장비, 허약한 산업기반에서 생존 위기 (2019.07.12. 주간동아)

394 2021년 2분기 신재생에너지 산업 동향 (2021.07.05. 한국수출입은행 해외경제연구소)

395 2021년 글로벌 풍력산업 동향 (2022.09.22. 한국수출입은행 해외경제연구소)

396 한국의 가스산업 발전전략과 LNG 직도입 확대 필요성 (2018.02.13. 파이낸셜뉴스)

397 "가스공사 역할 줄고 직수입자 역할 더욱 커질 것" (2021.07.09 에너지경제)

398 '황금알' LNG발전–직수입 시장 잡아라…시멘트社도 관심 (2021.01.28. 전기신문)

399 "집 지어도 남는 게 없네" 현대건설 원가율 90%, DL·GS건설 87% (2023.02.24. MoneyS)

400 Saudi oil minister calls IEA's net-zero roadmap 'La La Land sequel' (2021.06.01. S&P Global)

401 탄소 중립 선언한 세계 최대 산유국 사우디. 감산 없이 가능할까? (2021.10.24. BBC)

402 Saudi oil minister calls IEA's net-zero roadmap 'La La Land sequel' (2021.06.01. S&P Global)

403 '국내 가스터빈산업 혁신성장 추진전략' (2020.08.11. 산업통상자원 R&D 전략기획단)

424 국내 첫 지자체 공모 천연가스발전소 고성에 건설 (2021.08.09 부산일보)

425 US Experience in Regional Development for the Global Innovation Economy (Scott Andes_Program Director, National League of Cities 2019.04)

426 『석탄 사회』 (황동수, 이상호, 2022)

427 철강산업 탄소 감축, 정부가 전력 문제 풀어줘야 가능 (2021.05.21. 중앙선 데이)

428 『석탄 사회』 (황동수, 이상호, 2022)

429 『세상은 실제로 어떻게 돌아가는가』 (바츨라프 스밀, 2023)

430 Russia's War Has Sparked A Coal Renaissance (2022.04.24. OilPrice. com)

431 공기업 해외 火電투자 예외 허용 검토…한전 베트남사업 길 틀까 (2020.09.01. 에너지경제)

432 베트남 전력난에 공장 옮기려던 기업들 '주춤' (2019.09.24. 동아일보)

433 세계 에너지시장 인사이트 (2017.03.13. 에너지경제연구원)

434 "中 작년 석탄발전 건설 허가 4.6배로…2015년 이후 최대" (2023.02.27 연합뉴스)

435 2022년 이산화탄소 배출량, 36.8기가톤…0.9% 늘며 사상 최다 (2023.03.02. 뉴시스)

436 한전 저탄소·친환경 중심으로 해외사업 개발방향 전환 (2020.10.28. 한국전력 보도자료)

437 두산중공업, 석탄화력 기반 미래 플랜트 기술 미국서 호평 (2019.06.13. 전기신문)

438 수소 공급 늘리고 세계 최대 이산화탄소 저장소 만든다 (2022.11.21. 과학기술정보통신부)

439 마이클 쉘런버거, 『지구를 위한다는 착각』 – 「8.지구를 지키는 원자력」 (2020)

440 '갑을 역전'…웨스팅하우스, 한국 원전업체에 손 내민다 (2022.06.08. 한겨레)

441 정면돌파냐 기술료 지불이냐…웨스팅하우스 원천기술 대체 뭐길래 (2022.10.27. 전기신문)

442 Georgia nuclear plant again delayed at cost of $200M more (2023.02.17. AP News)

443 "유일한 청정 에너지원"…스마트원전 SMR, K원전 구원투수 되나